国防科技图书出版基金

轻合金中空结构超塑成形与扩散连接技术

Superplastic Forming and Diffusion Bonding Technology for
Hollow Structure of Light Alloy Materials

蒋少松　卢振　王斌　李保永　张骞文　张凯锋　著

国防工业出版社

·北京·

图书在版编目(CIP)数据

轻合金中空结构超塑成形与扩散连接技术/蒋少松等著. —北京：国防工业出版社,2023.9
ISBN 978－7－118－12781－2

Ⅰ.①轻… Ⅱ.①蒋… Ⅲ.①轻有色金属合金－超塑性成型②轻有色金属合金－连接技术 Ⅳ.①V261.7

中国国家版本馆 CIP 数据核字(2023)第 136739 号

※

国防工业出版社出版发行
（北京市海淀区紫竹院南路23号 邮政编码100048）
北京龙世杰印刷有限公司印刷
新华书店经售

*

开本 710×1000 1/16 印张 23½ 字数 414 千字
2023 年 9 月第 1 版第 1 次印刷 印数 1—1500 册 定价 198.00 元

（本书如有印装错误,我社负责调换）

国防书店：(010)88540777　　书店传真：(010)88540776
发行业务：(010)88540717　　发行传真：(010)88540762

致 读 者

本书由中央军委装备发展部**国防科技图书出版基金**资助出版。

为了促进国防科技和武器装备发展,加强社会主义物质文明和精神文明建设,培养优秀科技人才,确保国防科技优秀图书的出版,原国防科工委于1988年初决定每年拨出专款,设立国防科技图书出版基金,成立评审委员会,扶持、审定出版国防科技优秀图书。这是一项具有深远意义的创举。

国防科技图书出版基金资助的对象是:

1. 在国防科学技术领域中,学术水平高,内容有创见,在学科上居领先地位的基础科学理论图书;在工程技术理论方面有突破的应用科学专著。

2. 学术思想新颖,内容具体、实用,对国防科技和武器装备发展具有较大推动作用的专著;密切结合国防现代化和武器装备现代化需要的高新技术内容的专著。

3. 有重要发展前景和有重大开拓使用价值,密切结合国防现代化和武器装备现代化需要的新工艺、新材料内容的专著。

4. 填补目前我国科技领域空白并具有军事应用前景的薄弱学科和边缘学科的科技图书。

国防科技图书出版基金评审委员会在中央军委装备发展部的领导下开展工作,负责掌握出版基金的使用方向,评审受理的图书选题,决定资助的图书选题和资助金额,以及决定中断或取消资助等。经评审给予资助的图书,由国防工业出版社出版发行。

国防科技和武器装备发展已经取得了举世瞩目的成就,国防科技图书承担着记载和弘扬这些成就、积累和传播科技知识的使命。开展好评审工作,使有限的基金发挥出巨大的效能,需要不断摸索、认真总结和及时改进,更需要国防科技和武器装备建设战线广大科技工作者、专家、教授,以及社会各界朋友的热情支持。

让我们携起手来,为祖国昌盛、科技腾飞、出版繁荣而共同奋斗!

国防科技图书出版基金
评审委员会

国防科技图书出版基金
2020 年度评审委员会组成人员

主 任 委 员 吴有生

副主任委员 郝　刚

秘 书 长 郝　刚

副 秘 书 长 刘　华

委　　　员（按姓氏笔画排序）

于登云　王清贤　甘晓华　邢海鹰　巩水利
刘　宏　孙秀冬　芮筱亭　杨　伟　杨德森
吴宏鑫　肖志力　初军田　张良培　陆　军
陈小前　赵万生　赵凤起　郭志强　唐志共
康　锐　韩祖南　魏炳波

前　　言

  在航空航天领域,飞行速度和飞行距离一直是衡量飞行器先进程度的重要指标。对于飞行器而言,影响飞行速度和距离的主要因素是其自重。材料轻质、结构轻量化可以在不减少小飞行器刚度、强度的基础上实现减重,有利于新一代飞行器更安全、高效地完成飞行任务,是实现飞行器更快、更远飞行的重要手段。随着国内外对高性能铝、镁、钛等轻合金材料研发成熟度的不断提高,成形技术也正朝着大型化、整体化、复杂化和精密化的方向迅速发展。因此选择符合轻量化要求且在高温环境下性能优良的轻合金材料,研发出耐高温、高强度的轻量化中空结构成为未来航空航天领域发展的重点。轻合金中空结构超塑成形/扩散连接技术,正是为满足这种需求而发展起来的。该技术适用于空心类多层结构的整体成形,可以实现整体结构件一次近净成形,缩短成形周期,减少零件数量,降低生产成本;同时,设计人员可以拥有更大的自由度,设计出承载效率更高、质量更轻的整体结构件,最终实现飞行器减重、高效率制造及降低成本等综合目标。

  本书主要介绍目前航空航天领域具有应用前景和研究热点的轻合金材料,以TA15钛合金、Ti-22Al-27Nb合金、Ti-22Al-24.5Nb-0.5M合金、TiAl合金、Ti-43Al-9V-1Y合金、2195铝锂合金、Ti-43Al-9V-1Y合金、Mg-Gd-Y-Zn-Zr合金等材料为代表,在结构方面选取极具应用前景的可大幅减重的轻量化中空结构,并以超塑成形/扩散连接等先进工艺为实现手段,充分结合三者的突出优势,促进轻合金材料中空结构在航空航天、军工、民用等领域得到更广泛的应用。本书共包括八章,第1章、第6章至第8章由蒋少松撰写,第2章、第5章由卢振撰写。第3章、第4章由王斌和李保永共同撰写,第1章超塑成形/扩散连接设备部分由中航西安飞机工业集团股份有限责任公司,现西北工业大学在读博士张骞文撰写,同时,张凯锋教授对本书的撰写思路及整体结构进行了深入指导。全书由蒋少松拟定提纲,并对全书进行统稿和润色,李玉杰对书稿进行整理。这些研究成果是作者和杜志豪博士、秦中环博士、王瑞卓硕士、于泓权硕士、彭鹏硕士共同完成的。谨向他们致以深深的谢意。

  本书论述的科研成果得到包括国家自然科学基金NSAF联合基金、国家自然科学基金面上项目、国家自然科学基金青年基金、中央军委装备发展部装备预研基金、国防重点实验室基金、国家重大专项04专项等国家及省部各类科研项目的大力资助。本书出版得到了国防科技图书出版基金的资助,作者在此表示深深的谢意。同时,本书引用了众多国内外学者的相关研究成果,特此说明并致以感谢。感谢前辈做出的贡献,使成形/扩散连接技术能够在世界超塑成形领域占有一席之地,启发并激励我们不断继续向前,谨向他们致以崇高的敬意!

由于时间紧张和水平所限,书中难免有疏漏或不妥之处,敬请同行和读者批评指正。在此表示衷心的感谢!

作者
2023年1月

目 录

第1章 绪论 ·· 1

1.1 轻合金中空结构的形成与发展 ··· 1
1.2 轻合金超塑成形技术原理与应用 ··· 3
　1.2.1 超塑成形原理及特点 ·· 3
　1.2.2 超塑成形精确性分析 ··· 10
　1.2.3 轻合金超塑成形技术与应用 ··· 14
1.3 轻合金超塑成形和扩散连接原理与应用 ··································· 20
　1.3.1 超塑成形/扩散连接原理及特点 ······································· 20
　1.3.2 扩散连接方法 ·· 25
　1.3.3 超塑成形/扩散连接基本工艺过程 ···································· 27
　1.3.4 超塑成形/扩散连接工艺中的主要技术问题 ························ 29
　1.3.5 轻合金中空结构超塑成形/扩散连接技术的应用 ·················· 30
1.4 超塑成形/扩散连接设备 ··· 44
参考文献 ·· 50

第2章 TA15钛合金四层中空结构超塑成形/扩散连接工艺 ·········· 57

2.1 TA15钛合金材料介绍 ·· 57
2.2 TA15钛合金四层中空结构超塑成形/扩散连接工艺 ···················· 58
　2.2.1 TA15钛合金超塑性能测试 ·· 58
　2.2.2 TA15钛合金四层结构模具及网格的设计 ··························· 59
　2.2.3 四层中空结构超塑成形有限元仿真分析 ··························· 62
　2.2.4 四层中空结构超塑成形/扩散连接成形工艺 ······················· 66
　2.2.5 TA15钛合金结构件力学性能与显微组织 ·························· 74
2.3 带块体嵌件的TA15四层中空结构超塑成形/扩散
　　连接工艺 ··· 76
　2.3.1 TA15钛合金块体嵌件四层结构模具设计 ·························· 76

  2.3.2 TA15 钛合金带块体嵌件四层结构数值模拟 ……………………… 81
  2.3.3 带块体嵌件四层结构成形工艺 …………………………………… 90
  2.3.4 TA15 钛合金块体嵌件结构件显微组织及厚度分布 …………… 91
参考文献 …………………………………………………………………………… 99

第3章 Ti-22Al-27Nb 钛合金四层中空结构超塑成形/扩散连接工艺 ……………………………………………………………… 101

3.1 Ti-22Al-27Nb 材料介绍 ……………………………………………… 101
3.2 Ti-22Al-27Nb 钛合金四层中空结构超塑成形/扩散连接工艺 … 101
  3.2.1 Ti-22Al-27Nb 钛合金超塑性能测试 …………………………… 101
  3.2.2 Ti-22Al-27Nb 钛合金扩散连接性能测试 ……………………… 103
3.3 Ti-22Al-27Nb 中空结构网格设计及有限元模拟 …………………… 108
  3.3.1 Ti-22Al-27Nb 中空结构网格设计 ……………………………… 108
  3.3.2 通过有限元分析对 Ti-22Al-27Nb 中空结构成形结构分析 … 110
  3.3.3 Ti-22Al-27Nb 四层中空结构蜂窝单元参数优化 ……………… 115
3.4 Ti-22Al-27Nb 钛合金结构件力学性能与显微组织 ………………… 119
参考文献 …………………………………………………………………………… 123

第4章 Ti-22Al-24.5Nb-0.5Mo 合金中空结构超塑成形/扩散连接工艺 ……………………………………………………………… 125

4.1 Ti-22Al-24.5Nb-0.5Mo 合金板材原始组织结构 …………………… 125
4.2 Ti-22Al-24.5Nb-0.5Mo 合金原始板材超塑性能 …………………… 129
4.3 Ti-22Al-24.5Nb-0.5Mo 板材自由胀形性能 ………………………… 132
  4.3.1 板材自由胀形的力学解析 ……………………………………… 132
  4.3.2 板材胀形后组织演变 …………………………………………… 137
4.4 Ti-22Al-24.5Nb-0.5Mo 合金不同温度固溶组织演变 ……………… 141
  4.4.1 固溶处理及相组成分析 ………………………………………… 141
  4.4.2 固溶处理后组织演变分析 ……………………………………… 146
4.5 Ti-22Al-24.5Nb-0.5Mo 及 Ti-22Al-24.5Nb-0.5Mo/TA15 合金扩散连接性能 ……………………………………………………… 147
  4.5.1 Ti-22Al-24.5Nb-0.5Mo 合金同种材料扩散连接 ……………… 148
  4.5.2 Ti-22Al-24.5Nb-0.5Mo/TA15 合金异种材料扩散连接 ……… 151
  4.5.3 扩散连接反应层厚度模型 ……………………………………… 160
  4.5.4 扩散接头残余应力的有限元分析 ……………………………… 162

- 4.6 Ti-22Al-24.5Nb-0.5Mo 合金中空结构工艺模拟 ················ 168
  - 4.6.1 Ti-22Al-24.5Nb-0.5Mo 三层中空结构数值模拟 ······ 168
  - 4.6.2 四层中空结构超塑成形/扩散连接数值模拟及优化············ 172
- 4.7 Ti-22Al-24.5Nb-0.5Mo/TA15 超塑成形/扩散连接工艺 ···· 182
  - 4.7.1 三层中空结构超塑成形/扩散连接工艺 ················· 182
  - 4.7.2 Ti_2AlNb/TA15 合金四层结构超塑成形/扩散连接工艺研究 ···· 185
- 参考文献 ·· 192

第5章 TiAl 基合金中空结构高温成形/扩散连接复合工艺········ 193
- 5.1 TiAl 基合金材料介绍 ··· 193
- 5.2 TiAl 基合金高温拉伸变形行为 ·· 196
  - 5.2.1 TiAl 基合金高温拉伸真应力-应变曲线 ··············· 196
  - 5.2.2 温度和应变速率对流动行为的影响 ···················· 198
  - 5.2.3 TiAl 基合金高温拉伸本构方程 ·························· 200
  - 5.2.4 空洞的演变和断口形貌 ··································· 202
- 5.3 TiAl 基合金高温压缩变形行为 ·· 205
  - 5.3.1 高温压缩真应力-应变曲线 ······························ 205
  - 5.3.2 TiAl 基合金高温压缩本构方程 ························· 207
  - 5.3.3 TiAl 基合金组织演变 ······································ 208
- 5.4 TiAl 基合金扩散连接性能 ·· 211
  - 5.4.1 扩散连接接头形式的选择 ································· 211
  - 5.4.2 扩散连接参数对接头界面组织和剪切强度的影响···· 213
  - 5.4.3 热处理对微观组织和剪切强度的影响 ················· 216
  - 5.4.4 断口形貌 ·· 216
- 5.5 TiAl 基合金三层中空结构件热弯曲/扩散连接工艺 ·············· 218
  - 5.5.1 高温弯曲极限 ·· 218
  - 5.5.2 波纹芯板热成形 ··· 219
  - 5.5.3 波纹芯板与面板扩散连接 ································· 221
  - 5.5.4 三层结构件力学性能 ······································· 222
- 参考文献 ·· 223

第6章 Ti-43Al-9V-1Y 合金中空结构预置空位拉制成形 ······ 226
- 6.1 Ti-43Al-9V-1Y 合金材料介绍及制备 ···························· 226
- 6.2 热压烧结 Ti-43Al-9V-1Y 合金组织及超塑性能 ··············· 227

        6.2.1　Ti-43Al-9V-1Y 合金微观组织分析 ………………………… 227
        6.2.2　Ti-43Al-9V-1Y 合金高温拉伸性能 ………………………… 230
    6.3　平面网格状板料拉制成形特征数值模拟及分析 ……………………… 235
        6.3.1　平面板料预置空位设计 …………………………………………… 235
        6.3.2　平面网格状板料拉制成形数值模拟 ……………………………… 242
        6.3.3　平面拉制成形过程验证性分析 …………………………………… 245
        6.3.4　平面网格状板料预置空位优化设计 ……………………………… 247
    6.4　曲面预置空位网格状板料拉制成形特征数值模拟 …………………… 249
        6.4.1　曲面预置空位蜂窝状板料拉制成形数值模拟 ………………… 249
        6.4.2　曲面预置空位拉制成形过程验证性分析 ……………………… 249
        6.4.3　曲面网格预置空位状板料优化设计 ……………………………… 250
    6.5　Ti-43Al-9V-1Y 合金网格状结构预置空位拉制成形 ……………… 252
        6.5.1　平面网格结构预置空位拉制成形 ………………………………… 253
        6.5.2　曲面网格结构预置空位拉制成形 ………………………………… 257
        6.5.3　平面网格结构板料钎焊 …………………………………………… 260
    参考文献 ………………………………………………………………………………… 263

第7章　5A90 铝锂合金双层中空结构超塑成形/扩散连接工艺 …… 264

    7.1　5A90 铝锂合金材料介绍 ……………………………………………… 264
    7.2　5A90 铝锂合金超塑性变形行为 ……………………………………… 266
        7.2.1　变形温度对 5A90 铝锂合金超塑变形性能的影响 …………… 266
        7.2.2　应变速率对 5A90 铝锂合金应力—应变曲线的影响 ………… 269
        7.2.3　变形条件对 5A90 铝锂合金高温抗拉强度的影响规律 ……… 270
        7.2.4　变形条件对 5A90 铝锂合金延伸率的影响 …………………… 271
    7.3　5A90 铝锂合金超塑变形参数对显微组织影响规律 ………………… 272
        7.3.1　应变速率对 5A90 铝锂合金显微组织的影响 ………………… 272
        7.3.2　高温拉伸断口分析 ………………………………………………… 273
    7.4　5A90 铝锂合金扩散连接性能 ………………………………………… 274
        7.4.1　5A90 铝锂合金扩散连接 ………………………………………… 274
        7.4.2　工艺参数对 5A90 铝锂合金扩散连接接头组织的影响 ……… 284
        7.4.3　工艺参数对 5A90 铝锂合金接头力学性能的影响 …………… 292
    7.5　5A90 铝锂合金双层中空结构有限元模拟及
         超塑成形/扩散连接工艺 ……………………………………………… 298
        7.5.1　铝锂合金双层中空结构有限元模拟 ……………………………… 298

  7.5.2 铝锂合金双层中空结构超塑成形/扩散连接工艺 ……………… 301

  7.5.3 铝锂合金超塑成形/扩散连接成形件质量评估 ……………… 304

参考文献 …………………………………………………………………… 305

第 8 章 Mg-Gd-Y-Zn-Zr 稀土镁合金中空结构超塑成形/扩散连接工艺 …………………………………… 306

8.1 Mg-Gd-Y-Zn-Zr 稀土镁合金材料介绍 ………………… 306

8.2 Mg-Gd-Y-Zn-Zr 合金板材超塑性性能研究 ……………… 306

  8.2.1 Mg-Gd-Y-Zn-Zr 合金板材超塑性 ……………………… 307

  8.2.2 Mg-Gd-Y-Zn-Zr 合金超塑性变形行为 ………………… 314

8.3 Mg-Gd-Y-Zn-Zr 合金扩散连接性能研究 ………………… 317

  8.3.1 双层中空结构超塑成形/扩散连接工艺 ………………… 317

  8.3.2 Mg-Gd-Y-Zn-Zr 合金连接机理分析 …………………… 319

  8.3.3 工艺参数对 Mg-Gd-Y-Zn-Zr 合金接头组织的影响 …… 323

  8.3.4 扩散连接接头力学性能测试 …………………………… 326

8.4 Mg-Gd-Y-Zn-Zr 中空结构超塑成形/扩散连接模拟及芯层结构设计 …………………………………………… 328

  8.4.1 双层中空结构超塑成形/扩散连接数值模拟 ………… 328

  8.4.2 三层中空结构超塑成形/扩散连接数值模拟 ………… 333

  8.4.3 四层蜂窝结构超塑成形/扩散连接数值模拟 ………… 338

  8.4.4 四层中空结构优化设计 ……………………………… 343

8.5 Mg-Gd-Y-Zn-Zr 合金超塑成形/扩散连接技术 …………… 343

  8.5.1 Mg-Gd-Y-Zn-Zr 合金超塑成形/扩散连接技术 ……… 343

  8.5.2 四层结构 SPF/DB 工艺研究 …………………………… 348

参考文献 …………………………………………………………………… 352

展望 ………………………………………………………………………… 354

Contents

Chapter 1　Introduction ·· 1

1.1　Forming and Development of Light Alloy Hollow Structure ················ 1
1.2　Principle and Application of Light Alloy SPF Technology ···················· 3
　　1.2.1　Principle and Characteristics of SPF ·· 3
　　1.2.2　Accuracy Analysis of Superplastic Forming ································ 10
　　1.2.3　SPF Technology and Application of Light Alloy ······················· 14
1.3　Principle and Application of SPF and DB of Light alloys ···················· 20
　　1.3.1　Principle and Characteristics of SPF/DB ···································· 20
　　1.3.2　The Method of DB ·· 25
　　1.3.3　Basic Process of SPF/DB ··· 27
　　1.3.4　Main Technical Problems in SPF/DB Process ··························· 29
　　1.3.5　Application of SPF/DB Technology for Light Alloy
　　　　　 Hollow Structures ··· 30
1.4　Equipment of SPF/DB ··· 44
References ·· 50

**Chapter 2　SPF/DB Technology and Process of TA15
　　　　　　　Four – layer Hollow Structure** ··· 57

2.1　Material Introduction of TA15 Titanium Alloy ····································· 57
2.2　SPF/DB Technology of TA15 Titanium Alloy Four – Layer
　　 Hollow Structure ·· 58
　　2.2.1　Superplastic Performance test TA15 Titanium Alloy ················· 58
　　2.2.2　Mold and Grid Design of TA15 Titanium Alloy Four – Layer
　　　　　 Structure ·· 59
　　2.2.3　Analysis of FEM Simulation Analysis of the Hollow Four – Layer
　　　　　 Structure ·· 62
　　2.2.4　Four – Layer Hollow Structure SPF/DB Process ······················· 66

       2.2.5 Mechanical Properties and Microstructure Before and After TA15 Forming ································· 74
- 2.3 SPF/DB process of TA15 Four – Layer Hollow Structure with Solid Frame ································· 76
  - 2.3.1 Four – Layer Structure Mold Design of TA15 Titanium Alloy with Solid Frame ································· 76
  - 2.3.2 Numerical Simulation of Four – Layer Structure with TA15 Solid Frame ································· 81
  - 2.3.3 Four – Layer Structure Forming Process with Solid Frame ········· 90
  - 2.3.4 Microstructure and Thickness Distribution of TA15 Solid Frame ········· 91
- References ································· 99

Chapter 3 SPF/DB Process for four – layer Hollow Structure of Ti – 22Al – 27Nb ································· 101

- 3.1 Material Introduction of Ti – 22Al – 27Nb Alloy ················ 101
- 3.2 SPF/DB of Ti – 22Al – 27Nb Alloy with Four – Layer Hollow Structure ································· 101
  - 3.2.1 Superplastic Performance Test of Ti – 22Al – 27Nb Alloy ········· 101
  - 3.2.2 Diffusion Boding Performance Test of Ti – 22Al – 27Nb Alloy ········· 103
- 3.3 Hollow Structure Grid Design and Finite Element Simulation of Ti – 22Al – 27Nb ································· 108
  - 3.3.1 Hollow Structure Grid Design of Ti – 22Al – 27Nb ················ 108
  - 3.3.2 Finite Element Analysis of Hollow Structure to Ti – 22Al – 27Nb ······ 110
  - 3.3.3 Parameter Optimization of Four – layer Hollow Structure ··········· 115
- 3.4 Mechanical Properties and Microstructure of Structures of Ti – 22Al – 27Nb ································· 119
- References ································· 123

Chapter 4 Ti – 22Al – 24.5Nb – 0.5Moalloy Four – layers Hollow Structure Superplastic Forming/Diffusion Bonding Technology ································· 125

- 4.1 Microsture and Phases of Ti – 22Al – 24.5Nb – 0.5Mo Alloy As – Received ································· 125
- 4.2 Ti – 22Al – 24.5Nb – 0.5Mo Superplastic Deformation Properties and Characterization ································· 129

4.3　Superplasticity and Free Bulging Properties of Ti-22Al-24.5Nb-0.5Mo Alloy Sheet 132
　　4.3.1　Theory Analsyis of Free Bulging 132
　　4.3.2　Microstructure Evolution after Sheet Bulging 137
4.4　Evolution of Solid Solution Structure of Ti-22Al-24.5Nb-0.5Mo Alloy 141
　　4.4.1　Solution Treatment and Phase Composition Analysis 141
　　4.4.2　Analysis of Tissue Evolution after Solution Treatment 146
4.5　Properties of Diffusion Bonding Interface of Same and Dissimilar Alloys 147
　　4.5.1　Diffusion Bonding of the Same Material 148
　　4.5.2　Diffusion Bonding of the Dissimilar Materials 151
　　4.5.3　The Model of Diffusion Bonding Reaction Layer Thickness 160
　　4.5.4　Finite Element Analysis of Residual Stress in Diffusion Joint 162
4.6　Process Simulation of Hollow Structure and Design of Numerical Simulation 168
　　4.6.1　Numerical Simulation of SPF/DB of Two-Layers Hollow Structure 168
　　4.6.2　Numerical Simulation of SPF/DB of Three-Layers Hollow Structure 172
4.7　SPF/DB Process and Technology for Four-layers Structure Combined with Ti-22Al-24.5Nb-0.5Mo/TA15 Alloy 182
　　4.7.1　SPF/DB Process of Three-Layers Hollow Structure 182
　　4.7.2　SPF/DB Process of Ti2AlNb/TA15 Four-Layers Structure 185
References 192

Chapter 5　Hot Forming/Diffusion Bonding Composite Process for TiAl Alloy Hollow Structure 193

5.1　Introduction of TiAl Alloy 193
5.2　The Tensile Deformation Behavior of TiAl Based Alloy 196
　　5.2.1　True Stress-Strain Curves in Tension 196
　　5.2.2　The Influence of Temperatures and Strain Rates on Flow Stress 198
　　5.2.3　Constitutive Model of TiAl Based Alloy 200
　　5.2.4　Cavity Evolution and Fracture Morphology 202

5.3　The Compressive Deformation Behavior of TiAl Based Alloy 205
　　5.3.1　Ture Stress – Strain Curves in Compression 205
　　5.3.2　Constitutive Equation in Compression 207
　　5.3.3　Microstructure Evolution 208
5.4　Diffusion Bonding Properties of TiAl Based Alloy 211
　　5.4.1　The Type of Diffusion Bonding Joint 211
　　5.4.2　The Effect of Bonding Parameters on Interface Microstructure and Shear Strength 213
　　5.4.3　The Effect of Post Bonded Heat Treatment 216
　　5.4.4　Fracture Morphology 216
5.5　Hot Bending/Diffusion Bonding of TiAl Based Alloy 218
　　5.5.1　Bending Limits of TiAl Based Alloy 218
　　5.5.2　Hot Forming of Corrugated Core Sheet 219
　　5.5.3　Diffusion Bonding Between core Sheet and Face Sheets 221
　　5.5.4　Mechanical Properties of Corrugated Structure 222
References 223

Chapter 6　Ti – 43Al – 9V – 1Y Alloy Hollow Structure Preset Vacancy Drawing Forming 226

6.1　Introduction and Preparation of Ti – 43Al – 9 V – 1Y Alloy 226
6.2　Microstructure and Properties of Hot – Pressed Sintered Ti – 43Al – 9V – 1Y Alloy 227
　　6.2.1　Microstructure Analysis 227
　　6.2.2　High Temperature Tensile Properties 230
6.3　Simulation and Analysis of Drawing Characteristics of Plane Grid Sheet 235
　　6.3.1　Flat Panel Material Preset Vacancy Design 235
　　6.3.2　Numerical Simulation of Plane Grid Sheet Metal Drawing 242
　　6.3.3　Validation Analysis of 5083 Aluminum Alloy Plane Drawing Process 245
　　6.3.4　Optimal Design of Preset Vacancies for Plane Grid Sheets 247
6.4　Numerical Simulation and Analysis of Drawing Forming Characteristics of Grid Sheet Metal with Preset Vacancies on Curved Surface 249
　　6.4.1　Numerical Simulation of Drawing Forming of Honeycomb Sheet 249

	6.4.2	Validation Analysis of Drawing Process	249

6.4.2 Validation Analysis of Drawing Process 249
6.4.3 Optimal Design of Shaped Sheets 250
6.5 Ti−43Al−9V−1Y Alloy Grid Structure Formed by Drawing with Preset Vacancies 252
    6.5.1 Drawing Forming of Plane Grid Structure with Preset Vacancies 253
    6.5.2 Drawing Forming of Curved Grid Structure with preset Vacancy 257
    6.5.3 Brazing of Plane Grid Structure 260
References 263

Chapter 7 Superplastic Forming/Diffusion Bonding of 5A90 Alloy Double − Layers Hollow Structure 264

7.1 Introduction of 5A90 Aluminum − Lithium Alloy 264
7.2 Superplastic Deformation Behavior of 5A90 Al − Li Alloy 266
    7.2.1 Effect of Deformation Temperature on Superplastic Properties of 5A90 Alloy 266
    7.2.2 Effect of Strain Rate on Stress − Strain Curve of 5A90 Alloy 269
    7.2.3 The Influence of Deformation Conditions on the High Temperature Tensile Strength of 5A90 Alloy 270
    7.2.4 Effect of Deformation Conditions on the Elongation of 5A90 Alloy 271
7.3 The Influence of Superplastic Parameters of 5A90 Alloy on Microstructure 272
    7.3.1 Effect of Deformation Temperature on Microstructure of 5A90 Alloy 272
    7.3.2 Analysis of High Temperature Tensile Fracture 273
7.4 Diffusion Bonding Performance of 5A90 Alloy 274
    7.4.1 Diffusion Bonding of 5A90 alloy 274
    7.4.2 The Influence of Process Parameters on the Structure of DB Joints 284
    7.4.3 The Influence of Process Parameters on the Mechanical Properties of Joints 292
7.5 Finite Element Simulation of 5A90 Aluminum − Lithium Alloy Double − Layers Hollow Structure and Superplastic/Diffusion Bonding Process 298
    7.5.1 Finite Element Simulation of Double − Layers Hollow Structure 298
    7.5.2 Superplastic/Diffusion Bonding Process of Double − Layers Hollow

		Structure	301
	7.5.3	Quality Evaluation of Formed Parts	304
References			305

Chapter 8 Superplastic Forming of Mg – Gd – Y – Zn – Zr Alloy Hollow Structure 306

8.1	Introduction of Mg – Gd – Y – Zn – Zr Alloy	306
8.2	Superplasticity of Mg – Gd – Y – Zn – Zr Alloy	306
	8.2.1 Superplasticity of Mg – Gd – Y – Zn – Zr Alloy Sheet	307
	8.2.2 Superplastic Deformation Behavior of Mg – Gd – Y – Zn – Zr Alloy	314
8.3	Diffusion Bonding Performance of Mg – Gd – Y – Zn – Zr alloy	317
	8.3.1 Superplastic Forming/Diffusion Bonding Process of Double – Layers Hollow Structure	317
	8.3.2 Connection Mechanism Analysis	319
	8.3.3 The Influence of Process Parameters on Joint Organization	323
	8.3.4 Mechanical Performance Test of Diffusion Bonding Joint	326
8.4	Superplastic Forming/Diffusion Bonding Simulation of Mg – Gd – Y – Zn – Zr Hollow Structure and Core Structure Design	328
	8.4.1 Superplastic Forming/Diffusion Bonding Numerical Simulation of Double – Layers Hollow Structure	328
	8.4.2 Superplastic Forming/Diffusion Bonding Numerical Simulation of Three – Layers Hollow Structure	333
	8.4.3 Superplastic Forming/Diffusion Bonding Numerical Simulation of Four – Layers Hollow Structure	338
	8.4.4 Optimal Design of Four – layers Hollow Structure	343
8.5	Superplastic Forming/Diffusion Bonding Technology of Mg – Gd – Y – Zn – Zr Alloy	343
	8.5.1 Process Description	343
	8.5.2 Superplastic Forming/Diffusion Bonding Process of Four – Layers Structure	348
References		352

Prospect 354

第1章

绪　论

1.1　轻合金中空结构的形成与发展

轻量化结构是飞机、运载火箭和卫星等飞行器提高飞行速度、增加有效载荷和节约燃料的主要手段之一,是航空航天装备发展永恒的主题。随着各行各业节能减排的要求越来越高,轻量化结构逐渐应用到制造业的各个领域,包括航空航天、兵器、汽车、建筑、医疗及电子领域。尤其对能耗要求较高的飞机、航天器和汽车等领域,轻量化结构件的大规模使用是目前的主要趋势。

轻量化结构件是指相对于传统制造结构件,通过整体优化设计及引入轻量化制造技术的强度、刚度更高,而整体重量更轻的结构类零件。在人类使用工具的发展历史中,减轻重量以节约材料和运行中的能量为长期追求的目标,这也一直是现代先进制造技术发展的趋势之一。轻量化结构除了采用钛合金、铝合金、镁合金等轻质材料,另一个重要途径就是在结构上采用"以空代实",即对于承受以弯曲或扭转载荷为主的构件,采用空心结构取代实心结构,既可以减轻重量,节约材料,又可以充分利用材料的强度和刚度提高使用性能。

在轻质材料方面,航空航天装备广泛采用钛合金、铝合金、镁合金等轻合金材料。对于民用飞机,主体结构材料主要为铝合金,例如,空客 A380 飞机的结构材料中,铝合金约占 60%,钛合金约占 10%,复合材料约占 25%;对于先进战斗机,主体结构材料主要为铝合金、钛合金和复合材料,例如,美国轻型四代机 F-35 战斗机的铝合金约占 30%,钛合金约占 20%,复合材料用量约占 35%;对于运载火箭,主体结构材料为铝合金,例如,我国新一代大型运载火箭,其中 60% 结构材料为铝合金。近年来,多种新型轻质材料在航空航天装备的应用上正在逐年增加。

在中空结构方面,轻量化中空结构是一种多层中空分层的复合结构,由多层高强度的面板夹着一层或多层薄而轻的芯板或芯材构成,这是为了满足轻质高强的要求而发展起来的一种结构形式,并被普遍地应用于航空航天工业,图 1-1 所示为多种形式的轻量化中空结构剖面图,可见其内部结构复杂多变,可通过灵活设计以适应不同承载要求,从而最大限度地提高飞行器的巡航速度及运载能力。

图 1-1 多种形式的轻量化中空结构剖面图

轻合金是现代航天装备轻量化的首选材料,高性能轻合金构件制造能力决定了我国航天装备的整体水平与竞争力。轻合金中空结构是典型的轻量化结构,属于航空航天领域极具应用前景的减重应用形式,承力层稳定性高、结构弯曲刚度大、外形和表面质量高、结构重量较小、良好的能量吸收和抗疲劳性能等优点,使其在新型飞行器设计及先进制造方面成为研究热点。

目前,此类复杂中空结构基本以钛合金为主,由于超塑成形温度和扩散连接温度比较接近,且扩散性能优良,因此可以在一个温度循环中完成成形和扩散连接两个工艺过程,从而制造出形状复杂、内筋加强的整体构件。与传统的铆接和螺接结构相比,可大大减少零件和紧固件的数量,有效消除因紧固孔产生的裂纹源,使结构件的耐久性和损伤容限有了很大的提高和改善。

超塑成形/扩散连接(superplastic forming/diffusion bonding,SPF/DB)技术是将超塑成形与扩散连接工艺相结合,利用材料超塑大变形与固相连接区域的合理布局,控制内部支撑结构和外部蒙皮形状,并完成整体连接,从而制造出不同类型局部加强或整体加强中空多层结构的近净成形方法。其本质优势体现在,可以一次性成形内部加强筋结构和外部轮廓,具有常规制造方法难以达到的独特优势。在轻量化结构发展过程中,钛合金 SPF/DB 的中空结构得到了广泛应用,但对于其他轻质材料,如铝合金、镁合金等,由于材料扩散连接性能相对有限,且应变速率敏感性指数 m 值低,使其无法采用 SPF/DB 技术进行一体化制造,极大束缚了此类轻质材料在中空结构中的应用。本书所介绍内容既包括钛合金中空结构的一体化

SPF/DB 成形,还通过引入不同连接方法,介绍了镁合金、铝合金等材料中空结构的超塑成形。

目前,国内钛合金材料超塑成形/扩散连接技术相对成熟,而镁合金材料的应用研究还处于起步阶段,尚未完全掌握制备工艺基础和相关规律;且钛铝合金及其他合金的工程应用研究还相对较少。后续仍需深挖上述材料的潜力,重视发展性能和成形能力兼顾的轻合金材料,并加强工程应用研究,推进高性能轻合金超塑成形/扩散连接技术在各领域的应用。

1.2 轻合金超塑成形技术原理与应用

1.2.1 超塑成形原理及特点

1. 超塑性现象

塑性是金属的重要属性之一,是指金属在外力作用下,无损而永久地改变形状的能力。如果用延伸率来表示塑性大小,一般黑色金属在室温下的延伸率不超过40%,铝、铜等有色金属为50%~60%。许多金属与合金、金属间化合物甚至陶瓷材料在特定条件下,拉伸时能得到很大的延伸率,有时可达百分之几百,甚至达到百分之几千,变形抗力也很小,这种现象称为超塑性(superplasticity)现象。图1-2所示为延伸率较好的ZnAl22合金、TC4合金和ZnAl22合金拉伸的试样,延伸率最高达到2000%。

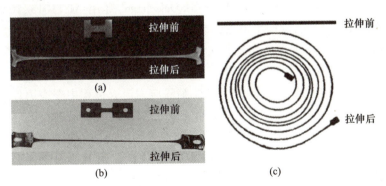

图1-2 超塑材料拉伸试样

(a)延伸率达1500%的ZnAl22共析;(b)延伸率达1600%的TC4钛合金;
(c)延伸率达2000%的Pb-Sn共晶合金拉伸试样。

2. 超塑性定义

1991年,在日本大阪召开的第四届国际先进材料超塑性会议(ICSAM)上,第一次为超塑性下了通用定义[1]：超塑性是指多晶体材料在失效前呈现出极高的拉伸延伸率的能力。当延伸率 δ≥200% 时，即可称为超塑性。

3. 超塑性分类

随着更多的金属及合金实现了超塑性，以及对金属及合金金相组织及结构的研究，人们发现超塑性金属有着本身的一些特殊规律，这些规律带有普遍的性质，而并不局限于少数金属中。因此按照实现超塑性的条件（组织、温度、应力状态等）一般把超塑性分为以下几种。

（1）恒温超塑性或第一类超塑性。根据材料的组织形态特点，也称为微细晶粒超塑性。一般所指超塑性多属这类超塑性，其特点是材料具有微细的等轴晶粒组织。在一定的温度区间（$T_s \geqslant 0.5T_m$，T_s 和 T_m 分别为超塑性变形和材料熔点温度的绝对温度）和一定的变形速度条件下（应变速率在 $10^{-4} \sim 10^{-1}/s$）呈现超塑性[2]。这里指的是微细晶粒尺寸，大多在微米级，其范围在 $0.5 \sim 5\mu m$[3]。一般来说，晶粒越细越有利于塑性的发展，但对于有些材料来说（如钛合金）晶粒尺寸达几十微米时仍有很好的超塑性能。还应当指出，由于超塑性变形是在一定的温度区间进行的，因此即使初始组织具有微细晶粒尺寸，如果热稳定性差，在变形过程中晶粒迅速长大，则不能获得良好的超塑性。

（2）相变超塑性或第二类超塑性。亦称转变超塑性或变态超塑性。这类超塑性，并不要求材料有超细晶粒，而是在一定的温度和负荷条件下，经过多次循环相变或同素异形转变获得大延伸率。如碳素钢和低合金钢，加以一定的负荷，同时于某一温度上下进行反复的一定范围的加热和冷却，每次循环（α—γ）发生两次转变，可以得到二次条约式的均匀延伸。D. Oelschagel 等用 AIS11018、1045、1095、52100 等钢种试验表明，延伸率可达到 500% 以上，这样变形的特点是，初期时每次循环的变形量比较小，而在一定次数之后，每次循环可以得到逐步加大的变形，到断裂时，可以累积为大延伸率。

（3）其他超塑性（或第三类超塑性）。消除应力退火过程中在应力作用下可以得到超塑性。Al-5%Si 及 Al-4%Cu 合金在溶解度曲线上下进行循环加热可以得到超塑性。根据 Johnson 试验，在具有异向性热膨胀的材料如 U、Zr 等，加热时可有超塑性，称为异向超塑性。有人把 a-U 在有负荷及照射下的变形也称为超塑性，球墨铸铁及灰铸铁经特殊处理也可以得到超塑性[4]。也有人把上述的第二类及第三类超塑性称为动态超塑性或环境超塑性。

4. 超塑性变形理论

材料的超塑变形之所以会出现与常规塑性变形明显不同的变形特征，是由于其变形机理与常规塑性变形不同。超塑性变形机理所讨论的是超塑变形期间材料内部原子与原子群的运动过程和方式。组织超塑性要求材料具有微细而稳定的等轴晶粒,其流动机理显然与材料的晶粒大小、形状及分布等密切相关[5]。

超塑性变形机理研究一直是一个活跃的领域,1964年美国学者贝克芬(W. A. Backofen)对超塑性力学特性进行了分析研究,提出了变形应力与应变速率的关系方程式:

$$\sigma = K\dot{\varepsilon}^m$$

式中:K为与材料有关的常数;m为应变速率敏感性指数,它与材料有关,是评价金属超塑性能的关键指标。贝克芬提出了测定材料m值的方法,奠定了超塑性的力学基础。超塑性变形的基本特征如下。

1) 力学特征

力学特征:低应力、低应变速率、大延伸率。

2) 微观特征

(1) 发生了大量晶界滑移和晶界迁移;

(2) 晶粒发生转动;

(3) 发生了三维晶粒重排;

(4) 变形中位错发生在晶界,消失在晶界;

(5) 晶界附近有一严重变形区;

(6) 变形中晶粒长大,尤其在低应变速率时。

这些特征是探讨微观机制的基础。20世纪80年代,超塑性变形理论集中于晶界滑移模型,有两个代表性模型。

(1) 扩散调节的晶粒转换模型(Ashby – Verrall 模型),该模型认为超塑变形的大延伸率是晶粒转换的结果,而提出一个二维晶粒转换模型。Ashby – Verrall 认为外力所做的功由四个不可逆过程消耗。该模型是一个二维模型,不能解释新表面增加。后来 Gifkins 对它进行了改进,提出了三维模型,然而没有直接实验证据。

(2) 位错调节的晶界滑移模型(Ball – Hutchson 模型),Ball 和 Hutchson 用透射电镜观察了 Zn – Al 共析合金超塑变形后的组织,发现 a 相中有位错塞积,提出沿同一直线排列的一组晶粒滑移,受阻于闭锁晶粒 B,应力集中使晶粒 B 内位错开动,滑移并塞积在对面晶界,领先位错在应力集中作用下产生快速扩散,攀进晶界并沿晶界攀到消失地点。而晶粒转动和相邻晶粒协调,不产生明显的晶粒伸长。Mukerjee 认为晶界滑移的主要障碍为晶界台阶,晶粒可以单独滑移,在台阶处受阻时,晶内位错开动,弛豫过程和 Ball – Hutchson 模型相同。从20世纪80年代开始,许多人曾实测了超塑变形中各变形机理的作用,认为超塑变形是多重机理共同作用的结果。即总应变速率为扩散蠕变、晶界滑移和位错蠕变三种变形机理产生的应变速率$\dot{\varepsilon}$之和。

5. 超塑成形技术

超塑成形技术即利用材料的超塑性变形特性进行成形，是一种制造薄壁复杂构件的先进成形技术，其本质特点是低应变速率条件下的小应力大变形，在微观上表现为局部颈缩的不断转移，在宏观上表现为均匀的无颈缩整体变形，可一次获得传统方法难以成形的高精度复杂形状零件。由于超塑成形材料在超塑性状态下变形抗力小，压力通常为 1~3MPa，因此一般采用气胀成形。超塑成形技术原理示意图如图 1-3 所示。超塑成形工艺过程一般包括以下步骤：备料—模具和板材升温—加压密封—充气成形—放气卸压—开模取件。

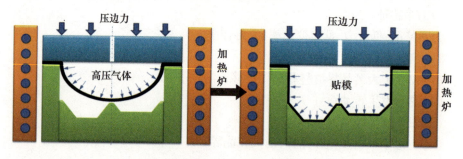

图 1-3　超塑成形技术原理示意图

超塑成形一般要求材料具有如下组织及变形条件：

（1）晶粒通常应小于 10μm，一般为等轴晶；

（2）存在第二相，第二相的强度通常应与基体的强度相当，并以细小颗粒均匀分布于基体，细小的硬颗粒在超塑流动时，其附近的许多回复机制可阻止孔洞的形成；

（3）晶界结构特性，两相邻基体晶粒间的晶界应是大角晶界（不共格），并具有可动性；

（4）低的应变速率，通常在 10^{-2} 以下；

（5）适当的变形温度，一般为 $0.5 \sim 0.95 T_m$（T_m 为熔点）。

同时大量的试验表明，超塑成形过程中组织的变化主要表现在以下几个方面。

（1）晶粒形状与尺寸的变化。Pearson 早在 1934 年就发现在超塑变形过程中，晶粒的等轴性几乎保持不变。这一结果为后来大量的试验所证实。但 Backofen 等在拉伸密排六方型晶格的超塑性材料 MA8 时，发现晶粒顺拉伸方向拉长，这表明变形时晶粒等轴化倾向也有例外。一般情况下，超塑变形后的晶粒都比原始晶粒长大，这与合金成分、温度、应变速率及应变有关，对于两相合金，还与相的比例及第二相的析出等有关。

（2）晶粒的滑动、转动和换位。

(3) 晶界褶皱带。褶皱带的宽度随应变速率的减少和应变量的增加而增加。一般认为,褶皱带的出现与晶界的滑移过程有关[6]。

(4) 位错。在超塑变形时,位错密度大大提高,并明显集中于晶界及三角晶界处。同时发生强烈的位错攀移和相消过程[7]。

(5) 空洞。在超塑变形达到一定变形程度时,就会出现空洞的形核,继而发生空洞的聚合与连接,导致材料断裂[8]。

在金属及金属基复合材料的超塑性中,以铝合金、镁合金和钛合金的研究最为活跃。20世纪六七十年代,铝合金的超塑性研究达到了高潮。近年来,在铝合金的超塑性的研究方面仍有许多工作,包括超塑变形力学行为、变形过程中的组织演变、变形机制、电脉冲和电场对材料超塑性的影响等[9-12]。许多研究者对铝基复合材料的超塑性进行了研究。

与铝基复合材料相同,镁基复合材料也可获得高应变速率超塑性。研究表明,镁基复合材料在高应变速率下更有希望获得较好的超塑性能。

6. 超塑成形优势

材料在超塑状态下,塑性变形抗力急剧减小,塑性变形能力大幅度提高,并且几乎无应变硬化产生,近似呈黏性流动状态。超塑成形是将材料置于超塑状态下进行的成形技术,与传统的加工技术相比,其优势是十分明显的[7-9,13]:

(1) 材料塑性高。在最佳超塑变形条件下,材料可以承受大变形而不被破坏。在拉伸变形过程中,宏观表现为无缩颈的均匀变形,最终断裂时断口部位的截面尺寸与均匀变形部位相差很小。材料的延伸率极高(按目前国外报道,有的 δ 值可达 5000%),表明超塑性材料在变形稳定性方面要比普通材料好得多,可以使材料成形性能大大改善,在航空航天工业中,对难加工的钛合金、镁合金等零件,采用超塑成形,更能显示其优越性。

(2) 成形力小。可以降低成形设备吨位,节约能源,降低对模具材料的要求,延长了模具寿命。这是由于在最佳超塑变形条件下,材料的流动应力通常是常规变形的几分之一乃至十分之一,材料在超塑性变形过程中的变形抗力很小。例如,ZnAl22 合金在 250℃下的流动应力只有 2MPa 左右,TC4 合金在 950℃下的流动应力为 10MPa 左右,GCr15 钢在 700℃时流动应力为 30MPa。由于超塑成形时的载荷低、速度慢、不受冲击,故模具寿命长,可以采用低强度廉价的材料来制作模具。但对于高温成形,应用相应的耐高温材料制作模具。

(3) 工艺简单,坯料充型能力强,可一次成形形状极为复杂的工件。超塑成形时,不但金属变形抗力小,且流动性和充型性好。在恒温保压状态下,有蠕变机理作用,可以充满模具型腔各个部位。精细的尖角、沟槽和凸台也很易充满。可以将多道次的塑性成形改为整体结构的一次成形,且不需要焊接和铆接。材料成形性能大为改善,使形状复杂的构件一次成形变为可能,图 1-4 所示为典型的超塑成形复杂形状零件。

图 1-4　典型的超塑成形复杂形状零件[14]

(4)近无加工余量。可以大大提高材料利用率。

(5)成形件质量好。不存在由硬化引起的回弹导致的零件成形后的变形问题,故零件尺寸稳定。超塑状态下的成形过程是较低速度和应力下的稳态塑性流变过程,故成形后残余应力很小,不会产生裂纹、弹性回复和加工硬化。并且成形后材料仍能保持等轴细晶组织、无各向异性,常规塑性加工时极易出现的各种缺陷在超塑成形时大多不会出现。

(6)难变形薄壁材料。超塑成形在制造难变形材料薄壁复杂零件方面具有独特优势,相对常规塑性成形时易出现的各种缺陷,超塑成形的上述优点十分突出,因而超塑成形得到了越来越广泛的应用。尤其适用于曲线复杂、弯曲深度大、用冷加工成形困难的钣金零件。关于超塑性的试验和理论分析有很多,理论方向主要包括晶界滑移、扩散蠕变及位错运动等方面;模型方面主要包括扩散流动型(diffusional flow)、位错运动型(dislocation movement)等。这些理论与模型有时候只能解释单一的一种现象或者一种材料,不能适用于所有的超塑性材料,由于试验参数的变化,某种理论也就不成立了,会存在矛盾与对立的一面,所以在实际应用中需要针对不同的材料,不同的变形条件选取应用不同的机理与模型。

由于超塑成形可使多个部件一次整体成形,结构强度明显提高,重量减轻。因此是当今航空航天工业中最受关注的加工新技术之一,已经成为一种推动现代航空航天结构设计概念发展和突破传统钣金成形方法的先进制造技术,且该技术的发展应用水平已成为衡量一个国家航空航天生产能力和发展潜力的标志[15]。图 1-5 所示为典型超塑成形的航空航天零件。

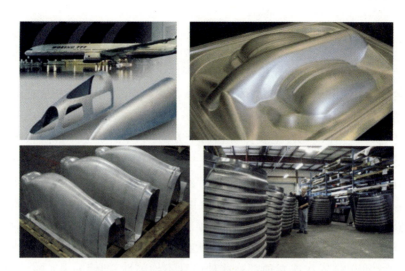

图1-5 典型超塑成形的航空航天零件[14,16]

20世纪80年代，超塑成形技术得到迅速发展，各国相继投入了大量的人力、物力开展实验研究，技术进步很快，已从基础性研究转入实用性研究。其应用范围已经发展到锌铝合金、铝合金、钛合金、铜合金、镁合金、镍基合金以及黑色金属材料，现又扩展到陶瓷材料、复合材料、金属间化合物等。利用材料的超塑性可以加工普通方法难以加工的零件，尤其在航空航天领域，这已成为不可缺少的加工手段。美国Superform公司和英国Superform Metals LTD公司在铝合金、钛合金超塑成形的研发方面，无论是产品的数量还是品种都是最多的[17]。同样，日本在超塑成形工业研究方面也取得了长足的进展。日本最大的两家公司Mitsubishi重型工业公司和Kawasaki重型工业公司最先开展了超塑成形的研究，并研制了SPF专用设备[18]。随着超塑成形的不断发展，其工艺的应用范围和应用对象也稳步增加。现在，除了大量应用在航空航天领域，超塑成形的应用已扩展到了交通、建筑和医疗等领域。

随着资源、能源等问题的日渐突出，以镁合金、铝合金、钛合金为代表的轻合金材料的工程应用得到了越来越广泛的重视，在汽车行业，应用轻合金材料实现结构轻量化是实现节能减排目标的重要途径之一；在航空航天领域，材料的轻量化更是带来了十分显著的经济效益与性能的提升。与此相关，轻合金材料成形技术的研究也日益受到广泛的关注，轻合金材料的塑性一般较差，用常规的塑性成形方法制造轻合金构件比较困难，特别是一些复杂的薄壁壳形零件。超塑成形方法是目前为止制造轻合金复杂零件的有效途径之一。目前，超塑成形技术在零部件轻量化制造，节能减排，乃至发展低碳经济、建设创新型国家方面发挥着不可替代的作用，可以极大促进我国航空航天工业、汽车工业、重大装备制造工业、兵器工业、能源工业、医疗工业等领域的发展。

1.2.2 超塑成形精确性分析

由于超塑成形时板料的充填性能极好,因此可以成形出形状精度很高的制件。精细的尖角、沟槽和凸台可作为整体结构一次成形。但是,由于超塑成形中板料的应力应变场分布不均匀,会造成零件壁厚的明显差异,成为限制该工艺应用的关键性问题之一。壁厚不均匀性主要体现在两个方面:一方面是工件自由胀形部分材料变形不均匀的影响,其中材料参数 m 是主要影响因素[19];另一方面是已贴模部分材料由于模具约束及摩擦作用而导致的变形不均匀。

(1) 自由胀形阶段,板材周边压边部分被模具压紧不参与变形,零件面积增加完全由板坯变薄来实现,板料变形区球壳顶点为双向等拉应力状态,压紧周边为平面应变应力状态,其余各点并非等拉应力状态,这种不均匀的应力状态造成不均匀的厚度,最大变薄位置在球壳顶部。这种厚度不均匀性,即使 $m=1$ 的材料,也仅可以使成形的制品达到较均匀的厚度,仍不能获得均一厚度。m 值越小的材料厚度均匀性则会越差。TC4 钛合金虽具有较大的 m 值,但是工业应用的产品精度要求高,需要准确外形,即使是球壳也不能采用自由胀形,而应采用凹模成形。

(2) 在贴模阶段,材料与模具型面之间不可避免地发生摩擦,摩擦阻止金属流动,有摩擦的地方金属不流动,或流动得很慢,变形主要集中在未接触区域,摩擦因素使成形工件的厚度不均匀性更加严重,成形制品很难达到均厚。

超塑成形中的厚度不均匀主要由以上两个因素决定,在实际应用中零件的厚度分布差异也是由这两个因素共同影响的。因此,厚度分布不仅与材料本身的应变硬化指数、厚向异性指数等有关,板料与模具的摩擦条件对其也有很大影响。图 1-6 所示为典型的超塑成形圆锥形体剖面,可见厚度分布由压边部分到圆锥顶逐渐减薄,很不均匀。

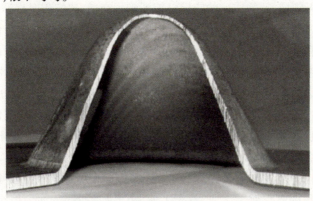

图 1-6 超塑成形件厚度不均匀性[14]

为了改善超塑成形零件厚度分布,专家学者进行了多种尝试,开发出了一些行之有效的工艺方法,主要包括:

(1)正反向成形。正反向成形分为两步:反向成形(预成形)和正向成形(终成形)。首先进行反向成形,即反向加气压,使板材向预成形模具方向变形,将原本厚度大的地方进行预减薄,缓解下模圆角处变薄过于集中,零件壁厚不均匀的问题。合理地设计预成形模具,可以在很大程度上起到分散变形作用。然后进行正向成形,卸掉反向气压,正向加压,使板材向终成形模方向变形,直至确定完全贴模。需要注意的是,反向成形后板材的表面积必须控制在终成形件表面积之内。图1-7所示为正反向成形原理。

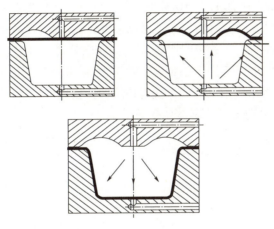

图1-7 正反向成形原理

(2)动凸模反向成形。如图1-8所示,先将板坯向上方成形,到一定高度后,再将与零件尺寸一致的凸模移向胀形弧面内,再反向加压,使坯料贴靠于凸模型面

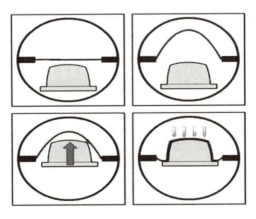

图1-8 动凸模反向成形方法[17]

上。这样,底部材料预先向两侧流动,并且在反向加压时凸模圆角部分先贴模,之后的变薄很小,使成形后的壁厚相对均匀[20]。但第一步无模成形的高度要控制适度,过大易使工件起皱,过小又对壁厚分布改善效果不明显。

(3)坯料厚度预成形法。将毛坯预先加工成不同的厚度,然后再将该板坯胀成壳体[21-24]。这种方法可以取得相当均匀的壁厚分布,但板坯的预先机械加工比较困难。当前确定板坯形状用得较多的为增减法,即用等厚板坯进行有限元模拟,然后测出成形零件的壁厚分布与目标值之间的差值,最后对板坯的尺寸进行修改,图1-9所示为坯料厚度预成形法。王长文等以Zn-Al合金为例采用不等厚板坯进行半球件的超塑胀形,得到了最大壁厚减薄率为8.5%的成形件[25]。此外,日本学者Jinishi和Suzuki在2002年10月提出的拼焊板控制厚度分布的方法也可归为此类,即采用不同厚度的板材用等离子弧焊接拼焊在一起,在减薄大的部位用较厚的板材,可使成形件的壁厚分布更加均匀[26]。张凯锋等采用正反向成形法超塑成形了复杂形状的工件,并对其截面厚度做了测量和分析,其厚度近似均匀[27]。George Luckey Jr. 等采用正反向成形法与传统的凹模成形法的厚度分布作了比较,正反向成形法的厚度分布有了显著的改善[28]。

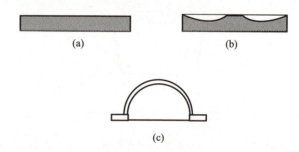

图1-9 坯料厚度预成形法[29]

(a)材料;(b)预成形;(c)超塑成形。

(4)凸模辅助成形法[30]。图1-10中有一上下可活动的凸模装置,动凸模可使与凹模法兰相邻部分先变形,而与凸模接触部分由于摩擦而不变形(抑制了减薄),板材变形到一定程度后,将凸模退回,加气压完成变形。

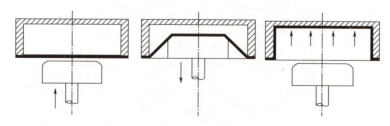

图1-10 凸模辅助成形法[30]

(5) 不均匀加热法[16]。采用不均匀加热的方法在坯料上形成变化的温度场,降低变形较为集中区域的温度,减缓其变形量,造成在直接胀形时不易减薄的部位由于温度高先减薄,而极易减薄的部位由于温度低不减薄或减薄得少。图 1-11 所示为采用不均匀温度法成形半球件的过程。其中,图 1-11(a)是在压边部分进行加热,从而使靠近压边部分的板料先变形而减薄,在成形后阶段板料中心部分再成形而减薄。图 1-11(b)是采用可移动的冷却源。在整个模具被加热的同时,板料中心的下方安装一可移动的冷却源,成形效果与图 1-11(a)相同。图 1-11(c)是采用预涂分解层方法控制壁厚分布。涂层是分解温度接近板料变形温度区下限的易升华的材料,变薄严重的部位涂厚一些,其他部位薄一些。涂料受热挥发后因吸热降低了局部坯料的温度,形成了不均匀的温度场,从而控制坯料厚度分布。

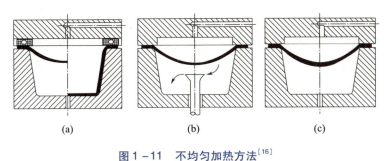

图 1-11　不均匀加热方法[16]
(a)使用辅助热源;(b)使用移动冷却块;(c)预涂分解层。

(6) 不均匀组织。利用晶粒尺寸对超塑性有显著影响的特点,对胀形最易变薄的部位进行更高温度的加热,使其获得粗大晶粒,以减小该区域的变形程度,使壁厚相对均匀。1998 年,英国人 Rhaipu 尝试在超塑成形前对 Ti-6Al-4V 板坯进行感应加热,使板料形成一定的显微组织梯度,以形成塑性的变化[31],希望胀形后得到壁厚均匀分布的成形件,效果并不理想,但为控制壁厚分布提供了一条可供选择的途径。如对厚度为 1mm 的 Ti-6Al-4V 板料中心区用喷灯进行加热处理,中心的最高温度为 1000~1100℃,保持 10~15s,其结果为在材料上获得具有粗晶粒的局部区域,形成了组织不均匀。成形结果表明,在材料中心 ϕ15mm 范围内几乎没有什么变化,其厚度保持不变。

(7) 覆盖成形。该工艺是采用凸凹模复合形式,用大于零件尺寸许多的坯料进行胀形,然后再切除余料的一种方法。由于处于凸模周围环形区域的材料也参与变薄量较小,因此变薄最严重的部位发生了转移,使零件的厚度分布比简单的凹模成形有了改善,但这种方法以浪费材料为代价。此外,文献[32]从控制应变速率及过渡型面设计的角度也对厚度不均进行了研究,对半球形、V 形槽等有了一些算法，但对较为复杂的形状则仍需进一步的分析。总之，由于板料在超塑成形过程中应力和应变场的不均匀分布，要做到完全绝对的厚度分布均匀几乎是不可能的，但经过众多学者和科技工作者的不懈努力，零件厚度在量的程度上越来越接近理想结果，改进的成形工艺也体现出了改善效果。

1.2.3 轻合金超塑成形技术与应用

1. 钛合金超塑成形技术与应用

钛合金超塑性的研究与应用在超塑成形领域占有相当重要的地位，第二次世界大战后，钛基合金很快成为航空发动机的关键材料。钛合金在常温下成形困难，而其超塑性极好（m 值一般在 0.5~0.8）。因此自从 20 世纪 70 年代中期成功地利用钛合金超塑成形制成大型航空构件以来，钛合金的超塑成形开始了一个新纪元。钛合金材料的这些特点十分有助于其超塑成形技术的发展与应用。

钛是同素异构体，熔点为 1668℃，在低于 882℃ 时呈密排六方晶格结构，成为 α 钛；在 882℃ 以上呈体心立方晶格结构，成为 β 钛。利用上述两种结构特点，添加适当的合金元素，使其相变温度及相分含量逐渐改变而得到不同组织的钛合金，由表 1-1 可以看出，在三种类型的钛合金中，α+β 型钛合金的超塑性特性最好，α 型和 β 型钛合金的特性稍差。

表 1-1 钛合金的超塑特性

合金	温度/℃	应变速率/s^{-1}	应变速率敏感性指数 m	延伸率/%
Ti – 6Al – 4V	900~980	$1.3 \times 10^{-4} \sim 10^{-3}$	0.75	750~1170
Ti – 6Al – 5V	850	8×10^{-4}	0.7	700~1100
Ti – 6Al – 2Sn – 4Zr – 2Mo	900	2×10^{-4}	0.67	538
Ti – 6Al – 4V – 2Ni	815	2×10^{-4}	0.85	720
Ti – 6Al – 4V – 2Co	815	2×10^{-4}	0.53	670
Ti – 6Al – 4V – 2Fe	815	2×10^{-4}	0.54	650
Ti – 5Al – 2.5Sn	1000	2×10^{-4}	0.49	420
Ti – 15V – 3Cr – 3Sn – 3Al	815	2×10^{-4}	0.5	229
IMI834	940~990	$10^{-4} \times 10^{-3}$	0.6	>400
TI – 13Cr – 11V – 3Al	800	—	—	<150
Ti – 6242	850~940	$10^{-4} \times 10^{-3}$	0.6 – 0.7	800
Ti – 10V – 2Fe – 3Al	700~750	—	0.5	910

因为α+β型钛合金由α相和β相两相组成,晶粒本来就比较细小,在超塑性加工过程中两相是相互制约的,晶粒长大困难,细晶粒可以长时间保持,有利于超塑性变形。而α型和β型钛合金的晶粒难以细化,且α型钛合金中不存在能够提高材料超塑性的β相;在β型钛合金中,因为不存在α相,所以β相晶粒可迅速长大。

钛合金除了微晶超塑性,还有相变超塑性,相变超塑性也称动态超塑性或者变温超塑性。如Ti-6Al-4V的β相变温度是995℃±15℃,在该温度的范围内进行反复冷热循环,之后进行变形也能使延伸率超过100%。Schuh等[33]进行了对Ti-6Al-4V的单向拉伸实验,在840~1030℃的范围内以相同的变温速度对试样快速地冷却和加热,冷热循环是以等三角波的形式进行的,8min进行一次循环,外加应力是2.5MPa,循环135次后试样断裂,其延伸率达到398%。

英国Aeromet成形公司成立于1985年,主要生产航空用钛合金零件,目前,该公司采用超塑成形技术至少生产了150种不同的零件,图1-12所示为该公司生产的防火壁板和飞机尾锥零件,材料为TC4,超塑成形温度为900℃。原设计的防火壁板需要20个钛合金零件和600个铆钉,采用超塑成形技术后,只需100个铆钉,重量减半,整体结构耐用时间增长。

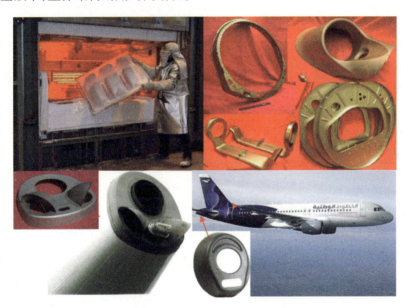

图1-12 Aeromet成形公司用超塑成形技术生产的TC4钛合金零件

目前,国内外钛合金超塑成形技术的应用不断拓宽,已经广泛用于实际生产中。近年来,超塑成形产品逐渐进入民用领域,用在民用飞机上的超塑成形钛合金结构件日益增多。英国 TKR 国际公司批量生产了钛合金制作的大尺寸(达到了 4m²)的复杂形状零件,其板坯长 4m,宽 1.5m,板厚 0.5~4mm;MBB 公司在 Ztalast 和 DFS/Kopernikas 两种通信卫星上采用超塑成形技术制造了 ϕ90~600mm 的各种推进剂箱。

钛合金作为航空航天用的轻质高温材料效果显著,利用超塑成形技术,可以有效提高成品率。同时,我国研制的批量化钛合金超塑成形和超塑成形/扩散连接构件也获得巨大成功,并已广泛装机试用,取得了显著的技术经济效益。在钛合金超塑成形的工艺环节方面,我国与国外的批量商品化生产相比,还存在较大的差距。这种差距主要体现在:工艺技术水平不高,工艺装备比较落后,辅助手段不配套,成形后处理和检测手段不完善,仍有较大的进步空间。

2. 镁合金超塑成形技术的应用

镁合金质量轻且具有较高的比强度、比刚度,减重效果明显且易于回收利用,国际上很多知名公司都将产品中镁合金用量多少作为自身技术是否领先的标志。目前,常用的典型镁合金的超塑性能参数如表 1-2 所列。

表 1-2 典型超塑性镁合金的超塑性能参数表

材料	$d/\mu m$	T/K	$\dot{\varepsilon}/s^{-1}$	σ/MPa	$\delta/\%$	m
Mg-5Al-5Zn-5Nd	—	473	1.0×10^{-4}	—	270	—
Mg-9Al-1Zn-0.2Mn	0.5	473	6.2×10^{-4}	25	661	0.5
Mg-9Al-0.7Zn-0.15Mn	1.2	523	3.3×10^{-4}	—	500	0.52
Mg-6Zn-0.5Zr	3.4	423	1.0×10^{-4}	66	340	0.3
Mg-0.58Zn-0.65Zr	3.7	523	1.1×10^{-4}	8.4	680	0.55
Mg-6Zn-0.5Zr	6.5	498	1.0×10^{-4}	15	449	0.5
ZK60/SiC/17P	1.7	462	1.0×10^{-4}	29.1	337	0.38

镁合金在国防领域的应用最早可追溯到 1916 年,随着镁合金材料技术的逐渐发展,铸造镁合金部件被应用于大炮车轮和小雷投掷器、60mm 迫击炮炮座、6000-16 型大炮炮车车轮、机枪托架、SIG33 15cm 枪托架、坦克车轮的变速箱壳体以及空降部队用自行车框架部件、探照灯灯壳、运输机地板和齿轮箱、机轮等。变形镁合金用于火炮装填器杆、T-31 型 20mm 加农炮、迫击炮底座、榴弹炮炮架架尾、底板炮手站台以及运输机底板、航空火箭发射器、地面导弹发射器、导弹牵引车、雷达控制系统等。

国外镁合金在武器上应用的典型实例如下:美国的 M102 式 105mm 榴弹炮的大架、摇架、前座板、左右耳轴托架等采用了镁合金部件,火炮重量从 3.7t 降到 1.4t,射程还提高了 30%~40%。美国的"猎鹰"式导弹上 90%的结构件用镁合金制造，在 GAR-1 型 Falcon（隼式空对空导弹）中，使用了大量的镁材。俄罗斯生产的 POSP6×12 枪用变焦距观测镜采用镁合金壳体，该种观测镜可装在多种枪上。如图 1-13 所示，在季斯卡维列尔卫星上镁合金的应用大约在 675kg。

图 1-13　季斯卡维列尔卫星应用 675kg 镁合金

美国"发现号"携带的卫星总重量 680kg，其中 1/3 使用的是镁-稀土（Mg-Th）合金；第一颗"Echo"卫星和通信卫星（Telstar）均用镁合金减轻卫星的重量；"探险者Ⅲ"号和"先锋Ⅴ"号卫星也都大量使用镁合金。随着高强度镁合金的发展和镁合金制备加工技术的进步，镁合金在航空航天领域已被广泛应用于制造飞机、导弹、飞船、卫星上的重要构件，以减轻零件质量，提高飞行器的机动性能，降低航天器的发射成本。例如，美国在 B-2、B-36（图 1-14）、B-52 等轰炸机，C-121、C-124、C-130、C-133 等运输机，HC-18、CH-53E 等直升机，PW100、TPE331 等涡轮发动机等重要航空装备及零部件上大量使用高性能镁合金，应用部件包括

 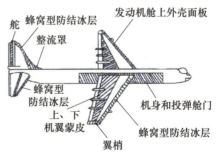

图 1-14　美国 B36 轰炸机——阴影部分使用的是镁合金材料

多种框架结构、发动机机罩、涡轮风扇、齿轮箱体等。我国也逐渐开发出了多种飞机用镁合金零部件,包括发动机减速机匣、齿轮减速机匣、齿轮传动箱机匣、军机弹射座椅、座舱盖骨架、发动机叶栅、起动机壳体、发电机壳体、加油吊舱等。镁合金在卫星框架、贮箱支架、底板、电器支架和隔板、仪表支架等装备中也得到广泛应用。

镁合金材料在国防、民用工业领域的应用极为广泛。由于镁合金是密排六方结构,室温塑性较差,所以采用超塑成形技术来提高镁合金的成形性能是很重要的。一般来说,镁合金都要进行晶粒细化处理才具有超塑性。经过细化处理的镁合金显微组织,由于基体内弥散分布大量第二相粒子,在超塑变形时能够获得稳定、等轴的细晶结构,因而超塑效应十分显著。图1-15所示为一些典型的镁合金超塑成形制件。

图1-15 超塑成形的镁合金制件

相对于镁合金材料塑性加工成形的各向异性,镁合金材料的超塑性特性则是以各向同性状态表现的,而且在材料破裂前,可以达到非常高的伸长率,通常都能达到300%以上。在此伸长率下,镁合金材料将可以更容易填充模腔,而可能以近净成形的方式完成加工,制造出复杂形状的工件。近几年,镁合金的超塑性变形引起了研究者越来越广泛的兴趣。镁合金超塑成形要真正实现产业化,就必须朝着低温和高应变速率的方向发展,从商业生产的角度来看,应该朝着低成本化的方向发展;从工艺的角度来看,应该朝着安全化和环保化的方向发展。

3. 铝合金超塑成形技术的应用

很多铝合金材料会出现超塑性现象,这些铝合金主要分为在超塑性之前进行再结晶和热成形两种。前者主要包括7000系列合金,后者主要包括AA1015等。目前,国内外对于铝锂合金在航空航天领域应用超塑性的研究很多,表1-3列出了一些具有代表性的铝锂合金超塑性材料的组成、超塑成形温度、应变速率以及延伸率。

表1-3 铝锂合金的超塑特性

牌号	合金	超塑成形温度/℃	应变速率/s⁻¹	伸长率/%
2004	Al-6Cu-0.4Zzr	460	约10⁻³	800~1200
5083	Al-4.5Mg-0.7Mn-0.1Zr	500~520	10⁻³	约300
5083QPF*	Al-4.5Mg-0.7Mn-0.1Zr	450	约10⁻²	~250
7475	Al-5.7Zn-2.3Mg-1.5Cu-0.2Cr	515	2×10⁻⁴	800
8090	Al-2.4Li-1.2Cu-0.7Mg-0.1Zr	530	5×10⁻⁴	1000
2090	Al-2.5Cu-2.3Li-0.12Zr	530	约10⁻³	约500

铝锂合金的超塑性基本为组织超塑性,组织超塑性存在于多种金属与非金属材料中,此现象基本发生在晶粒尺寸在微米、亚微米、纳米级时,在较低的温度和较高的应变速率下可以发生,由于晶粒尺寸减小的作用,超塑的现象更加明显[34]。Wadsworth 等是最早提及铝锂合金超塑性的,他们准备了两种实验合金,Al-3Li-0.5Zr 和 Al-3Li-4Cu-0.5Zr,通过 DC 铸造和三个热处理(TMP)(温轧制和热处理),拉伸试验在450℃和较宽的应变速率范围内表现出超塑性[35-36]。

铝合金的超塑特性使其成为一种较成功的商用金属材料,这些材料具有较好的延伸率,可以通过热处理和时效处理来增加其室温强度;此外,各种各样复杂形状的航天和商业的结构件已经可以成形生产[37]。图1-16 所示为铝合金超塑成形结构件的例子,图1-16(a)、(b)所示为作为对比的不同材料成分的超塑性结构件,最终的成形件尺寸高175mm,宽170mm,长340mm,显然铝锂合金的超塑成形性能还是不错的。

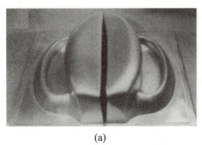
(a)

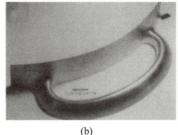
(b)

图1-16 铝合金超塑成形结构件

目前,高强度的 AA2195 合金超塑成形结构件,已经逐渐广泛地应用于宇宙飞船组件,包括航天飞机超轻量级外部燃料箱[38-39]。图1-17 所示为波音公司制作的 2195 铝锂合金超塑成形结构件的一部分。铝锂合金在商业运输机上的应用受到越来越多的关注[40],最近在直升机机身使用铝锂合金又成为一个极具吸引力的方向,铝锂合金很可能成为21世纪中期最重要的航空航天材料之一[41]。

图 1-17 AA2095 合金超塑成形结构件

1.3 轻合金超塑成形和扩散连接原理与应用

1.3.1 超塑成形/扩散连接原理及特点

超塑成形/扩散连接技术是利用超塑性条件下材料易于变形和扩散的特点,在一次加热周期中完成超塑成形和扩散连接两个工序[42-43]。SPF/DB 复合工艺既能够降低难成形材料构件的加工难度,又可以制造出具有复杂外形曲面、局部加强或整体加强的多层空心结构件。这种一体成形的工艺技术,提高了零件的整体生产效率,减轻了整体结构件的重量。

扩散连接工艺[44]作为金属之间或金属与非金属之间连接的重要手段,从 20 世纪 50 年代出现以来,就得到了广泛的应用[45-49]。对于飞机结构用钛合金材料,扩散连接常与超塑成形一起构成复合工艺技术。本来在钛合金材料上很少单独使用扩散连接技术,但在近年来随着飞机结构在新材料/新结构方面的需求,在钛合金板料的成形中,扩散连接工艺的单独使用得到了越来越多的应用[50-52],并开始从次承力构件向主承力构件发展。扩散连接一般在真空、不活性气体(Ar、N_2)或大气气氛环境下进行。一般来说,真空扩散连接的接头强度高于在不活性气体和空气中连接的接头强度。计算和实验结果表明,真空室内的真空度在常用的规范范围内($1.33 \times 10^{-3} \sim 1.33$ Pa),就足以保证连接表面达到一定的清洁度,从而确保实现可靠连接。

在使用 SPF/DB 复合工艺生产多层结构的过程中,分为两种情况:一种是先 DB 后 SPF(DB/SPF);另一种是先 SPF 后 DB(SPF/DB)。在 DB/SPF 工艺过程中,阻焊剂图形决定了构件的芯板结构,构件制造即可在一个热循环中完成,也可分为两道工序完成。在生产过程中不需开模是一道工序的特点,而两道工序则有如下的优点:DB 可用气压也可用机械压力;在 SPF 前可以检测 DB 的质量;DB 和 SPF 的温度可各自进行选择,气压更容易控制;可同时进行几个部件的连接,以提高加工的经济性。而对于 SPF/DB 工艺,首先按照构件的加强要求涂抹阻焊剂或者焊接,然后沿面板和芯板周边进行 DB 并完成面板的成形,最后完成芯板与芯板、芯板和面板之间的超塑成形[53]。

SPF/DB 工艺常用来制造近无余量的高精度大型零件。当某种材料的 SPF 温度和其 DB 温度很相近时,就可以在一次加热和加压过程中完成 SPF、DB 这两个工序,从而将局部或整体加强的结构件及形状复杂的整体构件制造出来。就像钛合金材料,其 SPF 的温度范围是 850~970℃,DB 的温度范围是 870~1280℃。在 SPF 的温度区间内可以进行 DB,因此对于钛合金可以把这两种工序结合,在一次加热循环中完成 SPF 及 DB 这两道工序。这种一次加热和加压过程即可完成的 SPF/DB 工艺主要用于板材的吹胀成形和扩散连接,而对于体积成形的 SPF/DB 工艺往往就需要分开进行 SPF 和 DB,至于是先 SPF 后 DB 还是先 DB 后 SPF 则根据具体的情况来定。

研究发现,超塑成形和扩散连接之间有着密切的联系,材料在超塑性状态下可以加快扩散连接过程,在材料具有最大超塑性的温度范围内,扩散连接速率也是最高的。这主要是由于超塑性材料的晶粒一般都是细晶粒,而晶粒细小增加了连接界面处的晶界密度和扩散作用,孔洞和界面的消失过程明显加快;在变形初期阶段,超塑性材料由于低流动应力的特点使得塑性变形在连接界面附近迅速发生;界面附近的局部变形促进了连接过程。

SPF/DB 组合工艺因其工艺特点而具有以下优点。

(1)减少零件和工装的数量,传统的由多个零件经机械连接或者焊接在一起而成的结构件,SPF/DB 工艺可以一次性成形出整体构件,节约工时,缩减成本;

(2)为工艺人员提供了更大的设计自由度,通过变更阻焊剂的位置,能够实现更合理的结构,既能在减轻重量的前提下提高结构件的承载效率,又能保证成形件的强度与刚度;

(3)SPF/DB 成形的结构件整体性好,且扩散连接界面消失,相较于传统机械连接的结构件,其具有更高的强度和刚度,结构件的耐久性更高,抗腐蚀及抗疲劳性能更好;

(4)SPF/DB 复合工艺成形精度高,有较高的材料利用率且能够实现无余量加工成形。

目前,SPF/DB 复合工艺主要用来制造如图 1-18 所示的几种典型结构。图 1-18(a)为单层加强板结构,即预先设计好在超塑成形件的某些部位进行结构刚度和强度加强,在成形前将加强板放置到设计部位,在超塑成形过程中,加强板将与成形件接触,然后在压力作用下,接触表面发生扩散连接,由于扩散连接接头的性能几乎接近母材性能,因此能获得局部加强的整体性结构件。这个过程也可以倒过来进行:先扩散连接,后超塑成形。单层板结构可用于飞机和航天器上的加强框或加强筋的制造。图1-18(b)是超塑成形/扩散连接(SPF/DB)双层板结构,在两板之间进行超塑成形的部位,成形前应涂上隔离剂,需要扩散连接部位保持表面清洁,这样才能实现超塑成形和扩散连接按设计的需要进行,这种结构可用于制造各种口盖和舱门。图1-18(c)、图1-18(d)分别为三层板和四层板的SPF/DB结构,预先将多层板按照设计需要用焊接方法制成特殊的图案,预先连接处既可采用点焊,也可以通过扩散连接的方法获得。通过SPF/DB工艺成形后,可以获得质量轻、结构刚度大的封闭夹层构件,该工艺在不改变模具结构形式的情况下,可以制造内部结构不同的零件,这只需改变隔离剂所涂敷的图案即可,三层板和四层板结构可用于整体翼面、发动机叶片以及换热器等零件的制造。目前,SPF和SPF/DB工艺已经广泛地应用于实际生产之中,装机使用的SPF和SPF/DB的钛合金结构件日益增多。

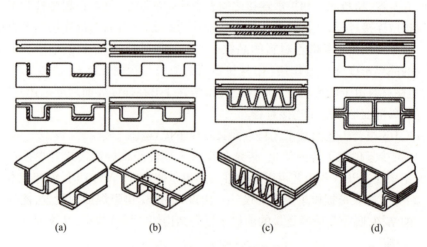

图1-18 超塑成形/扩散连接零件基本结构形式

(a)单层加强板;(b)双层板结构;(c)三层板结构;(d)四层板结构。

SPF/DB工艺技术典型的零件结构有单层板、二层板和多层板,其中多层板由于其结构相对复杂,目前应用制造最为广泛,包括三层板、四层板结构件。以下主要介绍几种常见的结构类型。

1. 单层板结构

单层板结构的超塑成形通常只使用一层板料,而在需要提高强度与刚度的部位,通过增加局部凸起或凹陷,以达到提升构件的整体抗弯性能,如图1-19所示,单层板一般可用于飞机承力结构不强的构件上。

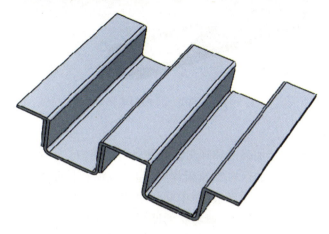

图1-19 单层板结构

2. 双层板结构

双层板的 SPF/DB 主要先将两块板料封焊在一起,随后通入惰性保护气体,在气压下进行未涂覆阻焊剂部位的扩散连接,然后向板料间通入相同保护气体,进行其他部位的超塑成形,直至板料贴合模具型腔为止。其简易结构如图1-20所示,该结构常用于飞机壁板和舱门等部分结构。

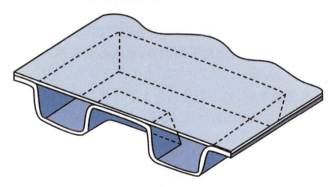

图1-20 双层板中空结构

3. 三层板结构

三层板结构的基本原理同双层板相似,只是在双层板中间多加一块芯板,其目的是作为加强结构分别与上下面板进行扩散连接,设计及成形过程较双层板复杂,但是三层板的结构强度和刚度得到很大的提高,典型结构如图1-21所示。

图1-21 典型三层内部加强筋形状

4. 四层板结构

四层板主要有十字加强筋和蜂窝状两种典型的结构。十字加强筋是在中间两层芯板间需要超塑成形的区域涂覆阻焊剂,超塑成形和扩散连接两道工艺同时进行,最终,上下两块板料成为面板,而中间两块芯板通过扩散连接形成直立的十字加强筋结构,如图1-22所示。蜂窝状的四层板,是由芯板之间,芯板与面板之间先扩散连接,随后整体超塑成形,直至最后成形完成。

图1-22 典型四层内部加强筋形状

立式芯层支撑加强四层结构同样由面板和芯层组成,但与传统密集栅格加强四层结构和X形芯层四层加强结构不同的是,立式芯层支撑加强四层结构的芯层为非连续型,如图1-23所示。图中的芯层由多个断开独立的条板组成,上下芯层的条板间一端相互扩散连接,另一端分别与上下面板扩散连接。在进行超塑成形时面板发生变形减薄,且带动芯板运动,使得芯层逐渐直立形成立筋。在整个过程

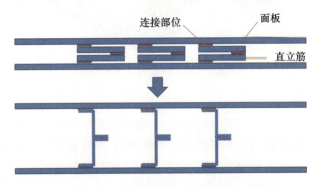

图1-23 立式芯层支撑加强四层结构示意图

中,芯层直立筋部位的主要变形为弯曲变形,芯层几乎没有减薄。最终,待面板贴合模具型面后停止运动,同时芯层立筋停止变形。如此成形得到立式芯层支撑加强四层结构,如图1-24所示。

图1-24 剖开后的立式芯层四层结构内部特征

对于立式芯层支撑加强四层结构,在设计芯板尺寸时可以使立筋部位只发生弯曲变形,如此立式芯层支撑加强四层结构彻底解决了成形过程中的减薄问题。该四层结构的主要影响因素有面板和芯层的厚度、面板与芯层扩散连接区域的宽度、芯层之间的扩散连接宽度以及立式芯层支撑加强四层结构的高度方向的尺寸。可以成形立式芯层支撑加强四层结构的材料包括所有可扩散连接的钛合金、钛铝系金属间化合物等。

1.3.2 扩散连接方法

1. 同类材料无中间层的扩散连接

同类材料扩散连接时,温度、压力、保温时间及表面质量的制备是主要的技术因素。因为无中间扩散层一般所需压力较大,要求较高的表面质量。但是试验表明:磨光至光洁度8的连接表面反而不及精车至光洁度6的表面接头强度高,这是由于磨削砂轮上的砂粒镶到金属基体中阻碍了扩散。在同平面上有连接部位也有不应连接部位,例如,金属蜂窝结构的扩散连接,可以在相连接部位进行化学浸蚀和剥离以去除各种非金属表面膜(如氧化膜等)及消除加工硬化层。另外,也可以在全部表面进行化学浸蚀及剥离,处理后再在不应连接部位(如进行超塑性成形部位)氧化。

同类材料接头不存在成分均匀化问题,连接时间可以缩短,如果只要求一定的接头强度而不要求界面完全消失及组织均匀化时,则可进一步缩短保温时间。

2. 不同材料无中间层的扩散连接

对不同类材料的扩散连接中还应注意考虑以下几个问题。

(1)扩散孔洞问题。不同类材料扩散连接时扩散孔洞的产生是一个很重要的问题,应予以特别注意。

(2)中间相或中间化合物形成问题。在二元系统相图中,有许多不能无限固溶而生成一系列中间化合物的情况。如果将这些金属进行相互扩散连接,则接头中将依照相图中成分的次序形成一系列化合物。

由于各种化合物的形成和生长速度不同,某些化合物很厚,某些很薄,因此各种化合物对接头性能有着不同影响。接头中生成中间化合物后将变脆。

三元以上的合金情况更复杂,很难根据相图判断中间化合物的生成情况。需要用实验方法去测定。

3. 不同材料加中间层的扩散连接

加中间扩散层的扩散连接正如上面所提到的 AB – A 扩散系统,或者是 A – B – C 扩散系统。加中间扩散层的扩散连接具有很多优点,因此被视为扩散连接的发展趋向而受到普遍的重视和广泛应用。其主要优点概括如下。

(1)利用活化扩散元素或低熔共晶反应促进扩散过程。

(2)降低对连接表面的表面制备质量的要求。

(3)可降低连接温度与压力,从而减少工件的变形。

(4)扩大连接范围。可连接异种金属、非金属等在冶金上完全不相容的材料。

(5)根据需要,可防止中间金属化合物和低熔点共晶相的生成。中间扩散层 B 的材料相对基体 A 和 C 应具备下列性能。

第一,含有容易向基体 A 及 C 中扩散,或降低中间扩散层熔点的元素。如硼、铍、硅等。第二,塑性好,易变形,热膨胀系数与基体材料相近。第三,不与基体 A 及 C 产生不希望的冶金反应。因此中间扩散层材料可以是纯金属,如钛、镍、铜、铝等,也可以是含有活化扩散素或降低熔点的元素,而成分与基体相近似的合金。许多钎焊合金常被用作中间扩散层材料。第四,完全扩散到基体内以后,对基体性能没有不良影响。

4. 不同材料加过渡液相(TLP)扩散连接

过渡液相扩散连接是在加中间扩散层及共晶扩散连接的基础上发展起来的新技术。这种技术兼具钎焊和固态扩散连接的优点。过渡液相真空扩散连接过程如图 1 – 25 所示。

(1)首先将形成过渡液相的夹层材料夹在两连接表面之间,见图 1 – 25(a)。

(2)在工件上加上很小的压力($0 \sim 0.07 \times 10^6 \text{N/m}^2$),迅速加热工件,使夹层材料熔化,形成一薄层液相,见图 1 – 25(b)。此层微量液相像液态钎焊一样,润湿填充整个接头间隙。如果采用的中间夹层材料需要通过与基体扩散达到共晶成分才能形成液相,则加热温度要略高于共晶温度,并在此温度下保温扩散,生成液相填充接头间隙。

(3)夹层材料完全熔化充满整个间隙后,在温度保持不变的情况下,通过液 – 固相间的扩散,组成新的金属合金而逐渐凝固。此过程为等温凝固过程,如图 1-25(c)所示。

等温凝固后形成的接头,成分还很不均匀。

(4) 为了获得成分和组织都很均匀且性能与基体完全一样的接头,需要继续进行扩散处理以达到完全均匀化,如图 1-25(d)所示。

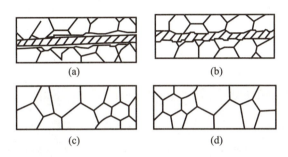

图 1-25 过渡液相真空扩散连接过程

均匀化扩散处理可在等温凝固后继续进行,可以一次完成,也可在冷却后再行加热,分成几个阶段去进行。处理时的加热温度可根据需要来选择,只要不使接头重新熔化即可。

1.3.3 超塑成形/扩散连接基本工艺过程

SPF/DB 工艺主要包括连接与成形两个过程,因此其工艺过程中的工序基本围绕这两个关键过程进行。为了满足扩散连接条件,需要去除材料表面氧化皮,并在工艺过程中保持真空环境,因此板材酸洗和整体封焊是两个关键环节。为了满足超塑成形条件,保证气压无泄漏,整体的密封(气压保持)和气道的分布(气体进出)情况需要深入设计。多层中空结构 SPF/DB 的总体流程如图 1-26 所示。主要过程包括:

(1) 材料超塑变形性能分析,主要通过高温拉伸试验分析不同温度、应变速率条件下的材料应力-应变关系,绘制真应力-应变曲线。在此基础上计算其材料常数、应变速率敏感性指数等关键参数,为有限元仿真建立基础数据。

(2) 通过有限元仿真分析构件变形情况,包括厚度分布、应变集中区等,可以通过多次计算进行参数优化,并获得理论时间-压力加载曲线。

(3) 在有限元仿真的基础上,结合设备精度,进行具体工艺参数的优化,可以通过拟合理论加载曲线获得适合超塑成形设备的实际加载曲线。

(4) 根据上述分析结果,设计超塑成形模具结构形式,并确定气管位置、定位方式、板料装卡特征等。

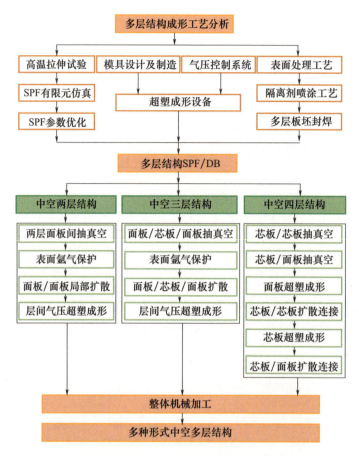

图1-26　多层中空结构 SPF/DB 的总体流程

(5) 将分析优化后的升温曲线,压力加载曲线等关键参数输入超塑成形设备,进行预加载,以验证参数控制的可行性。

(6) 将板材进行表面酸洗处理,去除氧化皮,以保证其扩散连接性能。

(7) 对板材相应区域喷涂隔离剂,隔离剂喷涂形状根据多层结构筋条分布设计。

(8) 对多层板坯进行封焊焊接,保证密封性,焊后进行气密检查。

(9) 针对不同形式的中空多层结构进行同一工序下的 SPF/DB,成形与连接顺序可根据零件特征进行优化调整。

(10) 对成形后的中空多层结构进行整体机械加工,以获得所需零件。

(11) 总之,SPF/DB 工艺工序较多,每道工序的质量控制均决定了最终构件的成形精度,是一种对成形工序参数要求严格的成形方法[53]。其中,温度和压力是工艺过程的关键控制要素,在工序控制精确的条件下,可以获得使用性能优良的一体化整体结构[57],使用此工艺制造生产的构件强度通常可以达到母材强度的80%~100%。与其他加工技术相比具有突出的优点[58-60]。

1.3.4 超塑成形/扩散连接工艺中的主要技术问题

1. 模具设计

SPF/DB工艺的工作环境要求在模具材料的选择时,要考虑其热强度、热稳定性和高温抗氧化性等性能,同时要考虑模具的成本及加工性能。在SPF/DB过程中,模具一方面利用型面为结构件提供所需外部形状,另一方面提供密封的环境,以便在扩散连接时气压满足需求而不泄漏。因此,设计模具时需要考虑模具的气密性。同时,模具的定位、测温、装料方式等需详细设计。其中,模具的热膨胀系数需要进行一定比例缩放,以免成形材料与模具材料的热膨胀差异导致的尺寸偏差。

2. 阻焊剂的涂覆

在SPF/DB复合工艺中,需要通过涂覆阻焊剂来确定SPF/DB成形件的内部结构,因此需要准确无误地绘制阻焊剂图形并能够按照图形精确地涂覆阻焊剂。

3. 进气方式

当工艺参数和工艺流程确定之后,对于零件能否成形完全,进气方式具有直接影响作用,气道的分布设计及加工精度,需根据不同结构的形状特征进行优化调整。

4. 加压方式

当压力参数确定后,SPF/DB中空结构件成形质量的优劣,取决于加压方式的精确控制,包括压力反馈、进气判断、气压速率控制等因素。

5. 高温惰性气体保护

在进行SPF/DB时,材料处于高温环境中,高温惰性气体保护直接影响成形件的氧化程度和零件质量,在加热过程中需要在特定温度下对模具抽真空及充氩气进行保护。

6. 成形后脱模

在SPF/DB状态下,构件处于半黏性软化状态,加之钛合金在高温下极易被污染。在高温下脱模,构件极易变形和氧化;在室温下脱模,由于钛合金的膨胀系数远较模具料的膨胀系数小,故在凹模成形时,构件往往被"卡死"。因此,成形时必须涂高温润滑剂,模具结构设计时也需要考虑构件脱模方法或做出一定的拔模斜度。

7. 表面沟槽

在SPF/DB时,构件的成形和焊接的交界处会出现应力集中或应力突变,使表面产生沟槽,从而导致不平整。

8. 壁厚变薄不均

SPF/DB 构件主要通过减薄获得不同形状,因此厚度变化不均是必然的结果,难以达到完全均匀。因此,在结构件设计时,必须考虑补偿措施。

其他还有模具材质、温度场控制、设备等因素也会导致超塑成形/扩散连接工艺问题,此处不再赘述。

1.3.5 轻合金中空结构超塑成形/扩散连接技术的应用

1. 国外超塑成形/扩散连接技术应用

国外在超塑成形/扩散连接技术方面已开展多年研究,20 世纪 70 年代,美国洛克威尔公司首次将超塑成形和扩散连接技术相结合,发明了超塑成形/扩散连接组合技术。之后,英国、法国、德国、俄罗斯和日本投入了大量人力和财力,相继开展这一技术研究。这种技术非常适合于加工航空航天领域复杂形状的中空轻量化零件,例如,发动机叶片、飞机机翼等[61]。在欧美等国的飞机 SPF、SPF/DB 构件中,主要有单层板、两层板、三层板和四层板等结构形式。随着对 SPF/DB 工艺研究的深入,层数逐渐增多,构件尺寸逐渐变大,形状变得越发复杂。从用于替换原有的分离式铆接结构件,发展到整体的大尺寸 SPF/DB 构件。

美国 BLATS 计划将 SPF 和 SPF/DB 工艺引入钛合金构件后,在 F-15 战斗机机身(图 1-27)和 B-1B 大型轰炸机的壁板等部位大量采用 SPF/DB 构件(图 1-28)。目前,美国有多家公司具有生产 SPF 和 SPF/DB 构件的能力,例如,波音、麦克唐纳·道格拉斯、罗尔斯·罗伊斯和诺斯洛普·格鲁门等公司。主要使用 SPF/DB 工艺的产品有:CF6-80 的发动机导流叶片,70 余件 F-15 中空结构件,20 余件 F-18 中空结构件,JSF 的后缘襟和副翼,F-22 的后机身隔热板等[62-63]。

图 1-27　F-15E 飞机后机身的 SPF/DB 整体结构

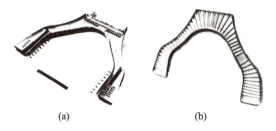

图1-28 B-1轰炸机上的机舱中心梁框架

(a)原设计;(b)超塑成形/扩散连接件。

Abe公司采用SPF/DB制造的台风战机双层板SPF/DB龙骨壁板。A330/340每架飞机有10个D形鼻锥,根据位置不同,它们的长度在120~195m变化,采用SPF/DB工艺后其重量可以比原设计减少14%,如图1-29所示。

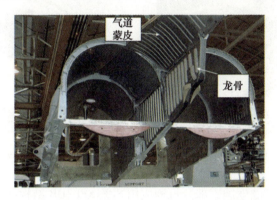

图1-29 台风战机双层板SPF/DB龙骨壁板

F-18上有20多件钛合金SPF/DB结构件;JSF的后缘襟和副翼采用了超塑成形/扩散连接工艺;F-22也采用了SPF/DB复合结构,如后机身钛合金SPF/DB的隔热板等,采用SPF/DB结构件后,减重10%~30%,成本降低25%~40%,如图1-30所示。

图1-30 F-22战斗机SPF/DB复合结构

欧洲各国的 SPF/DB 工艺研究和应用发展也很快,俄罗斯拥有世界上最大的超塑性技术研究所,图 1-31 所示为俄罗斯采用 SPF/DB 技术制造的新型导弹舵、翼和舱段样件。法国的达索公司、ACB 公司和德国的 MBB 公司在生产钛合金 SPF/DB 结构件方面都具有较强实力,英国的劳斯莱斯公司、TRK 公司、IEP 公司、Superform 公司等也都具有很强的钛合金 SPF/DB 结构件的生产能力。其中,劳斯莱斯公司采用 SPF/DB 工艺研制的第二代钛合金宽弦无凸肩空心风扇叶片处于世界领先地位,如图 1-32 所示。欧洲各国合作生产的战斗机上也大量采用钛合金 SPF、SPF/DB 结构件。

图 1-31　SPF/DB 技术制造的样件　　　图 1-32　宽弦空心叶片整体结构和剖面图

表 1-4 列出了欧洲国家部分机种应用 SPF、SPF/DB 结构件的情况。

表 1-4　欧洲部分机种 SPF、SPF/DB 结构件使用情况

机种	应用部位	主要技术经济效益
F-14 战斗机	前置翼(SPF/DB 四层结构)	减重 10%,降低成本 25%
F-15 战斗机	后机身上部钛外壳件	减重 10%,降低成本 40%
B-1 轰炸机	短舱框架、检修舱门	减重 31%,降低成本 50%
B-1B 轰炸机	风挡热气喷口、短舱隔框、舱门	减重 50%,降低成本 40%
RB211-535E4	宽弦风扇叶片,钛合金三层结构	
BAeATP 飞机	检修舱门	降低成本 40%
阵风战斗机	前缘缝翼(SPF/DB 四层结构)	减重 45%,降低成本 40%
"幻影"2000	机翼前缘延伸边条	减重 12.5%
F-22	后机身隔热板	
A300、310、320	前缘缝翼收放机构外罩	减重 10%
A330、A340	口盖、密封罩、管形件、驾驶舱顶盖	减重 45%

续表

机种	应用部位	主要技术经济效益
波音 777	发动机舱门	
A380	发动机叶片	
0NASA 的 HSCT	机翼段和下部	

2. 中国超塑成形/扩散连接技术应用

我国 SPF/DB 技术相对国外而言起步稍晚,在 20 世纪 70 年代末,初步开展 SPF/DB 技术研究和应用的单位主要有北京航空制造研究所、中国航天科工三院、国营一一二厂等。SPF 或 SPF/DB 复合技术制造的产品主要包括飞机风动泵舱门、隔板、电瓶箱罩板、前缘襟翼、鸭翼、进气道、导弹弹翼、整体壁板、腹鳍、发动机维护舱盖、整流叶片、口盖、干扰弹导筒等零件,如表 1-5 所列。

表 1-5 国内 SPF/DB 结构件的经济效益

构件名称	结构特点	主要经济效益
框段	SPF/DB 结构代替热成型结构	减重 8.8%,成本降低 47%
风动泵舱门	SPF/DB 结构代替铆接结构	减重 15%,成本降低 53%
发动机维修舱门	SPF/DB 结构代替铆接结构	减重 21%,成本降低 53%
加强框	全部采用 SPF/DB 结构	减重 12%,成本降低 30%
空调舱口盖	SPF/DB 结构代替焊接结构	减重 45.9%

我国 SPF/DB 技术在 20 世纪 80 年代后期才逐渐开始应用于研制装机试验件。经过 30 余年的发展,我国对 SPF/DB 工业的研究和应用已经取得了一定的进展,从次承力构件发展到主承力构件,从单层结构发展到多层结构,从一般结构件发展到精密结构件,正逐步接近国外先进水平。近年来,我国飞机设计部门对 SPF/DB 工艺高度重视,投入大量人力、物力进行研制开发,已经自行生产制造腹鳍、整流叶片、口盖、舱门等零件,并且能够进行小批量生产。

总之,在我国,SPF/DB 技术目前已从试验室阶段,发展到实用化生产阶段;从用于替换现有机种的分离式铆接构件,发展到为新机设计整体的 SPF/DB 构件;从用于次承力构件,发展到用作主承力构件;在应用对象方面,从飞机机体构件,发展到航空发动机零件,甚至航天飞行器构件等;在成形材料方面,从钛合金发展到高强度铝合金、铝锂合金、金属基复合材料、金属间化合物,乃至陶瓷及陶瓷复合材料等;在毛坯形式方面,从钛、铝板材的 SPF/DB,发展到板材与机加零件的扩散连接。

3. 钛合金超塑成形/扩散连接技术的应用

钛合金 SPF/DB 适用的飞机构件有:形状复杂的零件,如发动机整流罩、整流包皮、内外加筋蒙皮、整体隔框、翼肋、波纹板、加强板、舱门、口盖等。钛合金 SPF/DB 技术在飞机产品制造领域,目前主要用于需要使用钛合金的耐热部件,以及耐腐蚀性不好、维修更换存在问题的结构,随着航空技术不断发展,钛合金用量也在逐步增加,钛合金 SPF/DB 技术应用也将更加广泛。

W. Xun 等[65]采用 SPF/DB 工艺成形了 TC4 钛合金四层夹层空心叶片,虽然经过 SPF/DB 处理后,晶粒有一定长大,强度和塑性均有一定程度降低,但是该叶片尺寸精度和使用性能均能满足要求,而且这种空心结构可使重量减轻 35%,并为发动机提供散热通道。

Kathy L. Elias 等[66]的研究表明,TC4 钛合金进行 SPF/DB 工艺加工后连接面的抗拉强度约为 SPF/DB 工艺加工前合金抗拉强度的 90%,最高可达 820MPa。

A. Salishchev 等[67]研究发现,采用多级等温锻造制备出的超细晶(晶粒平均尺寸 $0.4\mu m$)TC4 板材,不仅提高了室温强度,而且超塑性温度与常规 TC4 钛合金相比降低了 150~200℃,即在 650~750℃就具有良好超塑性,对这种超细晶板材采用 SPF/DB 工艺可以在 750~800℃成形出复杂的蜂窝状中空结构。

Cam 等[68]在研究 γ-TiAl 板材的扩散连接性能时,发现如果适当提高扩散连接压力,则达到良好连接效果所需的时间会大幅度减少。

钛合金在国防、航空、航天工业上应用较多,目前其超塑成形工艺已广泛用于制造导弹外壳、推进剂储箱、整流罩、球形气瓶、波纹板及发动机部件等。20 世纪 70 年代中期,美国的 Hamilton 和 Paton 等研究了钛合金的 SPF/DB 复合工艺,并制造出了形状复杂的钛合金整体结构件,从而带来航空结构加工生产的一次具有划时代意义的技术革命。图 1-33 所示为一些典型的钛合金中空多层结构。

图 1-33 典型的钛合金中空多层结构

第 1 章 绪论

李晓华等[69]对 TC4 钛合金层合梁 SPF/DB 制造工艺进行了研究,先对梁腹板进行超塑成形,再对梁腹板和缘条进行扩散连接,最终制造了钛合金层合结构波纹梁。SPF/DB 层合梁的外形尺寸和使用性能均满足设计要求,但其工艺参数需要进一步深入研究和优化。图 1-34(a)所示的是钛合金层合梁样件。

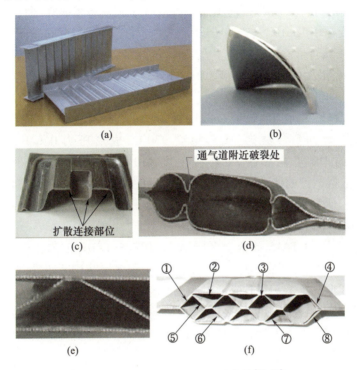

图 1-34 钛合金 SPF/DB 结构件[82-84]

(a)钛合金层合梁样件;(b)宽弦空心风扇叶片;(c)TC4 钛合金单层板超塑成形/扩散连接加强结构件;
(d)TC4 钛合金双层板超塑成形/扩散连接结构;(e)TC4 三层板超塑成形/扩散连接结构件;
(f)TC4 钛最终成形的四层板结构件。

郝勇等[70]对大涵道比涡轮发动机的宽弦空心风扇叶片进行了研究,采用三层夹层结构的 SPF/DB 工艺技术成形了宽弦空心风扇叶片,如图 1-34(b)所示。而后对宽弦空心风扇叶片不同位置的扩散连接界面的金相组织进行观察,发现扩散连接界面晶粒组织均匀,焊缝完全消失,试件焊合率接近 100%。

施晓琦等[71]对 TC4 钛合金单层板加强结构 SPF/DB 工艺研究发现,合适的超塑成形工艺参数为:温度 920℃,最大进气压力为 1.5MPa,成形时间为 40min,合适的扩散连接工艺参数为:温度 920℃,加载压力 3.0MPa,保温时间 90min。图 1-34(c)为 TC4 钛合金单层板 SPF/DB 加强结构件。

王荣华等[72]对 TC4 钛合金双层板 SPF/DB 工艺进行了研究,合适的 SPF 参数为:温度 860℃,最大进气压力为 1.5MPa,加压时间为 50min,合适的 DB 参数为:温度 860℃,压力为 3MPa,加压时间为 40min。虽然成形温度为 860℃,比最佳成形温度 920℃低,但同样实现了构件的 SPF/DB 成形实验,而且成形效果较好。图 1 - 34(d) 所示为 TC4 钛合金双层板 SPF/DB 结构。

门向南等[73]对 TC4 钛三层板结构 SPF/DB 工艺进行了研究,通过模拟获得了最佳成形应变速率 $1 \times 10^{-3} s^{-1}$,并获得此速率下的超塑成形时间 - 压力曲线,最终成形出了 TC4 钛合金三层板结构。成形后零件整体壁厚均匀,扩散焊接接头的焊合率整体较高,最大值为 100%,最小值为 35%。图 1 - 34(e) 所示为 TC4 钛三层板 SPF/DB 结构件。

韩文波等[74-75]对 TC4 钛合金四层板结构的 SPF/DB 工艺进行了研究。研究表明,最佳的 SPF 参数为:成形温度 930℃,成形压力 0.6MPa,成形时间 55min;最佳的 DB 工艺参数为:连接温度 930℃,连接时间 30min,连接压力 10MPa。对连接试件的微观组织进行观察,显示在界面处连接良好,对成形后的板厚分布进行了研究,最小厚度常出现在拐角处。图 1 - 34(f) 为最终成形的四层板 SPF/DB 结构件。

李保永等[58]对 TA15 钛合金多层结构 LBW/SPF/DB 工艺进行研究发现,如图 1 - 35 所示,对进行了穿透焊接工艺的两层中空多层结构毛坯进行超塑成形,在 930℃,最大成形气压 1.5MPa,成形时间 2500s 下,获得的两层结构外部轮廓完整清晰,加强筋基本直立并沿着焊接接头对称分布,成形效果良好。而后进行了四层中空夹层结构的 SPF/DB,获得了较为理想的四层结构,直立加强筋厚度分布均匀,直立加强筋间的扩散连接焊合率达到 90% 以上。

图 1 - 35 Ti60/TA15 四层舵面构件

欧阳金栋等[76]采用 SPF/DB 复合工艺方式对 TC4 钛合金板材进行试验研究,对成形后的舵面进行分析,获得了用 TC4 钛合金四层板成形飞行器舵面的最佳工艺参数。成形舵面如图 1 - 36 所示。

图 1-36 SPF/DB 成形出的 TC4 钛合金舵面

4. 铝合金超塑成形及扩散连接技术的应用

目前对铝合金扩散连接技术的研究主要针对铝合金表面氧化层的处理,据此主要采取以下技术进行铝合金的扩散连接,主要包括施加大幅塑性变形的固相扩散连接技术[77],提高粗糙表面的微变形的固相扩散连接技术[78],添加活性合金元素的中间层扩散连接技术[79,88],非常规的固态扩散连接技术[80],瞬时液相(TLP)扩散连接技术[81-82,90-91],温度梯度瞬时液相扩散连接技术等[83]。

哈尔滨工业大学的王长文、张凯峰、王仲仁[84]在研究 2091 铝锂合金的 SPF/DB 复合工艺时,分析了中间层材料、中间层厚度、无中间层对扩散连接质量的影响,进行了两层板波纹件模拟件的 SPF/DB 复合工艺研究,超塑胀形的填充情况及扩散连接质量很好。

张建威[85]对 2B06 铝合金进行了双层结构件的 SPF/DB 研究,通过有限元模拟得到的气压加载曲线,在 530℃下进行试验,得到了减薄率为 21.5%,应力集中为 2.32MPa 的铝合金双层结构件,如图 1-37 所列。

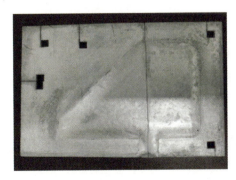

图 1-37 2B06 铝合金双层结构件

燕山大学的陈闽子、廖波、张春玲、王启军[86]采用浸镀金属锌对预处理后的硬铝 LY11 合金加以表面改性,在无保护的状态下、不添加中间层合金的状况下进行 SPF/DB 工艺的研究,并对其机理进行了初步探讨。结果表明:在 470℃、36.00MPa 条件下,保温保压 4h 下,进行 SPF/DB 工艺效果最佳。其扩散连接机理为:依靠原子的扩散运动实现连接界面的形成,回复和再结晶过程导致母材连接界面消失。

5. 镁合金中空结构超塑成形/扩散连接技术

SPF/DB 工艺在钛合金和铝合金中已经得到了广泛的应用,而在镁合金方面应用的比较少。镁合金极为活泼,暴露在空气中极易氧化生成致密的氧化膜,这极大地影响了镁合金的扩散连接。但镁合金在卫星框架、贮箱支架、底板、电器支架和隔板、仪表支架等也得了广泛应用。

随着研究的深入,在镁合金 SPF/DB 方面,现已研究了多种镁合金(AZ31、ZK60、MB15 等)的超塑变形性能和扩散连接性能。并在此基础上,现已采用 SPF/DB、SPF/LBW 等技术制造出镁合金双层波纹板结构件,如图 1-38 所示。

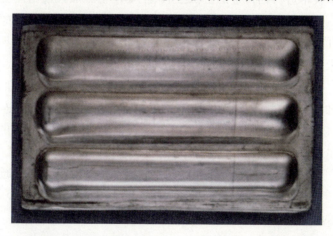

图 1-38 采用超塑成形/扩散连接技术成形的 MB15 镁合金双层波纹板[87]

6. 金属间化合物超塑成形及连接性能

金属间化合物具有密度小、高温强度高和高温抗氧化性能好等优点,是一种潜在的航空航天用高温结构材料。然而,这类合金由于结构有序使得其室温脆性较大,冷热塑性变形能力较差。对于金属间化合物超塑性的研究主要集中在组织超塑性方面,相变超塑性即内应力超塑性的研究尚未见报道。据研究,金属间化合物既可以产生微细晶粒超塑性,也可以产生大晶粒超塑性。

金属间化合物微细晶粒超塑性,通常采用粉末冶金方法和复合热机械处理工艺获得超塑性所需要的等轴细晶组织。大多呈现超塑性的金属间化合物如 Ni_3Al、$TiAl$、Ti_3Al、$FeAl$、Fe_3Al、Co_3Ti，均为复相和多相材料，超塑性变形过程中晶粒不易长大，有利于晶粒滑移，可获得较好的超塑性能。

TiAl 基合金由于其室温脆性，需要采用热加工的手段对 TiAl 基合金进行成形。目前，对 TiAl 基合金高温变形性能的研究主要集中在材料的超塑性拉伸和高温热压缩（绘制热加工图）方面。

在高速（$Ma > 6$）飞行器的开发中，寻求具有良好高温力学性能，并且密度较小的金属材料成为航空材料发展中的重要问题，与传统高温合金相比，γ - TiAl 金属间化合物的优点包括：低密度（$3.8g/cm^3$），高比强度、高比刚度，高抗氧化性，高温下良好的蠕变性能。γ - TiAl 研究始于 20 世纪 50 年代，但是由于较差的室温塑性和加工性限制了其广泛的应用。

Zhang 等[88]研究了放电等离子烧结 Ti - 42.5Al - 2.3Nb 合金的超塑性能和高温变形过程的孔洞演变，组织为近 γ 组织，晶粒尺寸 $4\mu m$，$V\gamma = 88.7\%$。研究的应变速率为 $2.083 \times 10^{-4} s^{-1}$，温度范围 $800 \sim 1000℃$。结果表明，延伸率随温度的提高而增加，在 1000℃ 时达到 409%。m 值最大为 0.8，表明该烧结合金的变形机制为晶界扩散相协调的晶粒边界滑移。另外，大的应变引起了微观组织和孔洞的演变，如 γ 晶粒长大，α_2 晶粒破裂和 α_2 大晶粒附近微观孔洞的形核。

表 1 - 6[89-90]为其他学者对不同状态的 TiAl 基合金超塑性能的研究概况，说明 TiAl 基合金的超塑性已经具有普遍性。

图 1 - 39 显示的是常用的一些高温材料密度与其使用温度范围。目前用于高温结构的材料主要包括陶瓷（陶瓷基复合材料）、难熔合金、镍基高温合金和金属间化合物[101]。图 1 - 40[101]为 TiAl 合金与其他结构材料的在比强度以及比模量上的对比图，由图可知，TiAl 合金的比强度和比模量要大于常用的金属结构材料，是一种良好的轻质高强结构材料[102-103]。Ti - Al 系金属间化合物的使用温度在 600 ~ 800℃，目前在该温度范围内广泛使用的材料是镍基高温合金，但是其密度较高（$7.5 \sim 8.5g/cm^3$），显然无法满足轻质材料的要求，而 Ti - Al 系合金使用温度与镍基高温合金相近，但其密度仅为高温合金 1/2 左右，成为 600 ~ 800℃ 范围内替代镍基高温合金的良好潜在选择。TiAl 基合金与镍基高温合金和钛合金相比比强度和比模量更高，是一种良好的轻质高强度材料[104]。Ti - Al 系金属间化合物主要有三类：α_2 - Ti_3Al 基合金、γ - TiAl 基合金和 δ - $TiAl_3$ 基合金，而 α_2 - Ti_3Al 和 γ - TiAl 基合金是目前研究的重点。这两种合金相比，虽然 Ti_3Al 基合金的塑性更好，但 TiAl 基合金密度（$3.7 \sim 3.9g/cm^3$）更小、使用温度较高（高约 200℃），且高温抗氧化性能更优良[105]。对于 Ti_3Al 基合金，随着 Banerjee 等[106]在 Ti_3Al 基合金（Ti - 25Al - 12.5Nb）中首次发现 O 相（Ti_2AlNb 相）基合金的存在，O 相（Ti_2AlNb）基合

金由于良好的综合力学性能、好的抗氧化能力和高的高温蠕变抗力,成为 Ti_3Al 基合金的研究热点[107-108]。因此,在 Ti-Al 系金属间化合物中,TiAl 和 Ti_2AlNb 基合金具有广阔应用前景。

表 1-6 TiAl 基合金超塑性拉伸性能[91-100]

材料成分/%（原子分数）	状态或组织	温度范围/℃	应变速率范围/s^{-1}	超塑性			
				最大延伸率/%	温度/℃	应变速率/s^{-1}	m 值
Ti-46.8Al-2.2Cr-0.2Mo	DP(16μm)	950~1075	$8×10^{-5}$ ~ $2×10^{-3}$	467	1050	$8×10^{-5}$	0.235~0.512
Ti-48Al-2Cr-2Nb	DP(4μm)	1000~1100	$1×10^{-5}$ ~ $1×10^{-3}$	300	1000	$8.3×10^{-5}$	0.33~0.6
Ti-48Al-2Cr-2Nb	细等轴晶(0.3μm)	750~850	$2×10^{-4}$ ~ $6×10^{-3}$	355	800	$8.3×10^{-45}$	0.24~0.58
Ti-46.5Al-1Cr-0.3Si	1 无涂层 2 表面加涂层(0.2mmAl)	900~1200	$5.5×10^{-4}$	1183 2250	1110 1000	$5.5×10^{-4}$	
Ti-46Al	1 d=0.2μm 2 d=1.5μm	650~950	$6.4×10^{-4}$ ~ $1.3×10^{-1}$	1695 2680	900	$6.4×10^{-4}$	0.2~0.52 0.18~0.48
Ti-45Al-3Fe-2Mo	γ+(γ+α₂片层)(14μm)+B2	700~850	$1×10^{-4}$ ~ $2×10^{-3}$	165	850	$2×10^{-4}$	
Ti-33Al-3Cr-0.5Mo	细晶	850~1075	$8×10^{-5}$ ~ $1×10^{-3}$	517	1075	$8×10^{-5}$	0.35~0.9
Ti-43Al-4Nb-2Mo-0.5B	(γ+B2)细晶(2.4μm)	850~950	$1×10^{-4}$ ~ $4×10^{-4}$	405	950	$1×10^{-4}$	0.3~0.52
Ti-45Al-8Nb-0.2C[101]	超细晶(0.9μm)	800~1050	$8.3×10^{-4}$	1342	1000	$8.3×10^{-4}$	最大 0.66
Ti-47Al-2Cr-1Nb-1Ta[102]	(γ+α₂) DP+B2	650~1100	$1×10^{-6}$ ~ $1×10^{-4}$	>370	800	$2×10^{-5}$	0.43~0.5

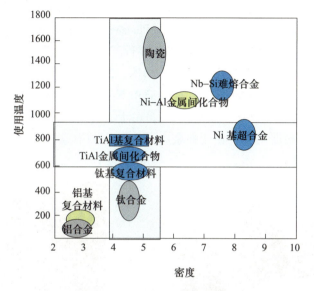

图 1-39 材料密度与使用温度

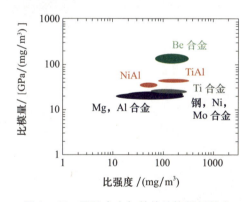

图 1-40 TiAl 合金与其他结构材料的比

国外在 TiAl 基合金薄板成形技术方面进行了大量研究,许多技术已经用于生产。美国的 Semietin 等采用包套热轧工艺制备的 TiAl 基合金薄板的最大尺寸为 700mm×400mm;日本的研究人员研制出了可以实现 TiAl 基合金轧制过程等温变形的等温轧辊;由德国和澳大利亚研究人员组成的 Clemens 研究小组在改进 Semietin 的包套热轧工艺的基础上,成功地开发出了 ASRP 工艺。此项工艺通过设计特殊的包套和严格控制热轧时的应变速率,在现有钢材轧制设备上制备出了晶粒尺寸在 5~20μm 的无缺陷 Ti-48Al-2Cr 和 Ti-48Al-2Cr-0.2Si 合金板材,其最大尺寸达到 1600mm×400mm×1.0mm。

美国的 Pratt & Whitney 公司采用热成形制造了具有多个波段的 TiAl 基合金波

纹板(图1-41),并在此基础上,采用钎焊和扩散焊的方法将波纹板与面板连接,生产了桁架内层结构(图1-42)。奥地利 Plansee 公司将板材成形与激光连接及钎焊等连接方式相结合,生产了一些中空结构零件。图1-43所示为采用 Ti-Cu-Ni 为钎料,将筋板与面板相连接的简单三层结构。图1-44所示为采用扩散连接方法将波纹板与面板相连接的 TiAl 基合金简单双层结构。虽然采用板材热成形与焊接相结合的方法可以制造多层结构,但是由于工艺技术的局限性,难以成形形状复杂的零件,而且成形后零件由于残余应力的存在,往往会产生一定程度的扭曲变形,精度难以保证。

图1-41　TiAl 基合金波纹板

图1-42　TiAl 基合金桁架内层

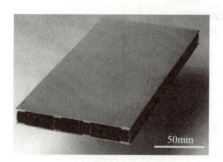

图1-43　TiAl 基合金多层结构

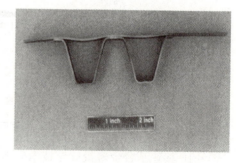

图1-44　扩散连接的 TiAl 双层结构

图1-45所示为美国国家航空航天局的冒险号航天运载飞行器采用的 TiAl 板材蜂窝结构热防护蒙皮[109]。

就目前研究现状来看,Ti_2AlNb 合金的多层结构成形相对困难,图1-46所示为 Ti_2AlNb 基合金三层结构试件,可见存在未充满区域,多层结构成形精度低[58]。图1-47所示为航天306所制造的 Ti_2AlNb 合金三层结构类零件。内部芯层设计成波纹板状结构,外层板厚度为2.0mm,芯层板厚度为0.8mm。

图 1-45　航天运载飞行器上的 TiAl 热防护蒙皮[110]

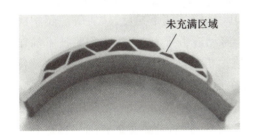

图 1-46　Ti₂AlNb 基合金三层结构试件

图 1-47　Ti₂AlNb 基合金三层结构

芯层设计变形量 50%,外层和芯层厚度比为 2.5∶1。成形过程采用刚性加载的方式实现扩散连接,然后超塑成形,成形工艺参数和单元结构件成形工艺参数完全一致。

Ti_2AlNb 合金比高温钛合金以及 Ti_3Al 基合金在使用温度、高温强度和抗蠕变性能等方面均有明显提高,其密度和热膨胀系数又显著低于镍基合金(如 In 718),与普通 γ-TiAl 合金相比,Ti_2AlNb 合金具有更好的比强度、室温塑性和加工成型性能。因此,在目前及下一代航天、航空发动机设计不断提高工作温度而又必须减重的情况下,这种轻质耐高温结构材料具有突出优势,是目前国内外研究比较热门也最有希望工程应用的轻质耐高温结构材料。

国内外研究目标是在 600～750℃ 范围内部分替代高温合金用于重要结构件,减轻发动机重量,提高推重比。美国已投入较多的资金和力量对 Ti_2AlNb 材料和典型结构件制造工艺开展了较大规模的实验研究,以试制出 Ti_2AlNb 合金制备的压气机内环、机匣、喷管等部件,并且在以 F119 核心机/验证机为验证平台的 CAESAR 项目中,将 Ti_2AlNb 压气机机匣、叶片和轮盘部件的结构设计准则的验证作为重要的研究内容。

我国钢铁研究总院、北京有色金属研究总院、中科院金属研究所、北京航空材料研究院、西北工业大学、哈尔滨工业大学等单位开展了 Ti_2AlNb 基合金的研发工作,并取得了阶段性的研究成果。钢铁研究总院相继开发了 Ti－22Al－24Nb－3Ta、Ti－22Al－25Nb 和 Ti－22Al－20Nb－7Ta 等 Ti_2AlNb 基合金[111]。此外,在 Ti－22Al－25Nb 合金轧制、热模锻造、旋压成型工艺及超塑成形方面等也取得可喜进展[112]。

1.4　超塑成形/扩散连接设备

超塑成形是一种复杂工艺,需要同时控制许多关键参数,如成形温度、应变速率、温度场分布,以及模具的移动(位置和速度),因此需要专门的超塑成形设备,均匀加热模具和超塑性坯料,准确地控制气压、动模的压下速度、位置等。超塑成形机的吨位与要成形零件的尺寸、材料厚度、流动应力等有关,随着 SPF 技术的发展,超塑成形机尺寸也逐渐增大,许多超塑成形机的加压系统超过 12500kN,设备的台板尺寸达到 2m×3m 已经很普遍,控制系统也越来越先进。

制造专门的超塑成形压力机,必须解决结构设计、气压控制、复杂的计算机控制系统与可编程逻辑控制器之间的协同、加热元件易老化、热防护和隔热材料寿命短、热平台易发生蠕变和开裂等诸多难题,因此,目前能够制造超塑成形压力机的企业相对有限。

1. 国外超塑成形/扩散连接设备

美国、法国、英国都有专业的 SPF 设备制造公司,法国的 ACB 是一家较大的钣金设备制造公司,为多家航空企业研制了多台专业 SPF 设备,曾于 1994 年研制了一台 28000kN 的 SPF 设备,台面尺寸 2290mm×5350mm,带有 4MPa 气路两个,可移动平台一个,工作温度可达到 1000℃。目前,ACB 制造多种型号的超塑成形机,加热温度可以达到 1000℃,气压可达到 5MPa,金属平台为铸造高温合金,可以很方便地从加热区中移出。ACB 超塑成形设备如图 1-48 所示,设备型号参数如表 1-7、表 1-8 所列。

第1章 绪论

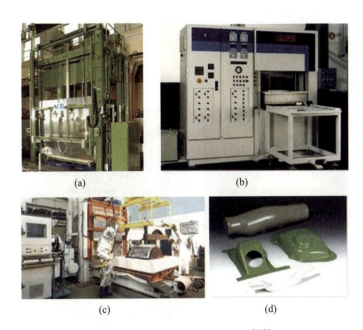

图1-48 ACB超塑成形设备[113]

(a)8000kN超塑成形设备;(b)600kN超塑成形设备;
(c)ACB厂超塑成形生产过程;(d)ACB厂超塑成形的零件。

表1-7 ACB公司的超塑成形设备型号

型号	FSP125	FSP250	FSP500	FSP800	FSP1000
公称力/kN	1250	2500	5000	8000	10000
最大装模高度/mm	800	1000	1200	1500	600
台面尺寸/mm²	760×760	1520×760	1520×1520	2290×1520	1520×3050

表1-8 ACB 8000kN超塑成形设备主要参数[114]

设备主要参数	
平台尺寸/mm×mm	2400×1700
最大装模高度/mm	2050
行程/mm	1550
平台区数量	18
每个平台区的加热功率/kW	12.5
侧壁加热区	前后各一个
侧壁加热区的加热功率/kW	12
设备加热功率/kW	474

美国 ERIE 公司制造的超塑成形设备如图 1-49 所示,可用于钛合金、铝合金和某些不锈钢的成形,设备压力 1000kN 到 50000kN,加热温度可以达到 1100℃,带有集成化的气压管理系统、先进的加压加热控制系统和滑动支持平台,可实现超塑成形工艺的精密控制,还可以安装机械手实现高温开模取件。

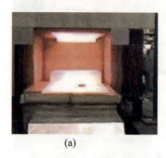 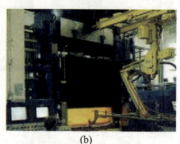

(a)　　　　　　　　　　　　　(b)

图 1-49　ERIE 公司制造的超塑成形设备[115]

(a)加热炉膛;(b)带机械操作手的整体设备。

美国 Murdock 公司制造的超塑成形设备,设备压力 1500kN,加热温度可以达到 1000℃,带有集成化的气压管理系统、先进的加压加热控制系统,气压 4MPa,台面尺寸 1000mm×1000mm,受到很多大学实验室和研究所的欢迎。

Accudyne Engineering & Equipment 公司是加拿大著名的设备制造商之一,可以开发、设计、制造超塑成形设备,成形温度以达到 1000℃,带有多区加热控温系统确保温度场均匀,热平台材料可以选金属的(RA330/333,Supertherm 超耐热合金),也可以是陶瓷的(石英),可以上下升降,便于取出模具。成形区周围全部带有隔热材料,可前后打开。计算机控制系统不仅能准确控制温度、气压、形成等工艺参数,还能进行数据采集、工艺参数储存与实时处理、工艺开发与数据库管理、加工工程网络交互等功能。气压控制系统采用比例控制阀实现气胀成形速率的可编程控制,气压可达到 5MPa。

英国 Rhodes Interform Limited 公司生产液压机已经有 150 多年的历史,专业设计和制造专用的压力设备。子公司包括国际知名的 Fielding Platt、Chester Hydraulics、John Shaw、Henry Berry、Beauford Engineers 和 Berry Refractories。其中,John Shaw 子公司和 Chester Hydraulics 子公司可以设计制造多种超塑成形设备,其制造的超塑成形设备可进行高温成形,气压控制系统先进,可以热开模取件。

如今,超塑成形设备的开发设计思想也在不断发展中,做出的改进集中在增加"板进/零件出"的操作机械处理系统,不仅能提高生产效率,而且能有效地减少在大零件装卸的变形。图 1-50 所示为通用公司的快速超塑成形生产线,可以实现超塑零件的快速自动化生产,制件年产量可达 30 万件。

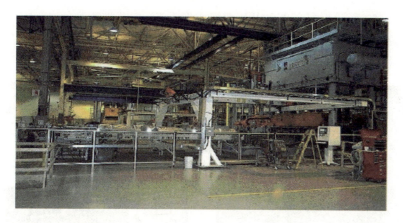

图1-50 通用公司的快速超塑成形生产[116]

2. 中国超塑成形/扩散连接设备

国内从20世纪70年代对金属超塑技术进行研究开发以来，现已取得了很大的成绩，在超塑性材料、超塑性变形机理、超塑性力学、超塑成形应用等诸多方面都取得了不少研究成果，在国际上已被公认为美国、日本、俄国之后的第四位。相比之下，超塑成形设备方面的研究就显得很少，一方面，是由于最早开发的超塑材料，一般都为有色金属及其合金，其塑性潜力很大，可以在较高的应变速率完成一般复杂程度零件的成形；另一方面，通过成形设备的压力控制，可以实现跳跃式的速度慢式控制。国内的一些研究单位选择一些工作速度比较低的液压机作为超塑性成形设备，有的单位还对代用液压机作一些简单的改造，如图1-50所示，使其满足超塑成形的要求。随着超塑技术的发展，超塑材料的不断涌现，已从开始时的有色金属发展到黑色金属、陶瓷、复合材料等，对有色金属超塑材料的制备也采取供应态材料，但是这些材料的塑性指标不高，压力控制不方便，对某些零件的成形也不适用。因此，研制超塑成形设备显得日益重要。

国内主要通过改造通用压机用于SPF和SPF/DB的试验研究，即在通用液压机的基础上，自行设计制造加热系统、气源系统和控制系统。北京航空制造工程研究所先后对1000kN、3000kN和5000kN通用液压机进行了改造，并利用这些设备开展了大量的试验研究和生产。国内研究单位，如哈尔滨工业大学、北京机电研究所、南京航空航天大学，研制的超塑成形设备，也是利用四柱液压机改造而成。

南京航空航天大学设计制造了采用计算机自动控制的1500kN的超塑成形热压机床，保证变形速率均匀，实现24个区域温度控制，最高成形温度可达920℃±10℃，通过计算机控制的超塑胀形模块保证了板料以恒定应变速率胀形。如图1-51所示。

图1-52所示为国产25000kN超塑成形设备,在机器参数允许范围内还能进行普通锻造加工。其公称压力为25000kN,回程力为2000kN,滑行程为1500mm,最大开口高度为2500mm,移动工作台最大载荷为30000kg。

图1-51　南航超塑成形试验机　　　　图1-52　国产25000kN超塑成形设备

首个空气气氛下最高使用温度达1200℃的超高温超塑成形机(图1-53)和国内首个同时具备预热、缓冷和压制三个热态工位的热成形机(图1-54)。其中,1200℃超高温超塑成形机攻克了热态环境下预应力大型组合框架机身设计与精度

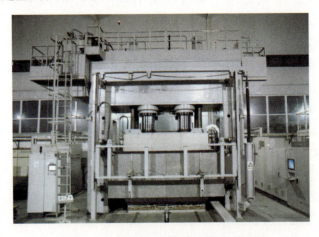

图1-53　超高温1200℃超塑成形机

图1-54 三工位热成形机

控制、超高温下液压-气压随动复合加载、超耐热高性能陶瓷平台设计制造、超高温超塑成形模具设计制造、耐高温材料精确成形控性等关键技术,解决了普通超塑成形机无法满足 Ti_2AlNb、$\gamma-TiAl$ 等新型耐高温材料空气气氛下超高温 SPF/DB 温度需求的问题,达到显著扩大 SPF 工艺应用范围、有效降低耐热高性能构件制造成本、加快推动耐热新材料工程化应用的技术效果,能够满足国内绝大多数种类板材高温成形要求,超耐热高性能陶瓷平台、大吨位超高温下液-气复合加载等多项技术均为国内首创。

针对大尺寸构件超塑瓶颈问题,哈尔滨工业大学开发了大型超塑成形装备(工作平台 4500mm × 4500mm),同时,以大尺寸拼焊板为研究对象,开展了焊缝/基体协调变形理论及组织性能控制技术研究,如图 1-55 所示。

图 1-55 哈尔滨工业大学研发的大型超塑成形装备

哈尔滨工业大学材料学院开发制造出了快速超塑成形机,如图 1-56,实现了工艺参数和工序过程的自动化控制,提高了产品的快速设计制造能力、生产效率和设备利用率。这些大型成形设备的应用极大提高了我国复杂超塑成形构件的生产能力,也为超塑成形领域的发展和研发提供了保障。

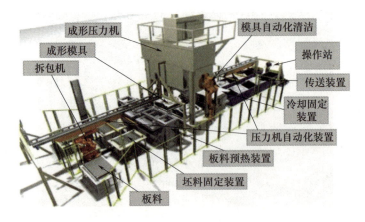

图1-56 快速塑性成形技术示意图[119]

21世纪初,随着国内设计和研究人员对SPF和SPF/DB结构成形的深入认识,SPF/DB结构在航空领域的应用数量和水平不断提高,现有的设备远远不能满足科研生产的需要,北京航空制造工程研究所、沈飞、西飞等多个厂所单位先后从欧美等国引进了多台SPF专用设备。SPF/DB专用设备在功能上可以实现气压、背压管理和成形控制的计算机管理,通过仪表显示和监控整个成形过程,并采用电阻加热平台。在温度、应变速率精度控制等方面取得了较大的进展。

参考文献

[1] Chokshi A H, Mukherjee A K, Langdon T G. Superplasticity in advanced materials[J]. Materials Science and Engineering:R:Reports,1993,10(6):237-274.

[2] Yoon J H, Lee H S, Yi Y M, et al. Prediction of blow forming profile of spherical titanium tank[J]. Journal of Materials Processing Technology,2007,187:463-466.

[3] HWANG Y M, LAY H S, HUANG J C. Study on superplastic blow-forming of 8090 Al-Li sheets in an ellip-cylindrical closed-die[J]. International Journal of Machine Tools & Manufacture,2002,42(12):1363-1372.

[4] HWANG Y M, LAY H S. Study on superplastic blow-forming in a rectangular closed-die[J]. Journal of Materials Processing Tech,2003,140(1-3):426-431.

[5] Yoon J H, Lee H S, Yi Y M. Finite element simulation on superplastic blow forming of diffusion bonded 4 sheets[J]. Journal of materials processing technology,2008,201(1-3):68-72.

[6] Xing H L, Wang C W, Zhang K F, et al. Recent development in the mechanics of superplasticity and its applications[J]. Journal of Materials Processing Technology,2004,151(1-3):196-202.

[7] 文九巴. 超塑性应用技术[M]. 北京:机械工业出版社,2004.

[8] 胡正寰,夏巨谌. 中国材料工程大典材料塑性成形工程[J]. 机械工程材料,2006(08):78.

[9] 崔建忠,马龙翔. 超塑变形机制[J]. 金属科学与工艺,1991(01):68-76.

[10] 丁桦,张凯锋. 材料超塑性研究的现状与发展[J]. 中国有色金属学报,2004(07):1059-1067.

[11] 邓学峰,张辉,陈振华. 铝合金板成形性及成形工艺研究现状[J]. 材料导报,2005(12):56-59.

[12] 赵俊,黎文献,肖于德,等. 铝合金超塑变形研究进展[J]. 材料导报,2004(03):27-31.

[13] C. A. 卡侬勃舍夫,王燕文. 金属的塑性和超塑性[M]. 机械工业出版社,1982.

[14] BARNES A J. Superplastic forming 40years and still growing[J]. Journal of Materials Engineering and Performance,2007,16(4):440-454.

[15] 李志强,郭和平. 超塑成形/扩散连接技术在航空航天工业中的应用[J]. 锻压技术,2005(01):79-81.

[16] 蒋少松. TC4 钛合金超塑成形精度控制[D]. 哈尔滨:哈尔滨工业大学,2009.

[17] 李梁,孙建科,孟祥军. 钛合金超塑性研究及应用现状[J]. 材料开发与应用,2004(06):34-38.

[18] Osada K. Commercial applications of superplastic forming[J]. Journal of materials processing technology,1997,68(3):241-245.

[19] Wang G C,Fu M W. Maximum m superplasticity deformation for Ti-6Al-4V titanium alloy[J]. Journal of materials processing technology,2007,192:555-560.

[20] Lee K S,Huh H. Numerical simulation of the superplastic moving die forming process with a modified membrane finite element method[J]. Journal of Materials Processing Technology,2001,113(1-3):754-760.

[21] Dutta A. Thickness-profiling of initial blank for superplastic forming of uniformly thick domes[J]. Materials Science and Engineering:A,2004,371(1-2):79-81..

[22] Lee Y S,Lee S Y,Lee J H. A study on the process to control the cavity and the thickness distribution of superplastically formed parts[J]. Journal of Materials Processing Technology,2001,112(1):114-120.

[23] Kim Y H,Lee J M,Hong S S. Optimal design of superplastic forming processes[J]. Journal of Materials Processing Technology,2001,112(2-3):166-173.

[24] Luo Y,Luckey S G,Friedman P A,et al. Development of an advanced superplastic forming process utilizing a mechanical pre-forming operation[J]. International Journal of Machine Tools and Manufacture,2008,48(12-13):1509-1518.

[25] 王长文. Al-Li 合金板材超塑成形壁厚分布及 SPF/DB 复合工艺研究[D]. 哈尔滨工业大学,1998.

[26] Advanced technology of plasticity 2002:proceedings of the 7th International Conference on Technology of Plasticity,Yokohama,Oct. 27-Nov. 1,2002[M]. Japan Society for Technology of plasticity,2002.

[27] Luckey Jr G,Friedman P,Weinmann K. Design and experimental validation of a two-stage superplastic forming die[J]. Journal of materials processing technology,2009,209(4):2152-2160.

[28] Zhang K F,Wang G F,Wu D Z,et al. Research on the controlling of the thickness distribution in

superplastic forming[J]. Journal of Materials Processing Technology,2004,151(1-3):54-57.

[29] SATO E,SAWAI S,UESUGI K,et al. Superplastic titanium tanks for propulsion system of satellites[J]. Materials Science Forum,2007,551-552:43-48.

[30] Padmanabhan K A,Davies G J. Superplasticity:mechanical and structural aspects,environmental effects,fundamentals and applications[M]. Springer-Verlag,1980.

[31] S. R. The effect of microstructural gradients on superplastic forming of Ti-6Al-4V[J]. Journal of Materials Processing Tech. ,1998,80.

[32] 王儒润,强仁荣. 钛合金半球类零件超塑成形壁厚控制[J]. 航天工艺,1994(02):11-14.

[33] SCHUH C,DUNAND D C. Whisker alignment of Ti-6Al-4V/TiB composites during deformation by transformation superplasticity[J]. International Journal of Plasticity,2001,17(3):317-340.

[34] HIRAI K,SOMEKAWA H,TAKIGAWA Y,et al. Superplastic forging with dynamic recrystallization of Mg-Al-Zn alloys cast by thixo-molding[J]. Scripta Materialia,2007,56(3):237-240.

[35] PANCHOLI V,KASHYAP B P. Effect of layered microstructure on superplastic forming property of AA8090 Al-Li alloy[J]. Journal of Materials Processing Technology,2007,186(1-3):214-220.

[36] Sotoudeh K,Bate P S. Diffusion creep and superplasticity in aluminium alloys[J]. Acta Materialia,2010,58(6):1909-1920.

[37] WU H Y,HWANG J H,CHIU C H. Deformation characteristics and cavitation during multiaxial blow forming in superplastic 8090 alloy[J]. Journal of Materials Processing Technology,2009,209(4):1654-1661.

[38] Adamczyk-Cieślak B,Mizera J,Kurzydłowski K J. Thermal stability of model Al-Li alloys after severe plastic deformation—Effect of the solute Li atoms[J]. Materials Science and Engineering:A,2010,527(18-19):4716-4722. .

[39] Ahmadi S,Arabi H,Shokuhfar A. Effects of multiple strengthening treatments on mechanical properties and stability of nanoscale precipitated phases in an aluminum-copper-lithium alloy[J]. Journal of Materials Science & Technology,2010,26(12):1078-1082.

[40] Bairwa M L,Date P P. Effect of heat treatment on the tensile properties of Al-Li alloys[J]. Journal of materials processing technology,2004,153:603-607.

[41] Deschamps A,Sigli C,Mourey T,et al. Experimental and modelling assessment of precipitation kinetics in an Al-Li-Mg alloy[J]. Acta materialia,2012,60(5):1917-1928.

[42] Derby B,Wallach E R. Joining methods in space:a theoretical model for diffusion bonding[J]. Acta Astronautica,1980,7(4-5):685-698.

[43] Chawla N,Murphy T F,Narasimhan K S,et al. Axial fatigue behavior of binder-treated versus diffusion alloyed powder metallurgy steels[J]. Materials Science and Engineering:A,2001,308(1-2):180-188.

[44] Abdoos H,Khorsand H,Shahani A R. Fatigue behavior of diffusion bonded powder metallurgy steel with heterogeneous microstructure[J]. Materials & design,2009,30(4):1026-1031.

[45] 丁桦,张凯锋. 材料超塑性研究的现状与发展[J]. 中国有色金属学报,2004(07):1059-1067.
[46] Derby B,Wallach E R. Theoretical model for diffusion bonding[J]. Metal Science,1982,16(1):49-56.
[47] Chawla N,Murphy T F,Narasimhan K S,et al. Axial fatigue behavior of binder-treated versus diffusion alloyed powder metallurgy steels[J]. Materials Science and Engineering:A,2001,308(1-2):180-188.
[48] Abdoos H,Khorsand H,Shahani A R. Fatigue behavior of diffusion bonded powder metallurgy steel with heterogeneous microstructure[J]. Materials & design,2009,30(4):1026-1031.
[49] Li S X,Xuan F Z,Tu S T. Fatigue damage of stainless steel diffusion-bonded joints[J]. Materials Science and Engineering:A,2008,480(1-2):125-129.
[50] FRANKLIN W,WAITZ C. Built-up low-cost advanced titanium structures/BLATS[C]//21st Structures,Structural Dynamics,and Materials Conference. 745.
[51] Kaibyshev O A,Safiullin R V,Lutfullin R Y,et al. Advanced superplastic forming and diffusion bonding of titanium alloy[J]. Materials Science and Technology,2006,22(3):343-348.
[52] 郭伟,赵熹华,宋敏霞. 扩散连接界面理论的现状与发展[J]. 航天制造技术,2004(5):4.
[53] HE P,FENG J C,ZHANG B G,et al. Micro Structure and Strength of Diffusion-Bonded Joints of Ti-Al Base Alloy to Steel[J]. Materials Characterization,2002,48(5):401-406.
[54] Somekawa H,Watanabe H,Mukai T,et al. Low temperature diffusion bonding in a superplastic AZ31 magnesium alloy[J]. Scripta Materialia,2003,48(9):1249-1254.
[55] 张杰,牛济泰,张宝友,等. LF6铝合金的超塑性和扩散连接的组合工艺[J]. 焊接学报,1996(04):219-223.
[56] 闫洪华. 5083细晶铝合金的热变形行为和多层结构成形工艺研究[D]. 哈尔滨:哈尔滨工业大学,2010.
[57] 门向南,童国权,徐雪峰,等. TC4钛合金双层板结构超塑成型/扩散连接工艺[J]. 机械工程材料,2010,34(05):86-89.
[58] 李保永. TA15钛合金多层结构LBW/SPF/DB工艺[D]. 哈尔滨:哈尔滨工业大学,2010.
[59] 姚晓坤,谭立军,郭鸿镇,等. 热加工方式对双合金结合界面组织与力学性能的影响[J]. 中国有色金属学报,2010,20(S1):320-324.
[60] 李晓华,韩秀全,王飞,等. 钛合金两层整体构件超塑成形/焊接组合工艺与质量控制[J]. 航空制造技术,2013(16):4.
[61] 于彦东,冯娟,吕新宇,等. 镁合金双层板超塑成形/扩散连接工艺及模拟[J]. 材料科学与工艺,2011,19(01):80-84.
[62] 王哲. 钛合金超塑成形/扩散连接技术在飞机结构上的应用[J]. 钛工业进展,1999(03):23-25.
[63] 李枫,陈明和,范平,等. 超塑成形/扩散焊接组合工艺的技术概况与应用[J]. 新技术新工艺,2008(04):70-73.
[64] 朱林崎. 国外超塑成形/扩散连接技术发展现状[J]. 宇航材料工艺,1996(2):108-109.

[65] Xun Y W,Tan M J. Applications of superplastic forming and diffusion bonding to hollow engine blades[J]. Journal of Materials Processing Technology,2000,99(1 – 3):80 – 85.

[66] Elias K L,Daehn G S,Brantley W A,et al. An initial study of diffusion bonds between superplastic Ti – 6Al – 4V for implant dentistry applications[J]. The Journal of Prosthetic Dentistry,2007, 97(6):357 – 365.

[67] Salishchev G A,Galeyev R M,Valiakhmetov O R,et al. Development of Ti – 6Al – 4V sheet with low temperature superplastic properties[J]. Journal of Materials Processing Technology,2001, 116(2 – 3):265 – 268.

[68] Cam G,Clemens H,Gerling R,et al. Diffusion bonding of γ – TiAl sheets[J]. Intermetallics, 1999,7(9):1025 – 1031.

[69] 李晓华,韩秀全,邵杰,等. 钛合金层合梁 SPF/DB 制造工艺研究[J]. 航空制造技术,2011 (16):50 – 53.

[70] 郝勇,李志强,杜发荣,等. 大涵道比涡扇发动机的宽弦空心风扇叶片技术研究 EM[J]. 大型飞机关键技术高层论坛暨中国航空学会 2007 年学术年会论文集,2007.

[71] 施晓琦. 钛合金超塑成形/扩散连接组合工艺研究[D]. 南京:南京航空航天大学,2007.

[72] 王荣华. 翼类钛合金零件超塑成形/扩散连接关键工艺研究[D]. 南京:南京航空航天大学,2009.

[73] 门向南. TC4 三层板结构超塑成形/扩散焊接工艺研究[D]. 南京:南京航空航天大学,2010.

[74] 韩文波,张凯锋,王国峰. Ti – 6Al – 4V 合金多层板结构的超塑成形/扩散连接工艺研究[J]. 航空材料学报,2005,25(6):29 – 32.

[75] Han W,Zhang K,Wang G. Superplastic forming and diffusion bonding for honeycomb structure of Ti – 6Al – 4V alloy[J]. Journal of Materials Processing Technology,2007,183(2 – 3):450 – 454.

[76] 欧阳金栋,刘慧慧,马俊飞,等. 基于钛合金舵面的超塑成形/扩散连接工艺[J]. 机械制造与自动化,2018,47(01):66 – 69.

[77] 王学刚,严黔,李辛庚. 5A02 铝合金的瞬时液相扩散连接技术研究[J]. 轻合金加工技术, 2005(07):41 – 43.

[78] Feng J C,Liu D,Zhang L X,et al. Effects of processing parameters on microstructure and mechanical behavior of SiO_2/Ti – 6Al – 4V joint brazed with AgCu/Ni interlayer[J]. Materials Science and Engineering:A,2010,527(6):1522 – 1528.

[79] LAWRENCE F J,MUNSE W. Effects of porosity on the tensile properties of 5083 and 6061 aluminum alloy weldments[J]. 1973,181:1 – 23.

[80] Katayama S,Matsunawa A,Kojima K. CO_2 laser weldability of aluminium alloys (2nd Report): Defect formation conditions and causes[J]. Welding International,1998,12(10):774 – 789.

[81] LEE C S,LI H,CHANDEL R S. Vacuum – free diffusion bonding of aluminium metal matrix composite[J]. Journal of Materials Processing Technology,1999,s 89 – 90(none):326 – 330.

[82] 李志强,郭和平. 超塑成形/扩散连接技术的应用与发展现状[J]. 航空制造技术,2004

(11):50-52.

[83] 张杰,周友龙. LF6 铝合金的超塑性/扩散连接组合工艺试验及理论研究[J]. 材料工程,1995(8):35-37.

[84] 王长文,张凯锋. Al—Li2091 合金扩散连接工艺研究[J]. 哈尔滨工业大学学报,1999,31(2):65-68.

[85] 张建威. 2B06 铝合金双层结构件 SPF/DB 成形工艺研究[D]. 哈尔滨:哈尔滨工业大学,2019.

[86] 陈闽子,廖波,张春玲,王启军. 硬铝 LY11 的 SPF/DB 工艺研究和机理探讨[J]. 稀有金属,1998(02):70-72.

[87] 于彦东,张凯锋,蒋大鸣,等. MB15 超塑性镁合金扩散连接试验[J]. 焊接学报,2003(01):64-68.

[88] Zhang B,Wang J N,Yang J. Superplastic behavior of a TiAl alloy in its as-cast state[J]. Materials Research Bulletin,2002,37(14):2315-2320.

[89] ZHANG C,ZHANG K. Superplasticity of a γ-TiAl alloy and its microstructure and cavity evolution in deformation[J]. Journal of Alloys and Compounds,2010,492(1-2):236-240.

[90] Sun J,Wu J S,He Y H. Superplastic properties of a TiAl based alloy with a duplex microstructure[J]. Journal of Materials Science,2000,35:4919-4922.

[91] Zhu H,Zhao B,Li Z,et al. Superplasticity and superplastic diffusion bonding of a fine-grained TiAl alloy[J]. Materials Transactions,2005,46(10):2150-2155.

[92] Imayev V M,Salishchev G A,Shagiev M R,et al. Low-temperature superplasticity of submicrocrystalline Ti-48Al-2Nb-2Cr alloy produced by multiple forging[J]. Scripta Materialia,1998,40(2):183-190.

[93] 张建民,李世琼. 硅在等温锻造 TiAl 合金中的分布及其对合金超塑性的影响[J]. 钢铁研究学报,1997,9(5):34-37.

[94] Imayev R,Shagiev M,Salishchev G,et al. Superplasticity and hot rolling of two-phase intermetallic alloy based on TiAl[J]. Scripta Materialia,1996,34(6):985-991.

[95] Qiu C,Liu Y,Zhang W,et al. Development of a Nb-free TiAl-based intermetallics with a low-temperature superplasticity[J]. Intermetallics,2012,27:46-51.

[96] Huang B,Deng Z,Liu Y,et al. Superplastic behavior of a TiAl-based alloy[J]. Intermetallics,2000,8(5-6):559-562.

[97] NIU H Z,KONG F T,CHEN Y Y,et al. Low-temperature superplasticity of forged Ti-43Al-4Nb-2Mo-0.5B alloy[J]. Journal of Alloys & Compounds,2012,543(none):19-25.

[98] RUDSKOY,A.,GAISIN,et al. Extraordinary superplastic properties of hot worked Ti-45Al-8Nb-0.2C alloy[J]. Journal of Alloys and Compounds:An Interdisciplinary Journal of Materials Science and Solid-state Chemistry and Physics,2016,663:217-224.

[99] TNieh T G,Hsiung L M,Wadsworth J. Superplastic behavior of a powder metallurgy TiAl alloy with a metastable microstructure[J]. Intermetallics,1999,7(2):163-170.

[100] 张俊红. TiAl 基合金的组织超塑性研究[D]. 长沙:中南大学,2003.

[101] Gerling R,Schimansky F P,Stark A,et al. Microstructure and mechanical properties of Ti 45Al 5Nb + (0 − 0.5 C) sheets[J]. Intermetallics,2008,16(5):689 − 697.

[102] Zhang R,Acoff V L. Processing sheet materials by accumulative roll bonding and reaction annealing from Ti/Al/Nb elemental foils[J]. Materials Science and Engineering:A,2007,463(1 − 2):67 − 73.

[103] Wang Y H,Lin J P,He Y H,et al. Microstructure and mechanical properties of as − cast Ti − 45Al − 8.5 Nb − (W,B,Y) alloy with industrial scale[J]. Materials Science and Engineering:A,2007,471(1 − 2):82 − 87.

[104] 陈玉勇,张树志,孔凡涛,等. 新型 β − γTiAl 合金的研究进展[J]. 稀有金属,2012,36(01):154 − 160.

[105] KIM Y Y O N. Microstructural evolution and mechanical properties of a forged gamma titanium aluminide alloy[J]. Acta Metallurgica et Materialia,1992,40(6):1121 − 1134.

[106] BANERJEE D,GOGIA A K,NANDI T K,et al. A new ordered orthorhombic phase in a Ti_3AlNb alloy[J]. Acta Metallurgica,1988,36(4):871 − 882.

[107] Kumpfert J. Intermetallic alloys based on orthorhombic titanium aluminide[J]. Advanced Engineering Materials,2001,3(11):851 − 864.

[108] 冯艾寒,李渤渤,沈军. Ti_2AlNb 基合金的研究进展[J]. 材料与冶金学报,2011,10(01):30 − 38.

[109] BARTOLOTTA P A,KRAUSE D L. Titanium aluminide applications in the high speed civil transport[J]. NASA/TM,1999,28:4.

[110] [1]C. A. 卡依勃舍夫,王燕文. 金属的塑性和超塑性[M]. 北京:机械工业出版社,1982.

[111] 彭继华,李世琼,毛勇,等. Ta 对 Ti 2 AlNb 基合金微观组织和高温性能的影响[J]. 中国有色金属学报,2000(S1):50 − 54.

[112] 张建伟,李世琼,梁晓波,等. Ti_3Al 和 Ti_2AlNb 基合金的研究与应用[J]. 中国有色金属学报,2010,20(S1):336 − 341.

[113] Barnes A J. Superplastic forming 40 years and still growing[J]. Journal of Materials Engineering and Performance,2007,16(4):440 − 454.

[114] 张建伟,李世琼,梁晓波,等. Ti_3Al 和 Ti_2AlNb 基合金的研究与应用[J]. 中国有色金属学报,2010,20(S1):336 − 341.

[115] 李保永,孙燚,刘洋,等. 钛合金激光焊接/超塑成形技术研究[J]. 航空制造技术,2013(16):65 − 68.

[116] 秦中环. 带块体嵌件的 TA15 四层结构 SPF/DB 工艺与评价[D]. 哈尔滨:哈尔滨工业大学,2013.

[117] 王宇盛. 超塑成形机床液压与气动控制系统的设计[D]. 南京:南京航空航天大学,2016.

[118] 李保永,孙燚,刘洋,汪永阳,蒋少松,张凯锋. 钛合金激光焊接/超塑成形技术研究[J]. 航空制造技术,2013(16):65 − 68. DOI:10.16080/j.issn1671 − 833x.2013.16.056.

Chapter2
第 2 章

TA15 钛合金四层中空结构超塑成形/扩散连接工艺

2.1 TA15 钛合金材料介绍

TA15 钛合金是俄罗斯研制的一种近 α 型钛合金,具有 α 型钛合金良好的热强性和焊接性,同时接近于 α + β 型钛合金的工艺塑性,具有中等室温和高温强度、良好的热稳定性和焊接性,工艺塑形略低于 TC4 钛合金,在退火状态下 500℃[1]。由于钛合金的屈强比太高,在使用常规的成形加工方法时变形抗力很可能造成加工困难。由于钛合金具有良好的超塑性,因此 SPF 及 SPF/DB 复合工艺就成为钛合金材料加工和连接的重要技术。

TA15 钛合金的名义成分为 Ti – 6.5Al – 2Zr – 1Mo – 1V,薄板原始显微组织如图 2 – 1 所示[2]。其显微组织主要的强化机制是通过 α 稳定元素 Al 的固溶强化,加入的中性元素 Zr 和 β 稳定元素 Mo 和 V,可以改善材料工艺性。TA15 钛合金化学成分见表 2 – 1。

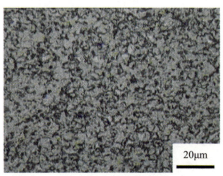

图 2 – 1 TA15 钛合金薄板原始显微组织

表 2-1　TA15 钛合金的化学成分

合金元素/%					杂质不大于/%					
Al	Zr	Mo	V	Ti	Fe	Si	C	N	H	O	其他
5.0~7.0	1.5~2.5	0.5~2.0	0.8~2.5	余量	0.25	0.15	0.10	0.05	0.015	0.15	0.3

2.2　TA15 钛合金四层中空结构超塑成形/扩散连接工艺

2.2.1　TA15 钛合金超塑性能测试

TA15 钛合金超塑拉伸试验采用横拉伸速率进行，拉伸速率为 0.6mm/min，初始应变速率为 $5\times10^{-4}\mathrm{s}^{-1}$，超塑拉伸温度分别为 800℃、850℃、880℃、910℃、930℃ 和 950℃，加热到指定温度后保温 30min，之后进行超塑拉伸，试样尺寸及拉伸结果见图 2-2。

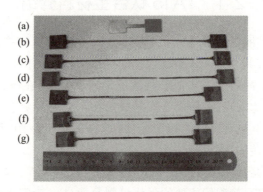

图 2-2　TA15 钛合金超塑拉伸前后实物照片
(a)原始试样；(b)800℃,765%；(c)850℃,815%；(d)880℃,840%；
(e)910℃,692.5%；(f)930℃,602.5%；(g)950℃,577.5%。

由图 2-3 可以看出，在 800~950℃ 温度范围内，TA15 钛合金薄板均表现出了优异的超塑性能。在此温度区间内，延伸率先是缓慢增加，880℃ 达到最大延伸率 840%，之后随着温度的上升迅速下降，950℃ 延伸率最小，为 577.5%；材料流动应力，先是随温度升高而迅速下降，880℃ 以后流动应力减小的趋势渐缓，950℃ 流动应力最小，为 11MPa。综合考虑流动应力和延伸率两个因素，故合适的 SPF 温度范围在 880℃ 和 930℃ 之间。

对于钛合金材料来说，超塑成形温度和扩散连接温度比较接近，可以在一个温度循环中完成成形和连接两个工艺过程。在进行扩散焊时，为了防止接头处氧化层的形成和生长,须在真空或惰性气体环境下进行,保证连接面不受到空气的影响。另外,由于钛合金在高温条件下能与多种气体反应,使表面性能变差。因而在 SPF/DB 过程中必须在高温下对材料进行保护。保护的方法主要有真空保护和氩气保护,其中氩气保护的应用更为普遍,是因为保护氩气可以同超塑成形的气源结合起来一起考虑。

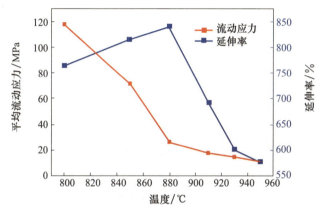

图 2-3 温度对平均流动应力和延伸率的影响

SPF 和 SPF/DB 技术弥补了传统成形加工方法的不足,主要利用了钛合金材料良好的超塑性进行气胀或真空成形,避免了金属的严重回弹,缩短了加工周期。因此,研究超塑成形工艺对钛合金零件的成形具有重大的意义[3]。

2.2.2 TA15 钛合金四层结构模具及网格的设计

TA15 钛合金板材四层盒形结构件的成形尺寸不大且表面外形比较平直,呈上下、左右对称的形状,故模具材料选定 0Cr18Ni9Ti,模具的形状和尺寸的平面图如图 2-4 所示。

从模具平面图中可以看出,模具尺寸为 130mm × 130mm;在试验中选取 TA15 钛合金板料的尺寸为 135mm × 135mm × 1.5mm,板料尺寸略大于模具的外形尺寸,在数值模拟中选用的板料的尺寸为 120mm × 120mm × 1.5mm。确保四层板料之间能构成一个封闭的气体空间,在 SPF/DB 进行之前,板料要进行多次封边焊接,在焊接后不易保证边缘焊接区厚度一致,因而将焊接区置于模具之外,也可以保证在成形过程中压力机对板料施加压边力时,板料边缘不会对模具平面局部受作用力,不影响模具平面的质量;而在模拟时选择板料小于模具是由于板料承受压边力的部分,在模拟过程中受边界条件的控制,设置为各方向不运动的形式,因而板料与模具压边的部分大小对成形过程的模拟不产生影响,故在模拟时可以不予考虑。

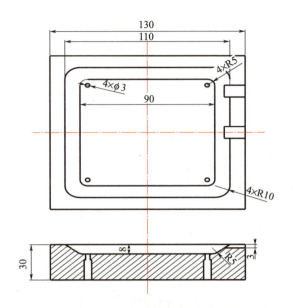

图2-4 四层中空结构件模具平面图

1. 模具的设计

模具材料的选择：由于SPF/DB工艺过程主要在高温下进行，一般工艺温度在880~950℃，工艺耗时较长，基于这些工艺因素的考虑，在选择模具时要求模具材料具有较好热稳定性和热强度，以及高温下的抗氧化能力，同时还需要兼顾控制材料成本、降低加工难度等问题。模具型腔是控制板料最终的贴模，因此型腔的设计既需要兼顾成形件的外部形状，又要利于板料贴模时材料的流动。

模具材料要求：

(1) 良好的抗高温机械性能；

(2) 良好的急热急冷性能；

(3) 良好的抗高温氧化性能；

(4) 良好的机械加工性能；

(5) 取材方便，成本低廉。

2. 设计气压控制系统

在成形过程中，由于板料始终处在高温的环境中，表面很容易被氧化，这严重地影响了扩散连接质量，扩散接头的性能也会下降，在加热前需要对成形板料进行抽真空和惰性气体保护。另外，面板和芯板的成形也是在气压的作用下完成的，为了使气体保护和压力成形可以在同一道工序中进行，设计了如图2-5所示的气体压力控制系统。

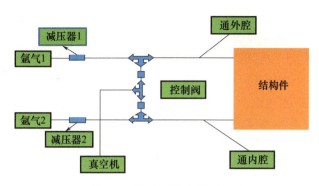

图 2-5　气压控制系统示意图

3. 网格结构设计

为了获得设计的结构件形状,需要对芯板扩散内侧连接面进行扩散图形的设计,对于 SPF/DB 复合工艺,结构件的形状主要取决于阻焊剂的涂抹位置,因而合理的阻焊剂分布位置对成形件结构有很大影响。该中空盒形件要求加强结构与两个面板相垂直,且加强单元为十字交叉形的支撑单元,即在 SPF/DB 结构件的内部为不同于传统的单排直筋加强结构,而是直筋和横筋交叉共同作用的结构形式。直筋和横筋总的来说各为两列,将成形结构件划分成了 3×3 的 9 网格加强结构,芯板完全用来成形 9 个小的网格结构。

芯板内侧扩散面的图形设计如图 2-6 所示。其中虚线内为芯板成形的部位,虚线外为在成形过程中压边区域。扩散连接部位用四个纵横交错的线来表示,长度贯穿整个成形区域,扩散连接部位的宽度与成形件的最终成形高度相关。在能够保证最终成形后扩散连接部位的宽度大于直立筋最大厚度的前提下,尽量减小扩散连接接头的宽度,使直立筋的贴合和扩散连接更容易。

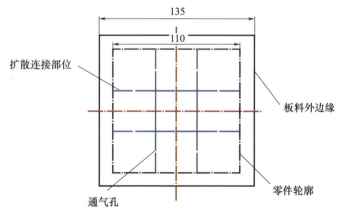

图 2-6　芯层结构设计

在扩散连接部位要保留通气孔,保证从外部通入的氩气可以顺利地到达每个网格区域里,通气孔的宽度要保留的适中,一般在 1mm 左右。通气孔太小可能会导致通气不畅,影响芯板某些网格的成形;通气孔太大虽然可以保证通气顺畅,但在芯板成形时扩散连接部位要受到胀形板料的拉应力影响,通气孔在板料拉应力的作用下会出现扩大现象,通气孔处应力集中也会对扩散接头起到拉扯作用,使通气孔扩大更严重,影响直立筋的形状和直立筋的加强作用。

在芯板成形区域内除了需要进行扩散连接的部位,都需要涂抹阻焊剂,阻焊剂位置的涂抹决定了此次试验结构件的形状。在阻焊剂的涂抹过程中,不仅要保证各个区域内阻焊剂的厚度均匀,也要防止将阻焊剂涂抹到扩散连接区域。

2.2.3　四层中空结构超塑成形有限元仿真分析

对 SPF、SPF/DB 过程进行数值模拟,主要目的是预测工件的成形过程和最终的壁厚分布,并提供优化的载荷－时间曲线,为成形过程提供最佳的成形工艺参数等。

现以四层中空结构件为模拟对象,板料的尺寸为 120mm × 120mm × 1.5mm,四层中空结构件的超塑成形过程的有限元几何模型包括模具模型和 TA15 钛合金板料模型。SPF/DB 试验所用的模具进行了简化之后与板料模型直接在 MSC.Marc 中建立。在不影响计算精度的同时将模型进行简化,按照模具和板料尺寸的一半来建立模型进行数值模拟分析。

由于板料在 930℃ 的高温条件下成形,此时的流动应力特别低,在面板和芯板进行超塑成形过程中,模具所承受的作用力主要来自压力机对板料所施加的压边力,成形过程使用的气压相对于大气压来说特别大,但与模具材料变形需要的变形抗力相比仍然很小,可以忽略不计。因而认为在成形过程中模具的形状尺寸不发生变化,采用了将成形使用的模具简化为刚体、成形面板和芯板定义为可变形体的有限元模型;初始模型如图 2－7 所示,其中下部为成形使用的模具几何模型,上部为面板或芯板的几何模型。利用转换(convert)功能对板料进行网格化分,板料被均匀的划分为 7200 个单元,单元节点为 7381 个。

图 2－7　有限元几何模型及模具

在使用 MSC.Marc 软件进行板类材料的有限元分析中,膜单元和壳单元是比较常用的两种板料模拟分析单元。膜单元因其结构相对简单、计算量小,故得到了比较广泛的使用。本数值模拟过程会产生弯曲变形,选择壳单元中的厚壳单元作为单元类型,本文使用的模拟单元是 MARC 单元库中的第 75 号单元,为四节点厚壳单元。工件面板和芯板的厚度均为 1.5mm,芯板和面板的成形过程不同,芯板的边界条件要比面板施加的条件多一些,模拟时采用板材的一半进行成形模拟。在模拟过程中要保证成形时压边部分不产生位移,因而面板只需在成形压边部分的节点上施加 X,Y,Z 方向上的固定位移即施加的边界条件为 $X=Y=Z=0$,设定对称面上 X 轴方向的节点位移为 $X=0$,面板边界条件如图 2-8 所示。

图 2-8 面板边界条件的设定

对于芯板,由于某些部位在成形过程中要与另一个芯板之间进行扩散连接,理想情况下扩散连接的部位位于成形件的中部在成形前后位置不发生变化,因此在数值模拟时,对成形过程进行一定的处理,在设置边界条件时对扩散连接部位进行位移的限制,以保证在成形过程中不产生高度方向上的位移,即扩散连接部位的位移为 0,压边部分的边界条件与面板相同,各个方向上的位移 $X=Y=Z=0$,对称面上 X 轴方向节点位移 $X=0$,芯板边界条件如图 2-9 所示。

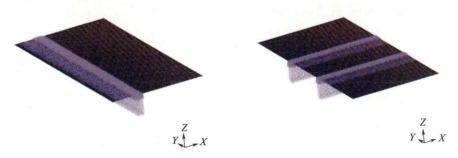

图 2-9 芯板边界条件的设定

在面板和芯板上加载面载荷,方向与面板垂直,指向模具,载荷施加方式选择超塑控制模块,在载荷工况中可以进行压力自动加载,从而保证力的加载可以更好地满足设定的应变速率要求,所加载的载荷定义为跟随力,在成形过程中施加的压力方向一直与选择的各个单元面垂直。

在本次有限元模拟中,模型由两个接触体构成,一个接触体为变形体,另一接触体为刚体,其中板料为变形体,由于在成形过程中模具变形不大,因此认为模具为刚体,板料与模具之间有摩擦作用,摩擦系数设定为 0.2。在超塑成形过程中,板料与模具接触后,由于板料要产生变形,在板料和模具之间会产生一定程度的相对运动,因此在有限元模拟中采用库仑摩擦模型,摩擦力的计算选用库仑模型中以接触体之间的相对位移为基础的双线性摩擦模型。

由于在超塑成形时,材料对应变速率很敏感,具有非线性大变形特性,因此在模拟时采用各向同性的刚塑性模型。在 MSC. Marc 中,刚塑性模型使用的本构方程遵循指数准则,为流动应力与应变和应变速率之间的关系,在材料和变形温度不发生改变时有关系式:

$$\sigma = K\varepsilon^n \dot{\varepsilon}^m \qquad (2-1)$$

材料在进行超塑性变形时,一般不考虑应变硬化影响,即 $n=0$,则刚塑性模型的本构方程为应力和应变速率之间的关系式:

$$\sigma = K\dot{\varepsilon}^m \qquad (2-2)$$

式中:σ 为流变应力;$\dot{\varepsilon}$ 为应变速率;m 为应变速率敏感性指数,其值等于应力 σ 与应变速率 $\dot{\varepsilon}$ 之间对数曲线的斜率;K 为材料指数,与变形温度、显微组织和结构缺陷有关。

式(2-2)是表征材料在超塑性变形时流动应力与应变速率的关系的 Backofen 方程式。

m 值的物理意义在于阻止变形过程中缩颈的发展,维持各个部位变形的均匀性,把 m 值与应变硬化的概念相联系,也可以称应变速率对流动应力的作用为应变速率硬化,因而 m 也是材料随应变速率变化的硬化指数。板材超塑成形在 930℃时进行,模拟设定的目标应变速率为 $0.001s^{-1}$,由拉伸实验所得到的数据可得:$K = 1030$MPa·s,$m = 0.61$[4],在模拟中系数设置为 Coefficient $A = 0$,Exponent $A = 0$,Coefficient $B = 1030$,Exponent $B = 0.61$。完成材料特性和加载设置后进行模拟运算,获得的模拟结果。

图 2-10 所示为面板超塑成形厚度变化,可以看到不同时刻面板的厚度分布,面板变形过程为类似的胀形过程,在成形过程中,面板中间部位由于受到压边作用的约束最小,在气体压力下首先与模具接触,产生贴模。中间部分板料贴模之后,由于板料与模具之间摩擦力的作用,中间部分在贴模之后变形很小,厚度基本不变;四个拐角点处最后贴模,厚度也最薄。从最后的面板终成形图中可以看出,在面板成形之后,板料厚度的变化不大,最后成形的部位厚度约为 1.15mm,整体壁厚差为 0.3mm 左右,减薄的程度很小。

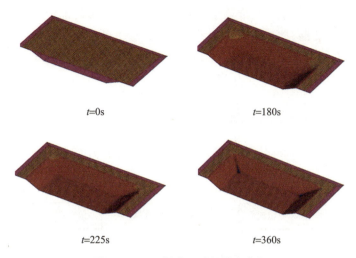

图2-10 面板成形过程厚度变化

从图2-11中可以看出,芯板的成形过程类似与面板的成形过程,但要比面板的成形复杂,在芯板成形中扩散连接部位处施加边界条件,以保证扩散连接部位不产生位移变化,未施加边界条件的网格区域中间部分先与模具贴合,圆角处最后成形,板料厚度减薄比较严重,且成形比较困难需要很大的压力作用才能完成最后的变形,保证最后的圆角成形。从图中还可以看出,最后直立筋部位的成形,直立筋是由扩散连接部位两侧附近的芯板产生弯曲后贴合之后再连接而形成的,直立筋的贴合过程进行得比较晚。从图中可以知道,构成直立筋的两侧芯板的厚度变化

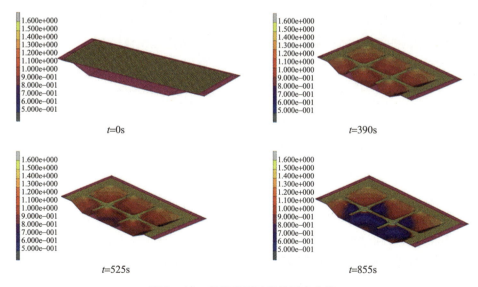

图2-11 芯板成形过程的厚度变化

65

都比较大,减薄也较严重。直立筋上下两端属于最后成形的部位,板料受到拉应力作用下延伸厚度变薄,此拉应力也会对扩散接头产生撕扯作用,减小扩散界面的宽度,同时这些部位也是减薄最严重的区域,最薄处的厚度在 0.5mm 左右,主要为圆角过渡,贴模困难,需要的成形压力较大。

2.2.4　四层中空结构超塑成形/扩散连接成形工艺

对于盒形四层结构件的 SPF/DB 成形过程,主要分为两个大的阶段如图 2 – 12 所示。

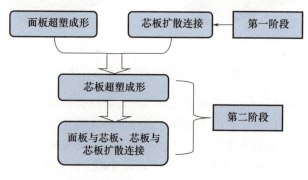

图 2 – 12　SPF/DB 过程的两个主要阶段

在芯板与芯板内侧、芯板外侧与面板内侧、形成直立筋的芯板外侧之间都要进行扩散连接,因而要对四层结构件的整体型腔进行真空和惰性气体保护,即对于四层板料,除了与模具相接触的面板外侧及板料的压边区域不需要进行防氧化保护,四层板之间的相互接触面(除压边区)都需要真空和惰性气体防护,这就要求结构件本身在成形时能形成一个良好的封闭系统。首先进行对成形件内部的两层芯板采用氩弧焊进行封边焊接,芯板封边焊之后,由于边缘焊接温度较高以及焊接过程芯板外侧表面与其他物体相接触,造成了板料外侧部分区域受焊接热的影响而氧化及一定程度的污染,还需要对焊后板进行清理,之后再与面板进行焊接,完成封闭的外腔并焊接通气管道。焊接完毕后,将待成形件装模,开始抽真空和惰性气体保护,加热升温,达到温度后进行 SPF/DB 试验。图 2 – 13 所示为成形过程的示意图。

SPF/DB 复合工艺与其他的材料加工工艺相比,在减轻构件的重量、降低构件的成本、改善构件的整体性等方面具有很大的优越性,但是该工艺的工艺流程很复杂,程序比较繁多。对于本试验四层中空盒形整体结构件的 SPF/DB 工艺的具体流程如图 2 – 14 所示。

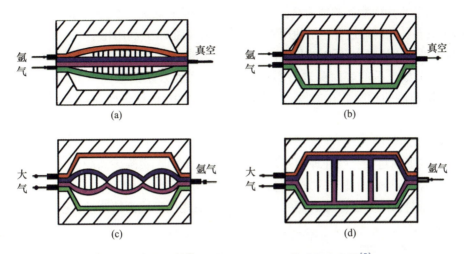

图 2-13　TA15 四层结构 SPF/DB 工艺过程示意图[5]

(a)芯板与芯板扩散连接；(b)芯板超塑成形；
(c)面板与芯板扩散连接；(d)带块体嵌件的 TA15 四层结构。

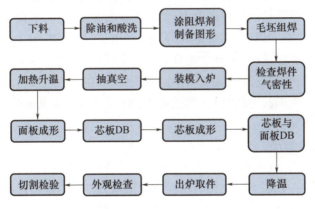

图 2-14　四层中空结构件 SPF/DB 的工艺流程

1. 板料表面处理

对于 TA15 钛合金四层盒形结构件如果想要在芯板与芯板内侧、芯板外侧与面板内侧之间进行很好的扩散连接，为了保证两层板相互之间扩散的连接质量，获得比较牢固可靠的扩散接头，应尽量避免在面板和芯板表面有油污、氧化层等不利因素，所以不仅需要在板材成形之前对板料进行清理以获得清洁的表面，也需要在成形过程中对板材表面进行保护以防止表面被污染。

在成形前对板材去除表面的油污、吸附物和氧化层等，板料表面清理的方法包括机械清理和化学清理两种。机械清理主要是采用砂纸打磨的方法去除表面的氧化层等,然后用丙酮或酒精清洗;化学清理包括酸洗和碱洗。本次采用的是化学清理方法,其具体的清理过程包括使用酒精除去板料表面油污、利用化学试剂对表面的氧化层等进行化学腐蚀,采用的化学试剂为酸洗溶液,成分配比为氢氟酸∶硝酸∶水＝1∶6∶13,酸洗后的表面要进行酒精清洗除掉表面残余的酸洗溶液,吹干板料表面,将清理后的板料放在通风、干燥、清洁的环境中,保证表面在被清理之后不被污染。

2. 去油酸洗

在成形前对板材的处理主要是对板料表面的清理,去除表面的油污、吸附物和氧化层等,板料表面清理的方法包括机械清理和化学清理两种。机械清理主要是采用砂纸打磨的方法去除表面的氧化层等,然后用丙酮或酒精清洗;化学清理包括酸洗和碱洗。

3. 涂覆隔离剂

TA15 钛合金四层结构件的 SPF/DB 工艺主要包括 SPF 和 DB 两个重要的工序。为保证在成形过程中非扩散连接的部位材料不能发生扩散连接,要在非扩散连接的部位涂抹阻焊剂以保证这些部位不产生连接。在涂抹阻焊剂时也应注意保证两芯板内侧扩散连接的部位的宽度,扩散连接的宽度过大,不仅会造成芯板直立筋距离过大,两者贴合困难,需要更大的压力和更长的成形时间来保证两者的正常贴合以及随后的扩散连接,而且也是直立筋的形状产生弯曲,影响成形结构件的成形质量以及性能;扩散连接的宽度太小,不足以抵抗在芯板胀形过程中未扩散连接部位成形气压产生的拉力,将已扩散连接的部位撕扯开,造成试验的失败,因此要选择合适扩散界面宽度。

4. 待成形件封焊

采用氩气作为 TA15 钛合金板料变形的压力介质。对于四层结构件的成形,任意两个相邻的钛合金板之间都先后存在着气体压力。四层结构件的成形过程对于气压加载来说可以分为两个阶段,第一阶段是外层板的充气,第二阶段是内层板的充气,这两个阶段先后进行,之间不能存在气体的流通,因而四层板料之间需要构成两个封闭的型腔,除了在成形时要与外界气体相隔离,也要与另一个成形阶段的型腔隔离。为了使四层板料间存在两个封闭的独立型腔,采用氩弧焊先后焊接两个型腔并与通气管路相连,结合所使用模具的形状,成形前结构件的板料外形如图 2-15 所示。

四层构件在成形时有两个互不干涉的封闭型腔,两个芯板之间构成的内腔与芯板和面板之间构成的外腔,在成形过程中,采用独立的气体进行各自的成形,这就需要对气体压力控制系统进行设计,保证外腔和内腔的充气过程互不干扰且在成形一个型腔时另一个型腔得到很好的保护,为扩散连接部位的连接质量提供保障。为了使四层板之间形成封闭的型腔,需要对四层板料进行封边焊,封边焊所使用的焊机为 TIG 弧焊机。

图 2-15　待成形件外形

5. 制进气口

在 SPF/DB 过程中进气口易堵死。进气口堵死的主要原因是压力机在加载时将进气口位置压实导致堵死,避免进气口堵死可采取在板材和模具上同时预留进气槽的方法。

6. 冲氩气检验

通过冲氮气检验封闭的型腔是否漏气。

7. 模具检验

模具零件不允许有裂纹,工作表面不允许有划痕、机械损伤、锈蚀等表面缺陷。

8. 待成形件装炉

抽真空与充氩气,循环 2~3 次后,持续抽真空,加热升温,升温至 SPF/DB 温度,待温度达到后,保温一段时间。

9. 抽真空或冲氩气

停止面板与芯板构成的外腔抽真空,芯板之间的内腔继续抽真空,开动压力机,施加一定的压边力,对待成形件外腔进行缓慢的充气加压,按照时间压力加载曲线如图 2-16(a)完成面板的成形,当气压达到最大值时,进行长时间的保压,完成芯板扩散连接。

10. 加热模具

装模入炉、加热升温:将封焊好的板料根据定位装入成形模具中。

11. 加压扩散连接

芯板扩散连接后,通过控制阀降低面板与芯板间外腔内的气体压力为一个大气压,防止面板的内侧在高温下产生氧化。

停止内腔抽真空,按时间压力加载曲线如图 2-16(b) 对待成形件内腔缓慢充气加压,进行芯板的超塑成形,气压到最大值后进行长时间保压,完成芯板与面板以及芯板直立筋之间的扩散连接。

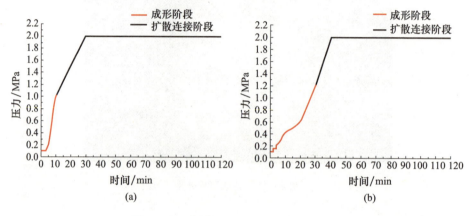

图 2-16　SPF/DB 时间-压力加载曲线

(a)面板;(b)芯板。

12. 卸载出炉

试验完成,关闭电源,卸载气体压力和压边力,随炉冷却至室温,取件检查成形件的外观。

图 2-17 所示为采用 SPF/DB 复合工艺生产出来的四层结构件,从图中可以看出工件的外部轮廓比较理想,表面平整,无明显的缺陷。图 2-18 所示为进行多次试验得到的结构件剖面图。

图 2-17　SPF/DB 四层结构件

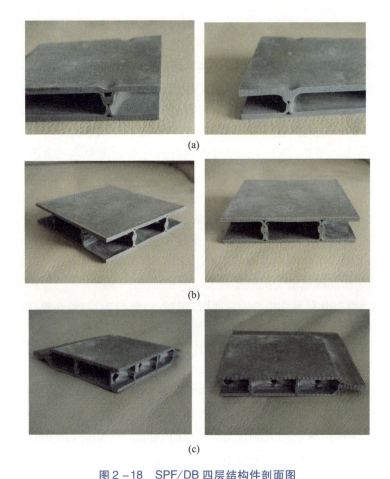

图 2-18 SPF/DB 四层结构件剖面图

(a)首次 SPF/DB 试验四层结构剖面；(b)第二次 SPF/DB 四层结构件剖面；
(c)第三次 SPF/DB 四层结构件剖面。

13. 成形质量分析

图 2-18(a)为首次进行 SPF/DB 试验得到的四层中空结构件剖面图，从图中可以看出，两芯板之间的扩散界面扩散连接质量比较好，成形后扩散连接界面的宽度与成形前设计的扩散连接界面的宽度有了一定的缩短，但接头的宽度仍要大于直立筋的厚度，说明在芯板的成形过程前期采用逐步增加气压的方法，且气压增加的速度对扩散连接界面的撕裂作用不是很大，选取的扩散连接时间和修正的时间压力加载曲线都是比较合适的。从图中也可以看出，在成形件的表面有明显陷下去的凹坑，产生这种现象的原因一方面可能是由于在成形过程中加热及高温保温时间过长，芯板在自身重力作用下出现了缓慢的下垂，造成进行芯板胀形时，两芯板之间的扩散连接界面下降使下半部分的直筋高度降低，于是在芯板直立筋部分

贴合过程中下半部分的材料较少；另一方面可能是由于选取的扩散界面的宽度过大，造成需要贴合的直立筋两芯板之间距离过大。这两种情况均会造成直立筋两层芯板之间贴合困难，从而在成形时对与芯板贴合部分的面板产生了一定的拉力，在拉力的作用下，面板受到向内挤压力的作用，在挤压力的作用下向内凹陷，产生了沿直立筋部分的凹坑。另外，直立筋之间的扩散效果也不是很好，接触界面比较明显，未产生良好的扩散，这可能是由扩散连接压力不足引起的。

图2-18(b)、图2-18(c)为经过改进后进行第二次和第三次超塑性扩散连接试验得到的四层结构件的剖面图。图2-18(b)是在第一次试验的基础上保持面板成形和接头扩散连接的时间不变，增大芯板胀形（同时芯板与面板扩散连接）的气体压力，在保持扩散连接时间不变的条件下增大最终扩散连接气压发现芯板形成直立筋壁板的两芯板连接情况明显要优于第一次试验时，可以确定在第一次试验时之所以出现直立筋扩散效果不好，是因为使用的气压不够大，因此需要在第一次加压的基础上继续增大扩散连接气压。

第三次 SPF/DB 试验结构件的剖面图如图2-18(c)所示，是在第二次试验的基础上延长芯板胀形和扩散连接的时间，由剖面图可以看出，芯板之间直立筋的扩散连接效果很好，且在拐角处的圆角半径也要比第二次试验有了一定的减小，芯板扩散连接部位的宽度基本不变化，整体的扩散连接效果要优于前两次试验。以第三次试验所使用的时间和压力的参数为该四层板结构件超塑成形扩散连接的试验参数，经过多次试验，均可得到扩散效果比较良好的四层中空结构件。厚度测量选取的是如图2-17所示的线切割件，线切割件为结构件的中间部分，其尺寸是80mm×80mm，高度在18mm左右略有变化，高度的变化主要是由于在施加的压边力会有改变，造成压边区域的压缩变形。选取成形件利用线切割其中第二个，直立筋的编号如图2-19所示，上、下板的厚度测量部位编号如表2-2所列，其中图2-19所示的结构件为简化的结构件，测得的扩散连接接头宽度、直立筋厚度和上下板的厚度分别见表2-3。

图2-19 成形线切割件

第 2 章　TA15 钛合金四层中空结构超塑成形/扩散连接工艺

表 2-2　扩散接头宽度和直立筋的厚度

编号	1	2	3	4	5	6	7	8
接头宽度/mm	2.70	2.52	2.88	2.48	2.60	3.06	2.96	2.80
直立筋厚度/mm	0.98	1.06	1.14	1.00	0.96	1.08	0.96	1.02
	1.30	1.40	1.58	1.18	1.20	1.18	1.24	1.50

表 2-3　上、下板的厚度

编号	1	2	3	4	5	6	7	8	9
板厚/m	2.5	2.3	2.1	2.3	2.4	2.32	2.08	2.22	2.38
编号	10	11	12	13	14	15	16	17	18
板厚/mm	2.44	2.28	2.22	2.20	2.48	2.36	2.22	2.34	2.34

在表 2-2 中,直立筋的厚度分为两组数据,第一行数据是靠近扩散接头处的直立筋厚度,第二行数据为直立筋靠近板处的厚度,两组数据均为接头同一侧的厚度数据,数据是按逆时针的顺序进行测量的;表 2-3 中两组板厚数据为上、下板的厚度,测量方法是每隔 10mm 测量一次板厚。根据表 2-2、表 2-3 的数据分别绘制出曲线如图 2-20 所示。

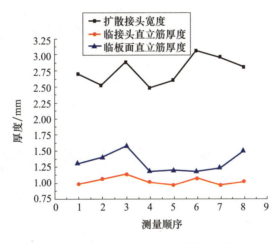

图 2-20　扩散接头宽度和直立筋的厚度分布曲线

由图 2-20 可以看出,扩散连接接头的宽度和直立筋的厚度分布并不是均匀的,对于采用同一工艺、同一参数的不同位置加强筋,其厚度也是不相同。接头的宽度在成形过程中出现了一定程度的撕裂,最大撕裂的比例接近试验前预设宽度的 40%。测量的 8 个接头宽度范围在 2.5~3mm,变化范围较大,这主要是由于在涂抹阻焊剂时很难保证各个扩散界面的宽度完全一样,对最终扩散接头的宽度产生了影响。虽然接头的最小宽度仅有 2.48mm,要小于原始两层板料的厚度 3.0mm,但 2.48mm 相对于直立筋的宽度仍要多出近 1mm,这就使得扩散接头的部分撕裂对起支撑作用的加强筋不会产生大的影响。靠近接头处的直立筋厚度在 1.00mm 左右分布,最大厚度差为 0.2mm,靠近板面的直立筋厚度在 1.3mm 左右分布,最大厚度差为 0.4mm。直立筋的厚度与数值模拟的厚度分布在一定程度上相吻合,这进一步说明了采用的试验参数是可行的。

2.2.5　TA15 钛合金结构件力学性能与显微组织

四层中空结构 SPF/DB 过程中,板料之间要进行充分的扩散连接,在高温条件下的时间很长,另外板料的成形部分也有一定的变形量,板料的显微组织的成形前后发生变化。TA15 钛合金板料在 SPF/DB 前后的显微组织如图 2-21 所示。

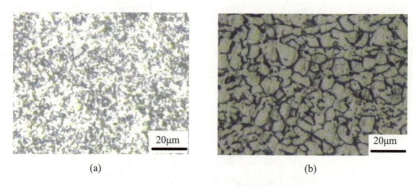

图 2-21　SPF/DB 前后板料的显微组织
(a)原始显微组织;(b)成形后的显微组织。

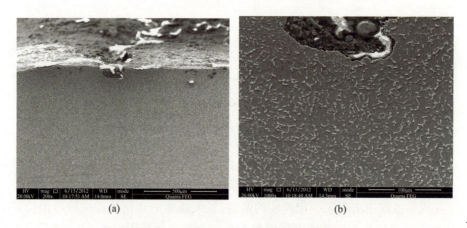

图 2-22　芯板与芯板之间的扩散连接界面
(a)200×下的扩散连接界面;(b)1000×下的扩散连接界面。

第 2 章　TA15 钛合金四层中空结构超塑成形/扩散连接工艺

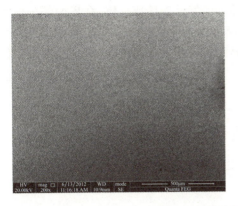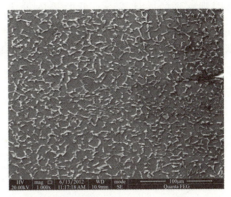

图 2-23　直立筋的扩散连接界面

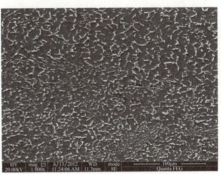

图 2-24　芯板与面板之间的扩散连接界面

由图 2-22 成形前后板料的显微组织可以看出，在 SPF/DB 前后，板料的显微组织发生了明显的变化。在变形之前，TA15 的原始组织晶粒细小破碎，成形之后晶粒尺寸有明显的长大，这主要是由于板料长时间处在 930℃ 的高温引起的晶粒长大。

为了更清晰地观察 SPF/DB 试验成形结构件的扩散连接接头连接质量，通过扫描电镜观察扩散接头的界面连接情况。图 2-22、图 2-23、图 2-24 分别为扫描电镜下芯板与芯板、直立筋和芯板与面板之间的扩散界面。

通过扫描电镜下的扩散界面可以比较清晰地看出界面的连接情况，由图 2-22 芯板与芯板之间的扩散界面可知，芯板接头的扩散连接效果很好，不仅在 200 倍的条件下看不到初始扩散界面的存在，在 1000 倍的放大条件下，在接头部位仍无初始接触界面显现。图 2-23 和图 2-24 所示分别为扫描电镜下观察到的直立筋的扩散界面和芯板与面板间的扩散连接界面。放大 200 倍时的扩散连接界面并无比较明显的扩散连接界面；放大 1000 倍时的扩散连接界面可以断续地观察到低倍时难以观察到的连接界面。此时界面处大部分区域已连接成一体,在界面部分位置有一些断续的孔洞,这些孔洞未完全闭合而将界面断续地呈现出来,孔洞出现的主要原因是扩散连接的时间稍有不足。在界面处虽有微孔洞出现,但从整个观察区域的界面连接情况来看,扩散连接部位的长度要远远大于孔洞的长度,扩散连接的情况较好,连接率达到90%以上。

2.3 带块体嵌件的TA15四层中空结构超塑成形/扩散连接工艺

2.3.1 TA15钛合金块体嵌件四层结构模具设计

块体嵌件作为一种加强结构,镶嵌于TA15四层结构的芯板与面板之间,由于块体嵌件有一定的空间几何形状,因此带块体嵌件的TA15四层结构SPF/DB工艺要比不带嵌件的TA15四层结构SPF/DB工艺复杂一些。不带嵌件的TA15四层结构SPF/DB工艺过程为面板超塑成形、芯板与芯板扩散连接、芯板超塑成形、面板与芯板扩散连接。而带块体嵌件的TA15四层结构SPF/DB工艺为将嵌件镶嵌于面板与芯板之间(图2-25)。

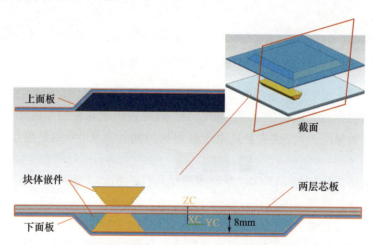

图2-25 带块体嵌件的TA15钛合金四层结构示意图

首先要对面板进行预成形(图2-26)。考虑到工艺过程的难易程度,以及成形后带块体嵌件的TA15钛合金四层结构件的结构强度,决定用两块块体嵌件对称置于芯板与面板之间,偏置于四层结构件一侧,采用两条直立加强筋结构,剖切后的结构件示意图如图2-27所示。

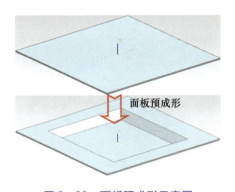
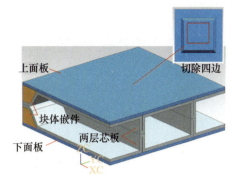

图 2-26 面板预成形示意图　　图 2-27 带块体嵌件的 TA15 钛合金四层结构示意图

在设计块体嵌件的时候,要注意两点:第一,使整个工艺过程更为简单易行;第二,能够保证块体嵌件的本身整体强度。如图 2-28 所示,封边曲线在同一个平面内,封边难度较小,密封效果较好。为了保证块体嵌件与面板、芯板之间的扩散连接性,块体嵌件也采用 TA15 钛合金加工而成,而且尽可能保证扩散连接面为平面。为了防止块体嵌件将成形中的芯板割破,对块体嵌件形状进行圆滑过渡,块体嵌件示意图如图 2-29 所示。

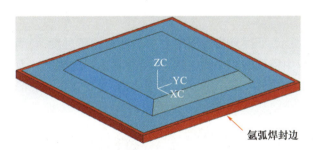

图 2-28 带块体嵌件四层结构封边示意图　　图 2-29 块体嵌件示意图

带块体嵌件的 TA15 钛合金四层结构 SPF/DB 成形模具所需放大尺寸:

$$\Delta D = D_{part0} - D_{die0} = \frac{\alpha_{die} - \alpha_{part}}{1 + \alpha_{part} \cdot \Delta T} \Delta T \cdot D_{die0} \quad (2-3)$$

式中:D_{part0} 为室温下零件尺寸;D_{die0} 为室温下模具尺寸;α_{part} 为零件线膨胀系数;α_{die} 为模具线膨胀系数;ΔT 为超塑成形温度与室温之差。

通过式(2-3)计算,求得带块体嵌件的 TA15 钛合金四层结构模具尺寸应比面板预成形模具尺寸至少放大 0.6mm,设计模具时还应注意,为了方便取模应设计 15°～45°拔模斜度,四角部位还需倒圆。所设计的面板预成形模具和模具示意图如图 2-30 所示。

图 2-30　面板预成形模具和带块体嵌件的成形模具

面板预成形通常的做法是采用热冲压，其优点是板材处在高温环境下时间短，表面氧化较轻，便于后续表面处理，并且成形周期短，适合大批量连续化生产。而本试验主要是对带块体嵌件的 TA15 钛合金四层结构 SPF/DB 工艺进行探究，基本属于单件试验，从各方面综合考虑，面板预成形采用 SPF，所用 TA15 钛合金板材尺寸为 150mm×150mm×1.5mm。由于成形过程中模具将长时间处于高温环境中，因此，模具材料选取 Ni7N 不锈钢可在 920℃时强度满足使用要求。为了进一步减轻板材和模具的氧化程度，对板材和模具表面涂覆 BN，起到润滑和防氧化的作用。BN 具有极好的润滑性及高温稳定性，即使在高温条件下，也能保持超高的润滑性能，无毒、无污染、高环保。试验中采用 BN 酒精溶液，手工方式均匀喷涂，其优点是干燥速度快，操作简单易行。

模具的实物图如图 2-31 所示，下模具拔模斜度为 45°，四边圆角过渡，底部设有 5 个通气孔，排除在成形过程中模具型腔中的气体，使板材能更好地贴模。为保证面板 SPF 的气密性，在上模加工出深 1mm、宽 1mm 的压边槽，并且在整个成形过程中压边力不得低于 50kN。

图 2-31　面板预成形模具实物图

试验在 1000kN 超塑成形机上进行,采用 PID 控温,待温度加热到 920℃后保温 30min,开始进行面板预成形,压力加载曲线为数值模拟的时间压力曲线经过修改,得到的实际时间-压力曲线,如图 2-32 所示。压力按照曲线所示逐步加载到 2MPa,保压 8min 左右即可,停止加压、加热,待面板随炉冷却至室温,开模取件。经预成形后的面板如图 2-33 所示,从图中可以看出,面板预成形效果很好,圆角处贴膜较好,取模时也比较容易。

图 2-32 带块体嵌件的 TA15 四层结构 SPF/DB 成形模具

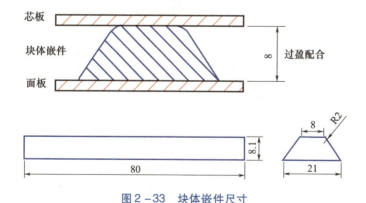

图 2-33 块体嵌件尺寸

模具选用的材料为 Ni7N,通过热膨胀计算后,最终将各边尺寸放大 1mm,模具拔模斜度为 15°,四边倒圆,模具一边为通气管预留凹槽,为保证模具整体强度,对有凹槽一边进行加厚 10mm。为了防止模具和组焊件长期处于高温环境中严重氧化,在试验前,也要在模具和组焊件表面涂覆 BN。

在进行带块体嵌件的 TA15 钛合金四层结构 SPF/DB 成形时,首先把盒形组焊后的零件装模后,放入 1000kN 超塑成形机,采用 PID 控温,待温度加热到 920℃后保温 30min,先在外腔通气,进行芯板间的扩散连接,然后对内腔进行通气,进行芯板的成形,最后在 2MPa 压力下进行面板与芯板、面板与嵌件、芯板与嵌件、芯板与芯板之间的扩散连接,保压 60min 即可。

通过面板预成形试验获得一块有一定型腔深度的面板,再裁取尺寸为 150mm×150mm×1.5mm 的 TA15 钛合金板材作为芯板,加工块体嵌件,具体尺寸如图 2-33 所示。

由于在带块体嵌件的 TA15 钛合金四层结构 SPF/DB 成形试验中,需要进行面板与嵌件、芯板与嵌件、面板与芯板以及芯板与芯板之间的扩散连接,为了保证扩散连接接头的连接质量,要对扩散连接表面进行处理以获得洁净的表面。采用酒精除去面板、芯板及嵌件表面的油污、灰尘,而后利用化学试剂除去其表面的氧化层,采用酸洗溶液,成分配比为 HF(浓):HNO_3(浓):水(体积比)=1:3:7,酸洗后用清水冲去表面残存酸溶液,吹干表面,置于干燥、清洁环境中备用,酸洗后的面板、嵌件及芯板如图 2-34 所示。

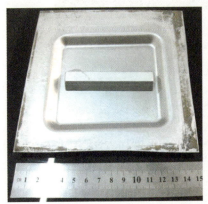

图 2-34 酸洗后的面板、嵌件及芯板

制备芯板图形如图 2-35 所示。为了保证芯板、面板与块体嵌件贴合良好,将块体嵌件加工成界面为梯形长条块,小平面置于需要变形的芯板一次并且加工有 R2 的圆角,大平面置于几乎不变形的面板一侧。块体嵌件厚度稍大于芯板与面板间隙,即过盈配合,这不仅可以使块体嵌件在组焊过程中更容易被定位,而且在成形过程中能够确保块体嵌件与芯板、面板紧密接触,进而更好地进行扩散。设计芯板的内侧扩散连接面的图形,需要在不进行扩散连接的部位涂覆阻焊剂。

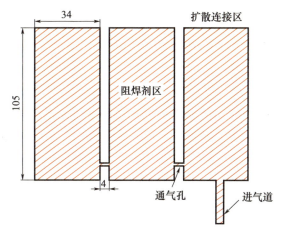

图 2-35 制备芯板图形

2.3.2 TA15 钛合金带块体嵌件四层结构数值模拟

由于钛合金多层结构 SPF/DB 成形过程在高温密闭条件下进行,很难对成形过程进行实时监测,这就常常导致设计人员只能在试验结束、取出零件后,才能对成形效果进行检测、给出修改方案[6]。而 SPF/DB 成形工艺周期较长、成本较高,基本不可能通过大量试验来获取最优工艺参数,有限元数值模拟恰好可以解决这一问题。

采用有限元模拟软件 MSC.Marc 对带块体嵌件的 TA15 钛合金四层结构 SPF/DB 过程进行数值模拟,求出 SPF/DB 过程中板厚变化情况,分析各因素对板厚分布的影响,从而得到进行 SPF/DB 成形的最佳工艺参数,通过 MSC.Marc 求解器反求出 SPF/DB 成形过程压力加载曲线,为进行 SPF/DB 试验提供指导。

1. 建立几何模型

带块体嵌件 TA15 钛合金四层结构 SPF/DB 过程的有限元几何模型包括 TA15 钛合金板料模型、TA15 钛合金块体嵌件模型以及模具模型。在面板预成形过程中,面板主要在氩气气压下变形直至贴模,而模具的几何形状、外观尺寸基本不发生变化,因此,可将面板视为变形体,而模具视为刚体。将面板进行网格划分,采用均匀网格,共划分 5625 个单元,5776 个单元节点,如图 2-36(a)所示。在带块体嵌件的 TA15 四层结构 SPF/DB 成形过程中,由于面板已经预成形,而块体嵌件紧贴面板,在成形过程中,面板和块体嵌件几乎不发生变形,因此,仅把芯板视为变形体,而把其他视为刚体。由于芯板扩散连接部位变形情况较复杂,将扩散连接部位网格进行加密,扩散连接部位的网格密度是其他部位的 2 倍,芯板共划分 5250 个单元,5406 个单元节点,如图 2-36(b)所示,由于上述过程的有限元几何模型形状较为简单,可以直接在 MSC. Marc 软件中直接建立,而且面板与芯板的变形较为简单,采用膜单元结构即可,特点是计算量小、计算速率快,选取 MARC 单元库中四节点 18 号单元。

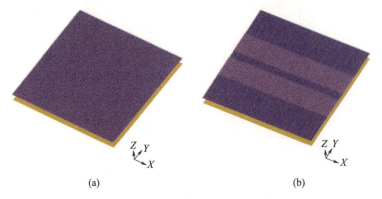

(a)　　　　　　　　　　　　(b)

图 2-36　带块体嵌件的 TA15 钛合金四层结构 SPF/DB 成形有限元几何模型面板预成形

2. 设定边界条件

在带块体嵌件 TA15 钛合金四层结构 SPF/DB 过程数值模拟过程中,边界条件主要是对板料施加的压边,而芯板比面板还多一个边界条件,就是在扩散连接部位的位移限制。如图 2-37 所示面板边界条件,图 2-37(a)为面板压边,即压边部分节点在 X、Y、Z 三个方向上的位移为零;图 2-37(b)为面板上的面力加载,采用超塑成形控制过程。如图 2-38 所示芯板边界条件,图 2-38(a)为芯板压边,即压边部分节点在 X、Y、Z 三个方向上的位移为零;图 2-38(b)为芯板扩散连接区域,该区域在成形过程中几乎不移动,即在该区域内的节点在 X、Y、Z 三个方向上的位移为零;图 2-38(c)为芯板上的面力加载,也采用超塑成形控制过程。

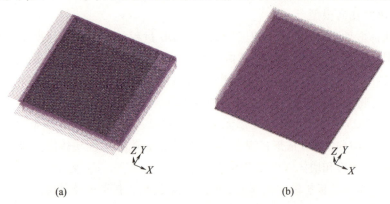

(a)　　　　　　　　　　　　(b)

图 2-37　面板边界条件
(a) $X=0,Y=0,Z=0$;(b)面板载荷。

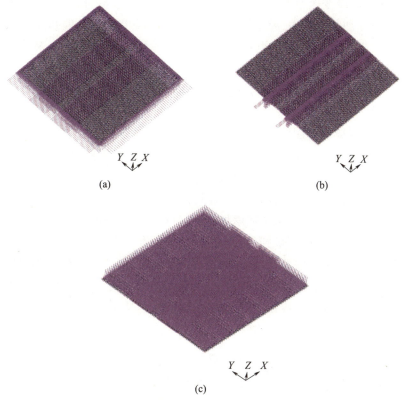

图 2-38 芯板边界条件

(a) $X=0, Y=0, Z=0$;(b) $X=0, Y=0, Z=0$;(c) 面板载荷。

3. 设置材料属性

TA15 钛合金在超塑成形过程中，可视为刚塑性体，因此，在带块体嵌件 TA15 钛合金四层结构 SPF/DB 过程数值模拟过程中，采用刚塑性模型。在 MSC. Marc 软件中，超塑成形过程通常选取刚塑性模型本构方程中的 POWER LAW 形式，而且在超塑成形过程中，几乎不存在应变硬化现象，应变硬化指数 n 为 0，刚塑性本构模型简化为

$$\sigma = K\dot{\varepsilon}^m \tag{2-4}$$

式中：σ 为流动应力；$\dot{\varepsilon}$ 为应变速率；m 为应变速率敏感性指数；K 为材料常数。

通过查阅相关文献可知 TA15 钛合金板材在 920℃ 超塑成形性能较好，此时的应变速率敏感性指数 m 值为 0.6，材料常数 K 为 1000[7]，将上述数据输入材料属性相关位置，完成对材料属性的设置。

4. 面板数值模拟结果分析

面板超塑成形过程中，主要影响因素有应变速率以及面板与模具之间的摩擦，

以下将讨论不同应变速率及不同摩擦系数对面板厚度分布的影响。在 MSC.Marc 软件中,通过在加载设置中,超塑控制模块设定目标应变速率来控制模拟过程中的应变速率;摩擦是一个交界面属性而不是一个体属性,因此,在 MSC.Marc 软件中,摩擦系数通过接触体指定,遵从以下原则:对刚体和变形体的接触,使用刚体摩擦系数;对变形体和变形体之间的接触,摩擦系数使用这两个变形体摩擦系数的平均值。

1) 目标应变速率对面板厚度分布的影响

在不同的目标应变速率下(摩擦系数 $\mu = 0.2$),模拟面板超塑成形过程,结果如表 2-4 所列,分别计算在 3 个目标应变速率下,得到面板超塑成形圆角壁厚以及所需时间。从表 2-4 以及图 2-39 中可以看出,选取 X 轴方向上的节点绘制出厚度分布图,随着目标应变速率的增加,不同目标应变速率的底部平面以及法兰部分厚度分布差距不大,而底部圆角部分的厚度分布有较大差距,壁厚减薄最严重的区域为底部平面与两侧壁相交圆角部分。另外,随着目标应变速率的增加,圆角壁厚逐渐减小,成形时间逐渐增长,理论上,目标应变速率越大,成形过程越快,壁厚分布的均匀性越差,因此,应该选取低的应变速率;但是,低的应变速率会使成形时间增加,表面严重氧化,晶粒长大。

表 2-4　目标应变速率对面板成形过程影响

目标应变速率/ $\times 10^{-4} s^{-1}$	圆角壁厚/mm	成形时间/s
1	1.217	841.6
5	1.213	165.9
25	1.203	42.7

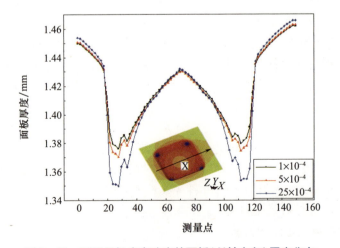

图 2-39　不同目标应变速率的面板(X 轴方向)厚度分布

2) 摩擦系数 μ 对面板厚度分布的影响

模具的摩擦条件是影响超塑成形零件壁厚分布的重要因素,在模具与板料接触平面上涂敷润滑剂可以减小摩擦系数,不同的润滑剂有不同的润滑效果,适用于不同场合。石墨作为润滑剂时,在较低温度下摩擦系数可减低到 0.3 左右,而在 920℃ 高温下,由于氧化作用,使石墨润滑效果大幅下降;BN 作为润滑剂时,由于其良好的耐热性和化学稳定性,在 920℃ 高温下,仍具有良好的润滑性能,摩擦系数可达 0.2。

在不同的摩擦系数下(目标应变速率 $\dot{\varepsilon}=5\times10^{-4}\mathrm{s}^{-1}$),模拟面板超塑成形过程,如表 2-5 所列,分别计算在 3 个摩擦系数下,得到面板超塑成形壁厚分布以及成形所需时间。从表 2-5 以及图 2-40 中可以看出,摩擦系数越大,成形后板材壁厚分布越不均匀,底部圆角处减薄越严重。在不同摩擦系数下,底部平面以及法兰部分的厚度分布相差较大。随着摩擦系数的增加,圆角壁厚逐渐减小,而成形时间长短相差不大。因此,在条件允许的情况下,应该尽量减小摩擦系数,以便成形后零件的壁厚分布更加均匀。

表 2-5 摩擦系数对面板成形过程影响

摩擦系数 μ	圆角壁厚/mm	成形时间/s
0.2	1.213	165.9
0.3	1.190	174.2
0.4	1.177	156.7

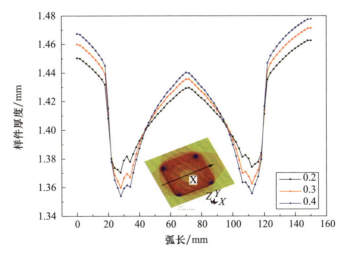

图 2-40 不同摩擦系数的面板(X 轴方向)厚度分布图

因此,在920℃进行面板的超塑预成形,选取目标应变速率为$5\times10^{-4}s^{-1}$,摩擦系数为0.2(采用BN润滑剂)。面板超塑成形过程数值模拟如图2-41所示,板料中部首先接触模具底部,贴模后中部板料几乎不再变形,而后侧壁板料逐渐贴模,而底部圆角部分最后贴模。面板预成形后,圆角壁厚为1.213mm,成形时间为165.9s,X轴方向上的壁厚分布如图2-42所示,最大厚度差约为0.09mm。根据设定的目标应变速率$5\times10^{-4}s^{-1}$,MSC.Marc软件求解器会计算出每步加载所需要的压力,以使全局的应变速率维持在给定的目标应变速率附近,这样记录每步加载的压力就可以绘制出一条时间-压力曲线,如图2-43所示。

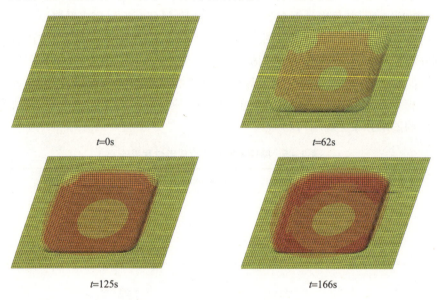

图2-41 面板超塑成形厚度变化过程

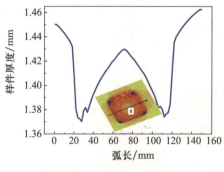

图2-42 面板预成形后X轴方向上的壁厚分布图

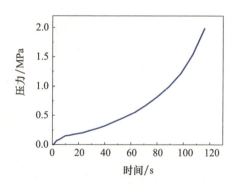

图2-43 面板成形时间-压力曲线

3）目标应变速率对芯板厚度分布的影响

在不同目标应变速率下（扩散连接宽度 $\delta=4\mathrm{mm}$），对芯板成形过程进行数值模拟，如表 2-6 所列，分别计算在 3 个目标应变速率下，得到芯板成形后圆角壁厚以及所需时间。从表 2-6 及图 2-44 中可以看出，选取 Y 轴方向上的节点绘制出厚度分布图，随着目标应变速率的增加，不同目标应变速率的底部平面、法兰部分、扩散连接部分厚度分布差距不大，而侧壁与底部圆角处、直立筋与底部圆角处厚度分布差距较大。目标应变速率为 $1\times10^{-4}\mathrm{s}^{-1}$、$5\times10^{-4}\mathrm{s}^{-1}$ 的壁厚分布相近，比目标应变速率为 $25\times10^{-4}\mathrm{s}^{-1}$ 要好得多。

表 2-6 目标应变速率对芯板成形过程影响

目标应变速率/($\times10^{-4}\mathrm{s}^{-1}$)	圆角壁厚/mm	成形时间/s
1	0.7023	2824
5	0.6916	602.1
25	0.5438	132.6

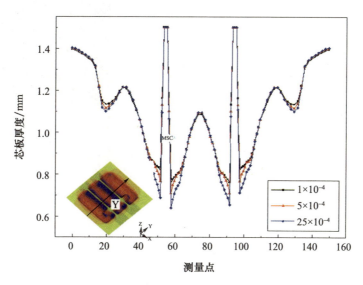

图 2-44 不同目标应变速率的芯板（Y 轴方向）厚度分布图

在芯板成形过程中，扩散连接部分几乎不发生变形，但是，扩散连接的宽度不仅对芯板的壁厚分布有很大影响，而且直接关系到直立筋部分成形的效果。如表 2-7 所列，随着扩散连接宽度的增加（目标应变速率 $\dot\varepsilon=5\times10^{-4}$），圆角壁厚急剧减小，成形时间逐渐增加，但是，直立筋的底部圆角逐渐减小，可使后续直立筋扩散连接部分长度增加。

表 2-7 扩散连接宽度对芯板成形的影响

扩散连接宽度/mm	圆角壁厚/mm	成形时间/s	成形情况
2	0.7825	465.1	
4	0.6916	602.1	
6	0.5691	631.5	

从图 2-45 中可以看出,选取 Y 轴方向上的节点绘制出厚度分布图,随着扩散连接宽度的增加,底部平面、法兰部分、扩散连接部分厚度分布差距不大,而侧壁与底部圆角处、直立筋与底部圆角处厚度分布差距较大。

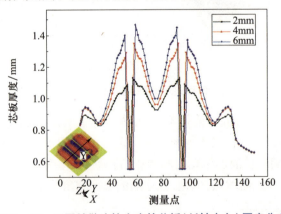

图 2-45 不同扩散连接宽度的芯板(Y轴方向)厚度分布

综上考虑，在920℃进行芯板的成形，选取目标应变速率为 $5 \times 10^{-4} \mathrm{s}^{-1}$，扩散连接宽度为4mm。芯板成形过程数值模拟如图2-46所示，板料中部首先接触块体嵌件以及面板，贴模后中部板料几乎不再变形，而后侧壁板料逐渐贴模，直立筋部分逐渐成形，侧壁与底部圆角、直立筋与底部圆角、直立筋与块体嵌件圆角最后成形。芯板成形后，圆角壁厚为0.6916mm，成形时间为602.1s，Y轴方向上的壁厚分布如图2-47所示，最大厚度差约为0.79mm。根据设定的目标应变速率 $5 \times 10^{-4} \mathrm{s}^{-1}$，MSC. Marc 求解器计算出每步加载所需要的压力，记录每步加载的压力就可以绘制出一条时间-压力曲线，进行适当修正后可作为后续实际成形压力加载曲线，如图2-48所示。

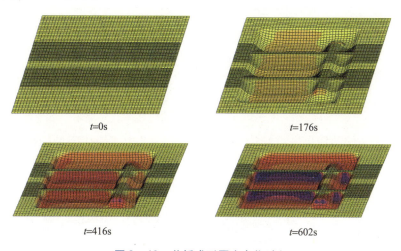

图2-46 芯板成形厚度变化过程

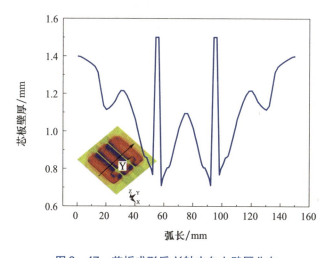

图2-47 芯板成形后 Y 轴方向上壁厚分布

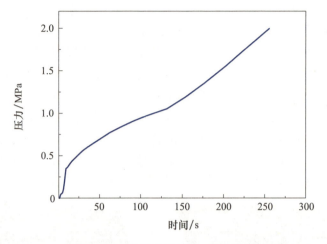

图2-48　芯板成形时间-压力曲线

2.3.3　带块体嵌件四层结构成形工艺

带块体嵌件的四层中空结构SPF/DB成形工艺由于块体嵌件的加入,与常规多层结构SPF/DB工艺相比更为复杂一些,需要对面板进行预成形,使块体嵌件可以与面板、芯板进行组焊,具体流程如图2-49所示。

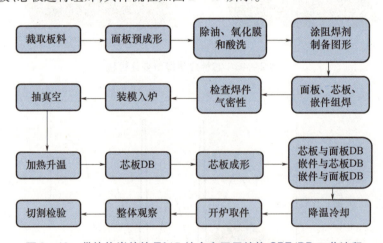

图2-49　带块体嵌件的TA15钛合金四层结构SPF/DB工艺流程

本次采用两条直立筋的加强结构,制备的芯板,除了在图形中不需要扩散连接位置涂阻焊剂,还要在通气孔、进气道处涂阻焊剂。在上述工作完毕后,如图2-50所示,要对面板、嵌件以及芯板进行组焊,并在芯板与芯板之间、面板与芯板之间分别焊上两个通气管。

图 2-50 面板、嵌件和芯板组焊

最终成形的带块体嵌件的 TA15 钛合金四层结构件,切去四边,其内部结构如图 2-51 所示。从图中可以看出,带块体嵌件的 TA15 钛合金四层结构件整体效果较好,外表面平整,无明显缺陷,芯板之间、芯板与面板之间扩散连接良好,直立筋对称分布,直立筋底部圆角较小,块体嵌件对称分布于芯板两侧,并且块体嵌件与芯板、面板紧密接触。但是,扩散连接接头的宽度略大,扩散连接宽度设计尺寸为 4mm,但在实际涂阻焊剂过程中,扩散连接宽度较难控制,扩散连接的实际宽度略大于 4mm。

图 2-51 成形后的零件剖视

2.3.4 TA15 钛合金块体嵌件结构件显微组织及厚度分布

对带块体嵌件的 TA15 钛合金四层结构件厚度测量进行厚度进行了测量,用线切割将四边切除,选取结构件中间部分进行测量,其尺寸为 70mm×60mm,首先对上板、下板以及直立筋厚度进行测量,测量位置如图 2-52 所示。

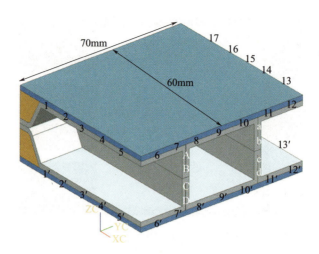

图 2-52 板厚和直立筋测量位置

表 2-8 和表 2-9 所列为上板、下板在 17 个测量位置上的板厚,上板厚度平均值为 2.052mm,下板厚度平均值为 2.047mm,上、下板厚度平均值相差 0.2%。将测得的上、下板厚度按测量位置绘制出厚度分布图,如图 2-53 所示。从图中可以看出,上、下板厚度大部分在 2.05mm 左右,但是在直立筋附近板厚较小,厚度在 1.80mm 左右,这是因为直立筋附近芯板要成形圆角部分,减薄比较严重,导致芯板与面板贴合后整体厚度减小。

表 2-8 上板厚度测量结果

测量位置	1	2	4	5	6	7	8	9
厚度/mm	2.08	2.14	2.06	2.10	2.02	1.80	2.08	2.10
测量位置	10	11	13	14	15	16	17	平均值
厚度/mm	2.08	1.78	2.10	2.08	2.10	2.16	2.12	2.052

表 2-9 下板厚度测量结果

测量位置	1	2	3	4	5	6	7	8	9
厚度/mm	2.10	2.12	2.08	2.06	2.04	2.06	1.92	2.02	2.04
测量位置	10	11	12	13	14	15	16	17	平均值
厚度/mm	2.08	1.82	2.02	2.08	2.06	2.10	2.14	2.06	2.047

表 2-10 表示两条直立筋在 4 个测量位置的厚度,第一条直立筋 A 平均厚度为 1.105mm,第二条直立筋 a 平均厚度为 1.135mm,两条直立筋平均厚度相差 4.4%。将测得的两条直立筋的厚度按测量位置绘出厚度分布图,如图 2-53 所示。从图中可以看出,直立筋的厚度从芯板扩散连接处向上、下板处逐渐增厚,而

且上板一侧直立筋厚度要比下板一侧对称测量点处的厚度大。如图 2-54 所示,当温度较低时,芯板对称分布如图 2-55(a)所示。当温度升高时,材料变软,在重力作用下,芯板中部向下弯曲,在芯板成形初期,扩散连接面处于偏下位置如图 2-55(c)所示,随着芯板的逐渐成形,扩散连接面被拉回中心位置,这就导致上板一侧直立筋变形量小于下板一侧直立筋的变形量,所以上板一侧直立筋厚度要比下板一侧对称测量点处的厚度大。

表 2-10 直立筋厚度测量结果

测量位置	A	B	C	D	平均值
厚度/mm	1.28	1.00	0.88	1.26	1.105
测量位置	a	b	c	d	平均值
厚度/mm	1.30	1.08	0.90	1.26	1.135

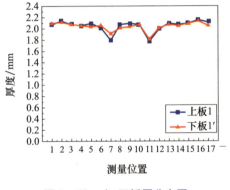

图 2-53 上、下板厚分布图

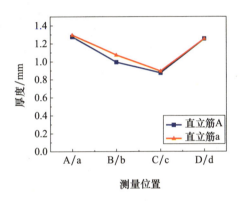

图 2-54 直立筋厚度分布

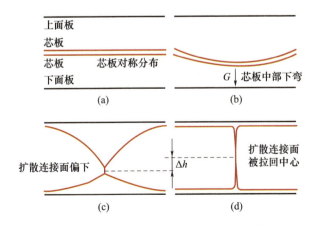

图 2-55 直立筋扩散连接面位置变化示意图

对带块体嵌件的 TA15 钛合金四层结构件的整体厚度进行测量,测量位置如图 2-56 所示,表 2-11 所列为 20 个测量位置的整体厚度值,结构件整体厚度的平均值为 18.972mm,将测得的整体厚度按位置绘出厚度分布图,如图 2-57 所示。为了更清楚地看出整体厚度的变化情况,用各个测量位置的厚度减去平均值得到各位置厚度与平均厚度的偏差值,绘出偏差图如图 2-58 所示。从图中可以看出,整体厚度从无块体嵌件一侧向有块体嵌件一侧逐渐减小,整体厚度最大偏差为 1mm。

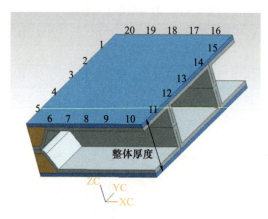

图 2-56 结构件整体厚度测量位置示意图

表 2-11 整体厚度测量结果

测量位置	1	2	3	4	5	6	7	8	9	10	11
厚度/mm	18.48	18.46	18.54	18.48	18.50	18.54	18.84	19.06	19.22	19.42	19.48
测量位置	12	13	14	15	16	17	18	19	20	平均值	
厚度/mm	19.46	19.42	19.44	19.36	19.34	19.18	19.00	18.70	18.52	18.972	

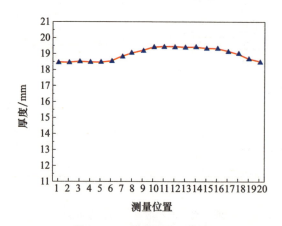

图 2-57 整体厚度分布图

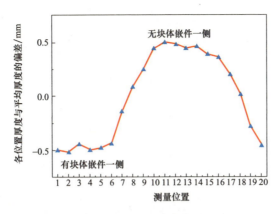

图 2-58　整体厚度与平均厚度偏差图

如图 2-59 所示,由于模具中心与压力中心有一定偏差 ΔS,在成形过程中,压力中心偏向块体嵌件一侧,上模与下模有一定偏角 α,所以有块体嵌件一侧整体厚度要稍大于无块体嵌件一侧的整体厚度。

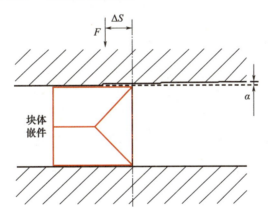

图 2-59　模具中心与压力中心偏差

面板和芯板所用板材为 1.5mm 薄板 TA15 钛合金,原始微观组织如图 2-60(a)所示,由细小等轴 α 相和细小条状 α 相组成的混合组织。面板预成形过程相当于再结晶退火过程,使变形晶粒重新结晶为等轴晶粒,如图 2-60(b)所示。由于带块体嵌件的四层结构件 SPF/DB 成形时间较长,延长了再结晶退火时间导致晶粒长大,如图 2-60(c)和 2-60(d)所示。块体嵌件是采用 20mm 的厚板加工而成的,原始组织如图 2-61(a)所示,由片状 α 相编织成的网篮组织,经过 SPF/DB 成形过程,长期处于高温环境中,晶粒发生明显长大,如图 2-61(b)所示。

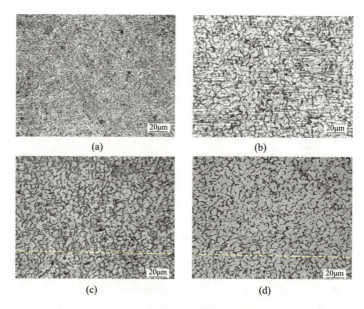

图 2-60 板材成形前后组织变化

(a)板材原始微观组织；(b)面板预成形后微观组织；(c)芯板成形后微观组织；(d)面板成形后微观组织。

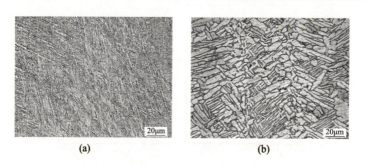

图 2-61 块体嵌件成形前后组织变化

(a)嵌件原始微观组织；(b)嵌件成形后微观组织。

通过扫描电子显微镜对扩散连接面进行观察，可以清楚地看出界面的连接情况，如图 2-62 所示，对以下界面进行观察：面板与芯板的扩散连接面 A_1-A_2，芯板与芯板的扩散连接面 B_1-B_2，芯板与块体嵌件的扩散连接面 C_1-C_2，面板与块体嵌件的扩散连接面 D_1-D_2。图 2-63 所示为水平方向为 A_1-A_2 面，即面板与芯板的扩散连接面，在 400 倍和 1000 倍下已完全观察不到下面板与芯板初始扩散界面，说明扩散连接过程进行完全，接头扩散质量良好；在 400 倍下进行观察，可以隐约观察到上面板与芯板初始扩散界面，在 1000 倍下进行观察，可以在界面上看到一些微孔，说明扩散没有进行完全，可能是由扩散时间不足所致，从整个扩散区域上看，上面板与芯板扩散连接率为 80% 左右。

第 2 章　TA15 钛合金四层中空结构超塑成形/扩散连接工艺

图 2-62　观察扩散连接面的位置

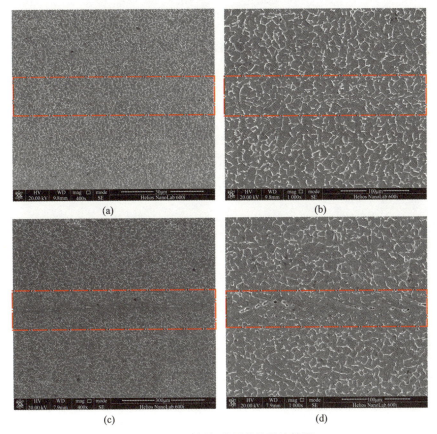

图 2-63　面板与芯板的扩散连接面

(a) 下面板与芯板扩散连接面 ×400；(b) 下面板与芯板扩散连接面 ×1000；
(c) 上面板与芯板扩散连接面 ×400；(d) 上面板与芯板扩散连接面 ×1000。

图 2-64 所示为中部位置在 400 倍和 1000 倍下观察不到初始的扩散连接面，说明芯板间的扩散进行完全，得到了非常好的扩散连接接头。

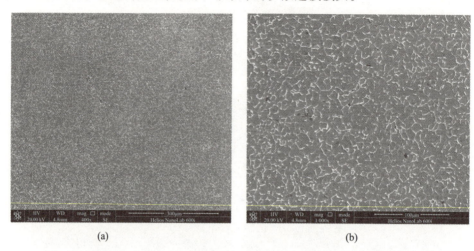

图 2-64　芯板与芯板的扩散连接面

(a) 中部 ×400；(b) 中部 ×1000。

图 2-65 所示为竖直方向为 $C_1 - C_2$ 面，即芯板与块体嵌件的扩散连接面，左侧为芯板，右侧为块体嵌件，图 2-66 所示为竖直方向为 $D_1 - D_2$ 面，即面板与块体嵌件的扩散连接面，左侧为块体嵌件，右侧为面板，在这两个位置进行观察，400 倍下可以看到轻微的扩散连接痕迹，1000 倍下可以看到一些微孔，从整个观察区域来看，扩散连接长度远大于微孔，扩散连接率为 90% 左右。

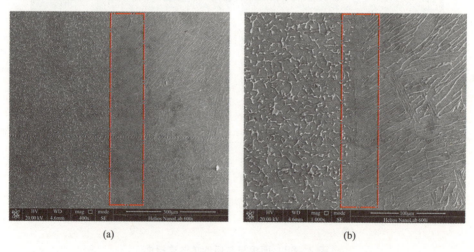

图 2-65　芯板与块体嵌件的扩散连接面

(a) ×400；(b) ×1000。

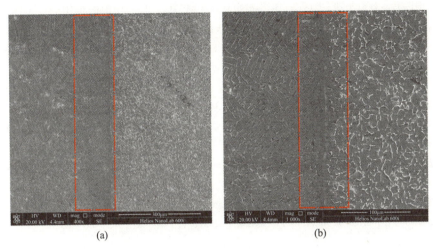

图 2-66 面板与块体嵌件的扩散连接面
(a) ×400；(b) ×1000。

通过测量结构件成形后的厚度得知,上、下板的厚度约为2.05mm,直立筋附近厚度约为1.80mm,芯板成形时,芯板先于面板贴合,而后直立筋处的芯板与芯板贴合,最后芯板圆角处成形,由于存在较大的摩擦力,圆角成形过程不能得到材料补充,只能依靠自身减薄来实现；两条直立筋的平均厚度约为1.10mm,而且直立筋靠近上板一侧的厚度要比靠近下板一侧的厚度稍大,由于重力存在,初期扩散连接面靠近下板一侧,成形后期扩散连接面被拉回中心位置,导致下板附近直立筋减薄；整体厚度平均值约为18.97mm,但是,有块体嵌件一侧整体厚度要稍大于无块体嵌件一侧的整体厚度,这是由模具中心与压力中心存在一定偏差,上、下模产生偏角所致。

板材及块体嵌件成形前面板和芯板的原始组织是由细小等轴α相和细小条状α相组成的混合组织,成形后晶粒明显长大；块体嵌件的原始组织为片状α相编织成的网篮组织,成形后变为粗大的网篮组织。

扩散界面下面板与芯板扩散连接过程进行完全,接头扩散质量良好,上面板与芯板扩散连接率为80%左右,可能是由扩散连接时间不足所致；芯板与芯板之间的扩散也进行完全,得到了非常好的扩散连接接头；芯板与块体嵌件、面板与块体嵌件的界面上存在少量微孔,扩散连接率为90%左右。

参考文献

[1] 舒滢,曾卫东,周军等. BT20 合金高温变形行为的研究[J]. 材料科学与工艺,2005,13(1):55-58.

[2]《中国航空材料手册》委员会. 中国航空材料手册[M]. 北京:中国标准出版社,2002.

[3] 韩文波,张凯锋,王国峰,等. 钛合金四层板结构的超塑成形/扩散连接工艺及数值模拟研究[J]. 第九届全国塑性工程学术年会,第二届全球华人先进塑性加工技术研讨会论文集(二),2005.

[4] Kaibyshev O A. Advanced superplastic forming and diffusion bonding of titanium Alloy[J]. Materials Science Technology,2006,22(3):343-348.

[5] 刘泾源. Ti750高温钛金超塑成形性能及组织演变研究[D]. 哈尔滨:哈尔滨工业大学工学硕士学位论文,2011.

[6] J. H. Cheng. The determination of material parameters from superplastic inflation tests[J]. Journal of Materials Processing Technology,1996:233-246.

[7] Xun Y W,Tan M J. Applications of superplastic forming and diffusion bonding to hollow engine blades[J]. Journal of Materials Processing Technology,2000,99(1-3):80-85.

第 3 章

Ti－22Al－27Nb 钛合金四层中空结构超塑成形/扩散连接工艺

3.1 Ti－22Al－27Nb 材料介绍

Ti_2AlNb 基合金是指 Nb 的摩尔含量在 25% 左右的 Ti－Al－Nb 系合金,比含 Nb 量较低的 Ti_3Al－Nb 合金具有更好的机械化性能[1]。Ti_2AlNb 基合金的成分通常在 Ti－(18%～30%)Al－(12.5%～30%)Nb(原子分数),并含有少量的其他合金元素,如 V、Ta 等。根据 Nb 含量的不同,可将 Ti_2AlNb 基合金分为第一代 O 相合金和第二代 O 相合金。一般认为,第一代 O 相合金为 Nb 含量低于 25%(原子分数)Ti_2AlNb 基合金,在三相区热处理获得的组织为 α_2 + B2 + O 三相,第一代 O 相合金的代表产品有 Ti－25Al－17Nb、Ti－21Al－22Nb 和 Ti－22Al－23Nb;第二代 O 相合金为 Nb 含量不低于 25% 的合金,在两相区热处理获得的组织为 B2 + O 两相,代表产品有 Ti－22Al－25Nb、Ti－22Al－27Nb。研究表明,第二代 O 相合金的性能明显优于第一代 O 相合金,第二代 O 相合金是该类合金研究的重点[2]。

本次选用的材料是 1mm 厚,名义成分为 Ti－22Al－27Nb 的热轧合金板。原始微观组织如图 3－1 所示,组织主要由晶粒尺寸小于 $10\mu m$ 的 B2 相基体和第二相 Ti_2AlNb(O 相)构成。

3.2 Ti－22Al－27Nb 钛合金四层中空结构超塑成形/扩散连接工艺

3.2.1 Ti－22Al－27Nb 钛合金超塑性能测试

常见的 Ti_2AlNb 基合金的室温力学性能如表 3－1 所列。从表中可以看出,除

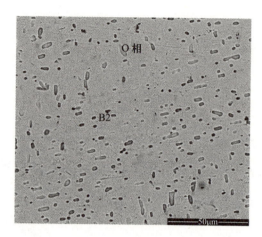

图 3-1 Ti-22Al-27Nb 原始微观组织

了力学性能较差的 Ti-17Al-27Nb(-0.85Y)合金,Ti-(20-22)Al-(22-27)Nb 合金的均具有很高的室温抗拉强度,在 1100MPa 以上,而由于合金成分和处理条件的不同,室温延伸率差别很大。

表 3-1　部分 Ti_2AlNb 基合金的室温力学性能[3-6]

材料	条件	室温		
		屈服强度/MPa	抗拉强度/MPa	延伸率/%
Ti-17Al-27Nb	—	—	535	0.35
Ti-17Al-27Nb-0.85Y	—	—	589	1.2
Ti-22Al-23Nb	1050℃/2h + 815℃/8h/炉冷	836	1111	14.8
Ti-22Al-24Nb	815℃/4h	1257	1350	3.6
Ti-22Al-24Nb-3Ta	—	—	1100	14
Ti-22Al-25Nb	1000℃/1h/空冷 + 815℃/2h/空冷	1245	1415	4.6
Ti-22Al-27Nb	815℃/1h/空冷	1294	1415	3.6
Ti-20Al-22Nb	晶粒大小 300nm		1400	25

图 3-2(a)和图 3-3(a)所示分别为在恒温下,不同应变速率下的流动应力-应变曲线和拉伸试样实物图。从图 3-2(b)和图 3-3(b)中可以看出,在 970℃时,延伸率随着应变速率的降低而增加,最大的延伸率为 236%,此时的拉伸温度和应变速率分别为 970℃、$3 \times 10^{-4} s^{-1}$,而在 950℃/$3 \times 10^{-4} s^{-1}$ 条件下,材料的延伸率同样可以达到 210%。

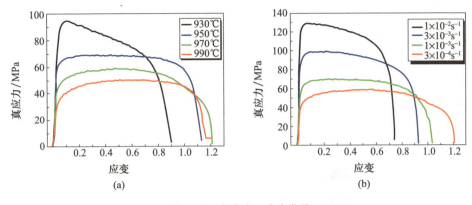

图 3-2 真应力-应变曲线

(a)应变速率 $3×10^{-4} s^{-1}$ 条件下;(b)温度 970℃ 条件下。

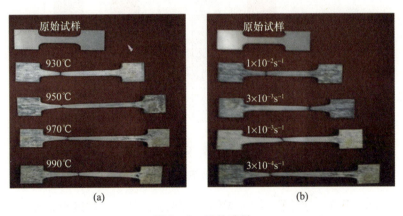

图 3-3 拉伸试样

(a)应变速率 $3×10^{-4} s^{-1}$ 条件下;(b)温度 970℃ 条件下 3.2Ti-22Al-27Nb。

由 Ti-22Al-27Nb 合金在高温条件下的拉伸试验可知,该合金具有一定的超塑性能,但从延伸率数据也可以看出,其超塑性很有限,均匀变形能力与常用的 Ti 合金相比要差很多。因而,对于目前常见的 Ti 合金多层结构,Ti-22Al-27Nb 合金的超塑性不一定能够满足结构要求,需要借助有限元分析方法对 Ti-22Al-27Nb 合金不同结构的成形过程进行模拟,并对成形过程进行对比分析,以确定适合该合金有限超塑性的合理结构以及结构参数。

3.2.2　Ti-22Al-27Nb 钛合金扩散连接性能测试

Ti₂AlNb 基合金的超塑性能以及 Ti₂AlNb 基合金的合理结构通过有限元分析证明其超塑成形蜂窝结构是可行的,将材料的超塑性和扩散连接两者结合起来,是

实现 Ti_2AlNb 基合金的超塑成形/扩散连接的关键所在。

$Ti-22Al-27Nb$ 在 950℃ 和 970℃，应变速率 $3\times10^{-4}s^{-1}$ 下表现出良好的塑性。通常情况下，在超塑成形/扩散连接工艺中扩散连接温度与超塑成形温度相同。现重点研究该合金在 950℃ 和 970℃ 下的扩散连接性能。

首先在室温条件下测试了连接接头的抗剪切强度，剪切强度与连接参数之间的关系如图 3-4 所示，相对应的微观组织和连接界面如图 3-19 所示，连接质量可通过剪切强度测量评估。

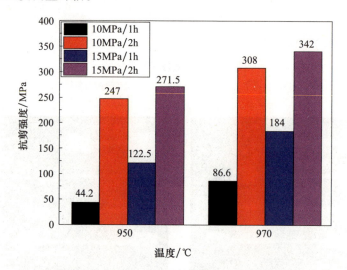

图 3-4　不同连接参数下获得接头的剪切强度

连接温度（T/℃）、连接压力（p/MPa）和连接时间（t/h）对接头的抗剪切强度都有影响。当连接压力和连接时间相同时，在 970℃ 条件下得到的接头的剪切强度要大于 950℃ 时得到的接头。另外，较高的连接压力和较长的扩散连接时间均会引起相应接头剪切强度的增加。

温度影响接触界面的局部塑性变形和扩散行为，在低温条件下微区塑性变形不充分，会影响扩散连接的质量。对比图 3-19（a）和图 3-19（e），很明显可以看到，连接界面在图 3-19（e）的连接区域更大且强度更高，高温促进扩散连接工艺。

延长连接时间可以有效地提高元素的扩散、增加连接面积以及抗剪切强度。对比图 3-19（a）（c）（e）（f）和图 3-5（b）（d）（f）（g），可以发现后者在界面处的微观孔洞基本消失，连接时间 2h 对于获得良好的接头是很有必要的。在 970℃/10MPa/2h 和 970℃/15MPa/2h 条件下得到的接头剪切强度超过 300MPa。基于扩散连接实验，扩散工艺参数选择为 970℃/10MPa/2h。

第3章 Ti-22Al-27Nb 钛合金四层中空结构超塑成形/扩散连接工艺

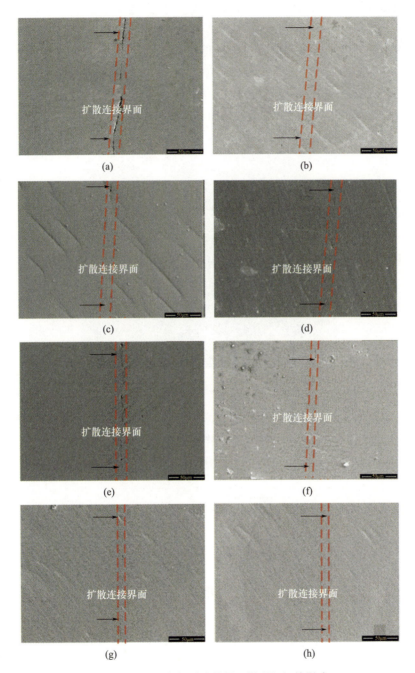

图3-5 连接参数对连接界面微观组织的影响

(a)950℃/10MPa/1h;(b)950℃/10MPa/2h;(c)950℃/15MPa/1h;(d)950℃/15MPa/2h;
(e)970℃/10MPa/1h;(f)970℃/10MPa/2h;(g)970℃/15MPa/1h;(h)970℃/15MPa/2h。

首先要进行芯板与面板以及两层芯板间的扩散连接工艺，从对 Ti2AlNb 基合金的扩散连接研究可知，良好的扩散连接参数选择在 970℃/10MPa/2h，采用刚性加压的方法施加连接压力。扩散连接过程在真空条件下进行，从加热到扩散过程结束要始终保持四层结构内部空腔的真空度，即持续抽真空。当温度加热到扩散连接温度，需保温一段时间，以保证内部温度已均匀恒定，之后利用刚性模具对扩散连接部位施加 10MPa 的压力，恒温恒压 2h，得到如图 3-6 所示的扩散连接后的蜂窝结构预超塑成形结构件。

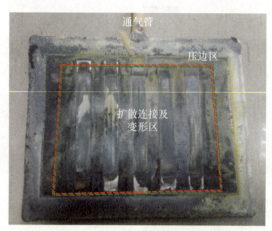

图 3-6　扩散连接后四层结构

变形应变速率的控制可通过改变气体压力进行控制，根据有限元分析得到的时间-压力曲线，对其进行一定的改进，作为蜂窝结构实际成形时的加压曲线，修正后的曲线和有限元分析得到的曲线如图 3-7 所示。在变形的最初阶段，采用缓

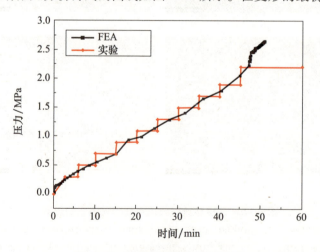

图 3-7　修成的时间-压力曲线

慢加载的方式,使气压在 3min 之内均匀地加载至 0.3MPa,随后保持该气压一段时间,继续加载至 0.5MPa,按照图 3-7 中红色的实际加载曲线,在 45min 左右,气压加载至最大的 2.2MPa,保持气压不变,直至成形过程结束。

对于 Ti_2AlNb 基合金蜂窝结构的成形,其超塑成形/扩散连接工艺的具体流程如图 3-8 所示。

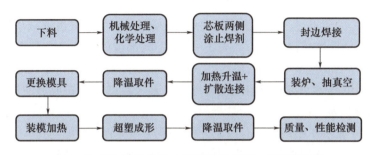

图 3-8　Ti_2AlNb 基合金蜂窝结构成形工艺具体流程

按照成形工艺具体流程,完成 Ti_2AlNb 基合金四层蜂窝结构的成形。图 3-9 所示为线切割之后的剖面图。结合两图可以看出,最后圆角成形部位未完全贴模,成形不是很完全,一方面是由于最后保压部位的时间较短,另一方面是由于施加的气体压力较小而圆角部位成形需要更大的气压。结构件表面成形质量较好,无明显的凹陷部位。

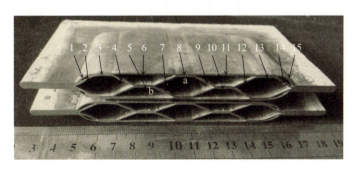

图 3-9　Ti_2AlNb 基合金蜂窝结构剖面图及厚度测量位置编号

结构件的厚度分布影响最终结构件的强度[7],因而很有必要研究其厚度分布。将结构件采用线切割切开,厚度测量部位及位置编号的剖面图如图 3-23 所示,厚度测量的位置为箭头所指的位置。为保证测量的准确性,减少测量误差,每个位置处的厚度测量三次,取平均值作为该处的厚度。不同部位的厚度分布测量结果如表 3-2 所列,而通过有限元计算得到的不同部位厚度与实测厚度的对比如图 3-10 所示。

表 3-2 成形结构各个点的实测厚度

编号	1	2	3	4	5	6	7	8
厚度/mm	0.92	0.98	1.89	0.94	1.85	0.98	0.93	1.92
编号	9	10	11	12	13	14	15	
厚度/mm	0.96	1.84	0.94	0.94	1.85	0.98	0.91	

面板部位的成形过程主要为胀形过程,在变形过程中厚度逐渐减小,直至与模具贴合,面板的厚度减薄较小。从表 3-2 中不同部位的厚度分布数据可以看出,各个部位的厚度变化基本相同,包括扩散连接的部位厚度也有一定程度的减薄,但变化不大,厚度减薄率与面板的减薄率相当。最大减薄部位在成形的最后贴模部位,最大减薄率为 9%。

图 3-10 显示了不同部位有限元分析的厚度和实测厚度的对比。从图中可以看出,两者的厚度基本相等,实测厚度和模拟厚度差异较大的部位主要是芯板部位,在有限元分析中芯板非连接部位类似于均匀变形,厚度差较小。在编号为 12 的位置最大厚度差为 0.06mm,要远小于结构件的测量厚度,这表明通过有限元分析可以很好地预测该结构的变形过程及其厚度变化。

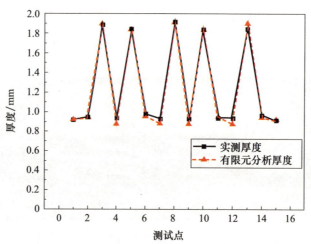

图 3-10 有限元分析与实测厚度对比

3.3　Ti-22Al-27Nb 中空结构网格设计及有限元模拟

3.3.1　Ti-22Al-27Nb 中空结构网格设计

对于 SPF/DB 工艺,模具型腔决定了结构件的外部轮廓,选择的扩散连接区域决定了内部的结构。

通过有限元分析,确定了蜂窝结构芯板与面板以及芯板间扩散连接部位的宽度均为 10mm,而相邻扩散连接部位之间的间距为 20mm。图 3-11 所示为设计的两层芯板结构的示意图,在芯板成形区域芯板上、下两侧止焊剂和扩散部位的分布位置如图 3-12 所示。在芯板两侧非扩散连接的位置均需要涂抹止焊剂,以保证结构件的形状。

图 3-11 芯层结构设计示意图

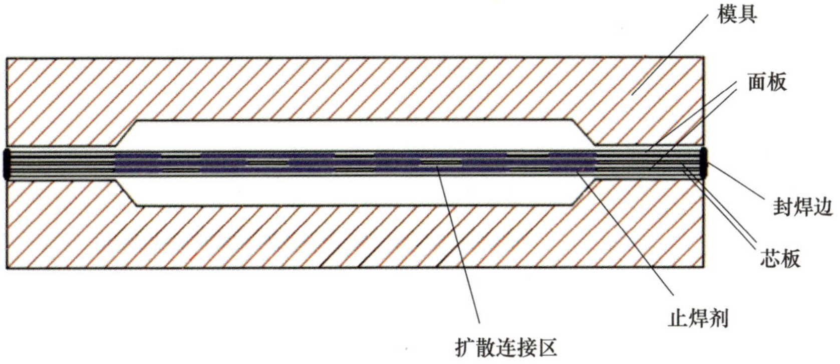

图 3-12 Ti$_2$AlNb 基合金蜂窝结构件与模具装配

为了获得四层蜂窝结构件,在超塑成形机上进行了超塑成形/扩散连接实验。蜂窝结构件的 SPF/DB 工艺主要分为两个阶段。图 3-12 所示为四层蜂窝结构与成形模具装配时的示意图,四层板通过封边焊进行气体密封,然后放置于模具中。其中第一阶段扩散连接工艺为,当加热到目标温度,扩散发生在选择的区域。止焊剂涂抹在芯板的表面,止焊剂的形状决定了蜂窝结构的内部形状。通过气体进行超塑成形是第二阶段,在四层空腔中通入氩气直到面板与模具开始接触,之后一段时间内保持气体压力不变以保证充分接触。

进行蜂窝结构的成形试验,将扩散连接后的四层结构放置于成形模具,成形模具实物图如图 3-13 所示。模具外形尺寸为 160mm×130mm×40mm,压边区宽度为 25mm,成形温度选择 970℃。

图 3-13 成形模具实物图

3.3.2 通过有限元分析对 Ti-22Al-27Nb 中空结构成形结构分析

利用有限元软件 MSC. Marc 对 Ti_2AlNb 基合金不同四层结构件的成形过程进行有限元分析,观察成形过程中的厚度分布情况,通过对实际成形过程的厚度变化进行预测并选择和确定合适的结构与结构参数,从而制出压力加载曲线。

现以两种四层结构件为有限元分析目标,用 Ti-22Al-27Nb 的材质作为板料,尺寸为 160mm×160mm×1mm,有限元模型包括成形模具模型和板料模型,经简化后可直接在 MSC. Marc 中建立。对于试验的两种四层结构以及成形所需的模具,结构均具有对称性,在保证不影响计算结果的前提下对有限元模型进行简化,以保证有限元分析结果更直观、计算速度更快。采用 1/4 模型进行有限元分析,模型如图 3-14 所示,其中图 3-14(a)为直立筋四层结构(四层网格结构)芯板模型,对于四层网格结构,面板和芯板成形相互独立,因此可分开分析;图 3-14(b)为四层蜂窝结构有限元模型。

假设在成形过程中模具尺寸不会发生变化,将模具设置为刚体、板料为变形体。在图 3-2(a)中,网格单元为 4 节点 75 号壳单元。芯板与面板大小相同,二维单元数量均为 2250 个,单元尺寸初始为 2mm×2mm,厚向尺寸设置为 1mm;采用自适应网格划分,随着变形进行,变形量大的部位网格细化,为保证直立筋部位两块芯板易于贴合,芯板间扩散连接部位宽度设定为 2mm。芯板单元大小 2mm×2mm,面板和芯板的二维壳单元数均为 1800 个;而芯板与面板扩散连接部位采用实体单元,单元尺寸为 2mm×2mm×0.5mm,三维实体单元的总数为 1800 个,以保证扩散连接部位为一体,扩散连接部位宽度设定为 10mm。由于模具的变形不大,认定模具为不变形的刚体,模具和板料之间的摩擦系数设置为 0.1,两者之间的摩擦模型选择库仑摩擦模型,摩擦力大小的计算采用双线性摩擦模型。

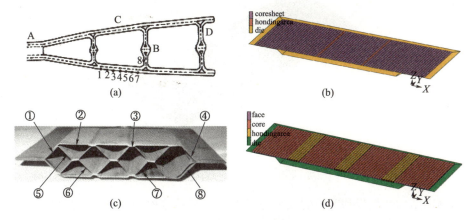

图 3-14 两种不同四层结构示例
(a)、(b)及相应的有限元分析初始简化模型(c)、(d)。
(a)、(b)网格结构;(c)、(d)蜂窝结构。

对于网格结构,面板的成形过程为有模胀形过程,在有限元分析时要保证成形过程中板料的压边部分不产生位移即可,因此在面板的压边部位节点施加 Displacement $X=Y=Z=0$ 的固定位移,由于采用一半模型模拟,在对称称面 XOZ 面上的节点位移为 Displacement $Y=0$,面板边界条件如图 3-15 所示。

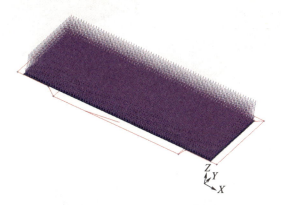

图 3-15 面板边界条件的设定

对于芯板成形,由于两层芯板部分位置在胀形之前已进行扩散连接,四层结构的上、下对称性,在有限元分析时假定芯板扩散连接的部位在芯板成形过程中不发生高度方向的改变,即 Displacement $Z=0$,如图 3-16 所示,其他边界条件的设定均与面板相同。为了保证成形过程能够更好地满足设定的应变速率,成形面载荷的施加方式选择超塑控制自动加载的方式,载荷会随着变形过程的进行而不断发生变化。

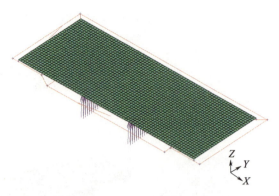

图3-16　芯板扩散连接部位边界条件的设定

蜂窝结构的面板和芯板的成形是在同一个变形过程中进行的,通过面板的胀形过程来实现芯板的拉伸,完成成形过程。在变形过程中,面板和芯板均要受到压边力的作用,该部位的材料基本不发生变形和流动,因而面板和芯板压边部位的节点3个方向的位移均设置为0,即施加 Displacement $X=Y=Z=0$ 的固定位移。蜂窝结构扩散连接部位主要分为两个部分,芯板与面板间扩散连接和芯板与芯板间扩散连接,扩散连接部位的宽度相同。蜂窝结构边界条件如图3-17所示。

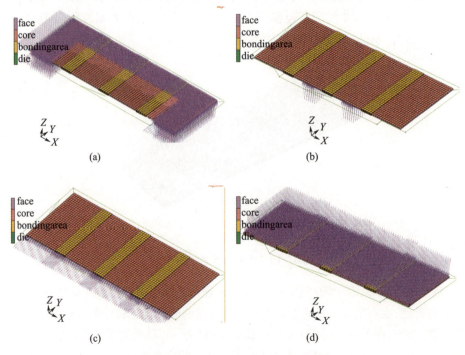

图3-17　蜂窝结构边界条件设定

(a)位移 $X=Y=Z=0$;(b)位移 $Z=0$;(c)位移 $Y=0$;(d)面力边界条件。

在超塑成形时,材料的流动应力对应变速率非常敏感。通常情况下,在研究材料超塑性变形时忽略加工硬化的影响,超塑性变形条件下的本构方程表达式为

$$\sigma = K\dot{\varepsilon}^m \qquad (3-1)$$

式中:m 为应变速率敏感性指数;K 为与变形温度、组织等有关的材料指数。970℃条件下 m 值的计算如图 3-18 所示。

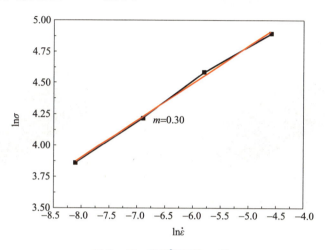

图 3-18　970℃下的 m 值

图 3-19(a)和图 3-19(b)所示分别为四层网格结构面板和芯板超塑成形过程厚度变化分布图,从图中可以看出,不同时刻面板和芯板的厚度变化。面板的成形比较简单,为普通盒形件胀形,在气体压力作用下面板中部首先与模具贴合,之后由于板料与模具间的摩擦力,贴模部分板料流动很小,厚度基本不变,减薄部位主要在四周。从面板成形过程的厚度分布图 3-19(a)中可以看出 $t=434s$ 成形结束,面板成形后厚度的变化不大,最后成形的部位厚度约为 0.82mm,最大减薄量为 0.18mm,减薄量较小。

芯板的成形过程类似于面板的成形过程,在扩散连接部位保持固定位移的条件下,芯板成形相当于尺寸缩小了几个面板成形单元的阵列组合,在直立筋部位为贴合之前,每个单元的成形相同且相对独立。变形仍然为单元中部先与模具贴合,直立筋圆角部位最后成形。从图中可知,随着直立筋部位的芯板的贴合,构成直立筋的芯板材料变形量加大,厚度减薄日趋严重。从芯板成形厚度分布图 3-19(b)可以看出在 $t=460s$ 时直立筋远未贴合,最薄部位厚度已减薄至 0.8mm;当直立筋开始贴合至基本贴合完毕,直立筋处的局部厚度从 0.55mm 减薄至 0.31mm,厚度减薄严重。从 Ti_2AlNb 基合金超塑性拉伸数据判断,本次使用的材料难以完成厚度减薄至 0.55mm 而不破裂。

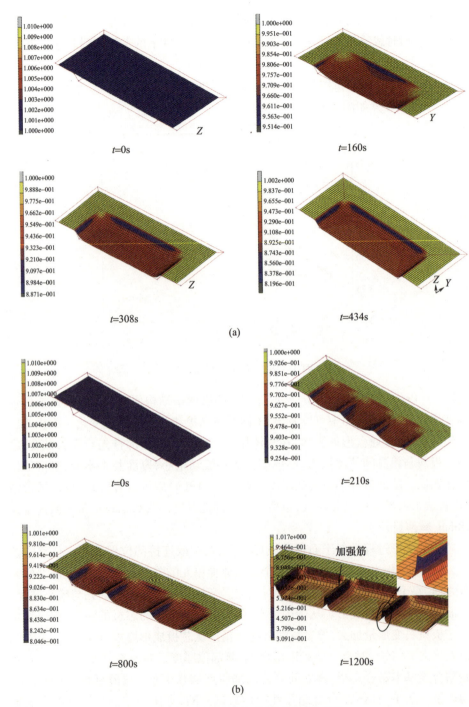

图3-19 网格结构成形过程厚度变化
(a)面板成形过程厚度变化;(b)芯板成形厚度变化。

图 3-20 给出了蜂窝结构的芯板和面板在成形过程的厚度分布情况。蜂窝结构面板的成形主要为内部气体压力的作用,而芯板的变形力源于面板成形过程中扩散连接部位对芯板的拉力,同时,芯板对面板扩散连接部位随其他部位的变形有一定阻碍作用,使扩散连接部位(芯板与芯板间)的变形要略滞后于面板非连接部位的变形,即非扩散连接部位要先贴模,如图 3-20 所示。在成形过程中,面板及扩散连接部位由于受到双向拉应力的作用,在厚度方向上均有一定减薄,但由于面板整体变形量比较小,厚度减薄比较少,最薄部位厚度约为 0.92mm。芯板的成形类似于平面应变状态的变形,主要为沿板方向的拉长和厚度的减薄,芯板最薄部位厚度为 0.86mm,减薄量为 0.14mm,该试验材料能够满足减薄量的要求。

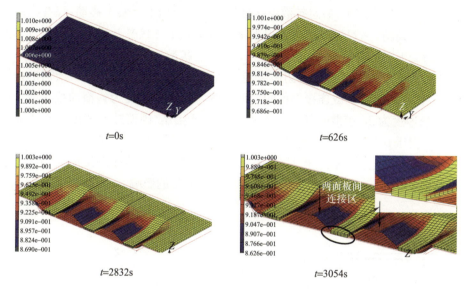

图 3-20 蜂窝结构成形过程的厚度变化

网格结构与蜂窝结构的厚度分布进行对比可知,对于面板变形,网格结构和蜂窝结构面板的变形量均相对较小、减薄率不大,试验材料能够满足面板成形的需要;对于芯板成形,随两种结构的芯板变形量均大于各自的面板变形,但网格结构的芯板变形量远超该面板且其变形难以控制,而蜂窝结构的芯板变形量易于控制且略大于该结构面板变形量,其厚度减薄要远小于网格结构芯板成形时的厚度减薄。对于 Ti_2AlNb 基合金的有限超塑性而言,难以实现网格结构面板过大地减薄,因此选用蜂窝结构作为 Ti_2AlNb 基合金板料的最终成形结构。

3.3.3 Ti-22Al-27Nb 四层中空结构蜂窝单元参数优化

通过对芯板的成形分析表明,芯板厚度主要取决于相邻两扩散连接部位之间芯板的宽度，有限元分析的宽度以及最终结构件成形高度，材料性能可以满足厚度减薄的要求，保持此宽度和结构件的最终成形高度研究扩散连接部位宽度对成形质量的影响。

图 3-21 所示为成形后的理想蜂窝结构的一个结构单元的上半部分示意图。其中，芯板和面板间以及两芯板间扩散连接部位的宽度均为 L，相邻两扩散连接部位间的宽度为 a，成形高度为 b，成形时的内部气体压力为 p。当宽度 a 和高度 b 已知且保持不变条件下，获得如图 3-21 所示的理想结构单元室温芯板最大变形量恒定，与扩散连接部位的宽度 L 无关。在内压 p 的作用下，芯板变形所受的单位力为

$$F = (L+a) \times p \tag{3-2}$$

在结构单元模型中，假定扩散连接部位在水平方向上不发生移动，仅在高度方向上移动。如图 3-21(b)中，芯板从状态 1 变形到最终状态 2，成形过程中力 F 的大小仅与变形时的高度 h 和自身宽度 a 有关，与扩散连接部位的宽度 L 无关。当芯板变形部位宽度 a 恒定时，减小扩散连接宽度 L，达到相同的拉力 F 所需的内压 p 增加。面板两相邻扩散连接部位间变形宽度为 $2a+L$，厚度为 t，而面板扩散连接宽度为 L，厚度为 $2t$，扩散连接部位的变形要更加困难，因而贴模速度要慢于非连接部位。内压 p 增大，使贴模速度的差异更大，当贴模速度差异过大，非连接部位已大部分贴模而连接部位与模具仍有一定间隙，易在扩散连接部位形成沟槽。通过有限元分析，进一步确定扩散连接宽度对成形质量的影响。

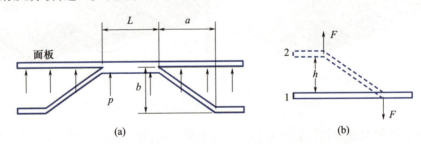

图 3-21　蜂窝结构结构单元(a)及芯板成形(b)示意图

面板与芯板及芯板间扩散连接部位宽度为 6mm 时，其蜂窝结构有限元模型及变形过程如图 3-22 所示，固定位移处为芯板扩散连接部位。宽度为 2mm 时，其蜂窝结构有限元模型及其不同变形时刻的厚度分布如图 3-22 所示，固定位移处为芯板扩散连接部位。

从图 3-22 和图 3-23 中可以看出，当扩散连接宽度由 6mm 减小到 2mm 时，其面板非扩散连接部位的变形同扩散连接部位相比要更快一些，当面板非连接部位大部分区域已与模具贴合，扩散连接宽度 2mm 时该部位与模具的距离要更大一些。随着变形的进行，扩散连接部位由于附近面板的支撑作用，难以实现贴模，在

结构件表面形成明显的凹陷。对比扩散连接部位宽度为 10mm、6mm、2mm 条件下的成形过程可以看出，当扩散宽度 $L = 10$mm 时，扩散连接部位贴模的滞后性要远小于 $L = 6$mm、2mm 时，L 值越小，扩散连接部位越难与模具贴合，在结构表面越易于产生凹陷。芯板的变形与扩散连接部位的宽度 L 关系不大，最小厚度基本均在 0.86mm。芯板最小厚度会随着 L 的减小略有增大，这是由扩散连接部位与模具的距离随 L 的减小而增大，使芯板的变形量减小。

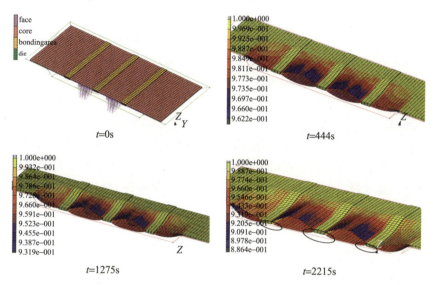

图 3-22　扩散连接部位宽度为 6mm 时的蜂窝结构有限元模型及变形过程

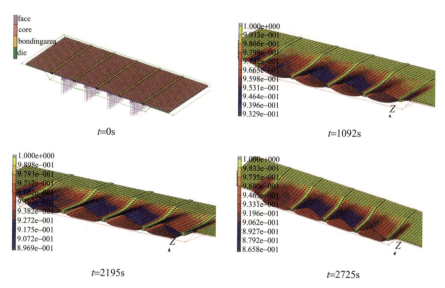

图 3-23　扩散连接部位宽度为 2mm 时的蜂窝结构有限元模型及变形过程

通过对不同扩散连接宽度的蜂窝结构的有限元分析,可以看出扩散连接宽度 L 的减小不利于结构件的成形,容易造成成形质量的严重下降。当 $L=10\text{mm}$ 时,在结构件的表面基本上无凹陷出现,表面质量明显优于 $L=6\text{mm}$ 和 $L=2\text{mm}$ 时的成形情况,因而本试验选择扩散宽度 $L=10\text{mm}$、芯板成形宽度 $a=10\text{mm}$ 的蜂窝结构件。

在超塑成形过程中,温度是恒定的,对成形过程的主要影响因素是应变速率。蜂窝结构面板变形应变速率取决于内部气压的加载速度,为了保证变形应变速率能够在最佳应变速率附近,内部气压应该是变化的。从前面的分析可知,面板和芯板的厚度减薄量均不大,且蜂窝结构的成形时间在 50min 左右,能够实现良好的成形。因而,如图 3-24 所示,成形过程的内压加载曲线对实际成形有一定的指导作用。

采用 Marc 软件进行有限元分析,压力的加载方式为目标应变速率加载,使得每步的变形最大应变速率均在目标应变速率附近,通过 Marc 求解器可得到每步变形所需的压力值,不同时刻内压的变化构成了有限元分析的时间-压力曲线,按照该加载路径实现蜂窝结构变形过程。根据有限元分析得到的时间-压力加载曲线,如图 3-24 所示,对该曲线进行一定的改进即可作为后续蜂窝结构成形试验的气压加载工艺曲线。

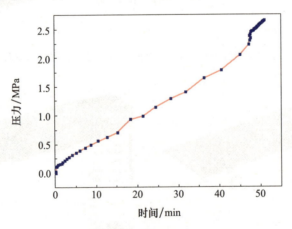

图 3-24 有限元分析得到的时间-压力曲线

从图 3-24 可知,为保持目标应变速率,在变形的初始阶段,气压在 0.5~1min 要迅速增加到 0.15MPa;随着变形的继续进行,气压的增加与时间基本成正比,气体压力在平稳地升高;在变形至 47min 后,压力突然随着时间的增加而迅速增大,这是由于蜂窝结构面板已大部分贴模,未贴合部位主要是边角区域,属于难变形区域,成形所需的压力较大,从 $t=3054\text{s}$ 时的成形状态也可以看出,此时边缘圆角区仍未完全贴模,圆角成形不完整,表明需要更大的压力才能实现圆角的完全贴模。

通过高温拉伸试验对 Ti-22Al-27Nb 合金的拉伸性能进行了研究,根据拉伸曲线,得到材料超塑状态下的本构方程。基于该本构方程,通过有限元分析软件 MSC.Marc 对网格结构和蜂窝结构的成形过程进行模拟分析,可知在 970℃/3×$10^{-4}s^{-1}$ 条件下,Ti-22A-27Nb 合金具有最佳的延伸率为 236%;在确定两相邻扩散连接部位间芯板的变形宽度为 10mm 的前提下,对扩散连接部位宽度分别为 2mm 和 6mm 的成形过程进行了有限元分析,通过分析对比可知,扩散连接部位越窄,连接部位在面板成形过程中越容易产生凹陷,芯板的拉长越不充分。

3.4　Ti-22Al-27Nb 钛合金结构件力学性能与显微组织

为了确定获得的四层蜂窝结构的承载能力,在室温条件下进行了局部结构件在压缩情况下的力学测试,测试的试样是通过线切割的方法从如图 3-26 所示的结构件上截取一定宽度的局部构件。在压缩条件下的承载能力测试示意图如图 3-25 所示,上压头下降速度为 0.5mm/min。

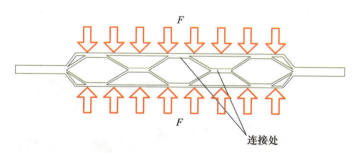

图 3-25　蜂窝结构压缩测试示意图

四层蜂窝结构压缩测试下的应力-位移曲线如图 3-26 所示,压缩面积始终设定为上表面与上压头的初始接触面积,图 3-26(b) 为在不同变形阶段结构件内部结构的变化。从图 3-26(a) 可以看出,蜂窝结构的抗压性能在不断变化,最初阶段随着位移的增加抗压强度基本呈线性增加,当位移为 0.84mm 时,结构的抗压强度达到最大值 7.7MPa,之后随着位移继续增大,结构件的抗压强度逐渐下降。对于结构件,从图 3-26(b) 不同阶段的变形可以看出,在压缩过程的主要变形为芯板扩散连接部位的扭转变形和芯板的弯曲变形,这两种变形将导致结构件的失稳。在压缩的初期,压缩应力未达到峰值之前,结构件是比较稳定的,强度会随着压缩进行增大。随着变形的进行,芯板扩散连接部位扭曲的角度变大,芯板弯曲过渡使得对结构的增强作用逐渐失效,图 3-26(b) 第 3 阶段和第 4 阶段。从四个不同时刻的变形特征可以看出,芯板部位的变形具有一定的一致性。

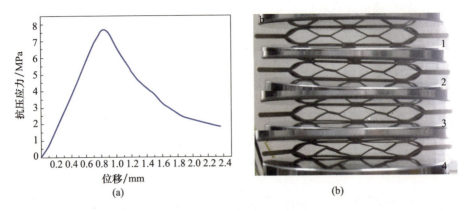

图 3-26 压缩状态下

(a)应力-位移曲线；(b)蜂窝结构在不同阶段的变形。

超塑成形/扩散连接后材料的微观组织如图 3-27 所示，与图 3-1 中的原始组织相比，组织变化相当明显，这主要是由于材料发生了一定量的塑性变形以及在高温条件下长时间的热暴露。对图 3-27 的不同相进行能谱分析，在图 3-27(b) 中三种不同衬度相的具体元素含量如表 3-3 所示。由表 3-3 分析得出，位于相间的最明亮的相 a 为基体相 β/B2 相，颜色最深的呈黑色相 b 为 α_2 相，灰色呈板条状的相 c 为 O 相。

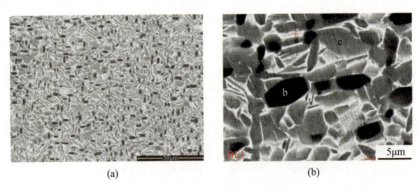

图 3-27 SPF/DB 后材料的微观组织

表 3-3 成形后微观组织相组成

标号	1	2	3
Ti/%（原子分数）	52.79	59.16	52.36
Al/%（原子分数）	16.36	26.19	25.35
Nb/%（原子分数）	30.85	14.65	22.28
可能相组成	β/B2	α_2	O

为了对结构件扩散连接部位的连接质量进行分析,通过扫描电镜观察了扩散界面的微观组织,如图 3-28 所示。其中,图 3-28(a)和图 3-28(b)分别为面板与芯板(图 3-28 中 a 位置)和两个芯板之间(图 3-28 中 b 位置)扩散连接接头中间界面的微观组织照片,从两图中可以看出,在连接界面处无任何连接缺陷存在,基体之间连接为一体获得了良好的连接接头,说明连接参数 970℃/10MPa/2h 对于本试验扩散连接工艺是很合适的。成形后材料性能的下降与组织的改变有直接的联系。对比图 3-1 原始组织和图 3-28 成形后的材料组织,可以看出,板材的原始组织为第二代 O 相合金组织(β/B2 + O)两相,而成形后的组织明显为(α_2 + β/B2 + O)三相。α_2 相是脆性相,且与基体 β/B2 相的兼容性差,成形后材料中 α_2 相存在造成材料在同样拉伸条件下强度和塑性的下降。

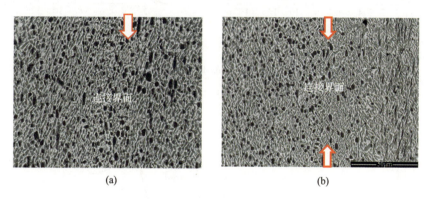

图 3-28 扩散连接界面微观组织
(a)芯板与面板间;(b)芯板与芯板间。

图 3-29 所示为 Ti_2AlNb 基合金在超塑成形/扩散连接之后材料在室温和高温条件下的拉伸性能,图 3-30 所示为原始材料在室温和高温条件下的拉伸性能。拉伸试样取自结构件的面板上,试样的截取方向与扩散连接带的方向一致,在试样上不存在扩散连接区域。高温拉伸选择的温度分别为 650℃、700℃、750℃ 和 800℃,这些温度在 Ti_2AlNb 基合金的使用温度附近。

在室温条件下,成形后材料的抗拉强度和延伸率分别为 915MPa 和 4.42%。在温度区间 650~800℃,抗拉强度和延伸率与温度有关。随着温度的升高,抗拉强度减小而延伸率增加。从应力应变曲线可以看出,在高温下,当流动应力达到最大值后,出现了一个稳态下降的阶段直至最终的断裂,而在常温条件下,流动应力达到峰值的时候试样发生了断裂。当拉伸温度从 650℃ 变化到 800℃ 时,抗拉强度从 684MPa 降低至 461MPa,而延伸率从 6.7% 增加到 14.5%。

对比图 3-29 和图 3-30,相同温度条件下的工程应力应变曲线,可以看出经过超塑成形/扩散连接之后材料的性能出现了明显的下降。在室温下,抗拉强度和延伸率分别为由 1072MPa 下降到 915MPa 以及从 5.62% 减小到 4.42%。在 650℃ 时拉伸应力 981MPa 下降到 684MPa 而延伸率从 10.48% 减小到 6.7%。在 800℃ 时,延伸率由原始材料的 31.5% 减小到 14.5%,而抗拉强度降低 77MPa。

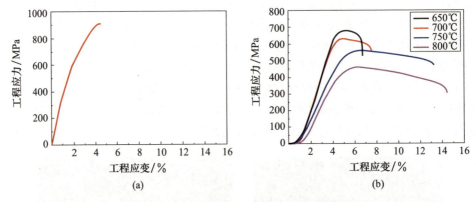

图 3-29　成形后 Ti_2AlNb 基合金的拉伸性能

(a)室温;(b)高温。

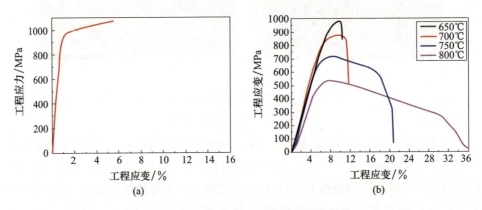

图 3-30　原始 Ti_2AlNb 基合金的拉伸性能

(a)室温;(b)高温。

表 3-4 所列为室温和 650~800℃ 条件下原始材料与超塑成形/扩散连接后材料的抗拉强度与延伸率的对比。从表中可以看出,在成形前后材料的抗拉强度与延伸率降低的比例,在所有测试温度下,抗拉强度的降低均在 14% 以上,而由于变性前后内部微观组织的明显改变,延伸率的下降要更大,均在 20% 以上。对于抗拉强度,在室温时降低约为 14.6%,但在 650℃ 时降低了 30%,而随着温度的增加,抗拉强度的差值和降低率也在逐渐减小,到 800℃ 拉伸时,降低率同室温基本一致。而延伸率的降低率则呈现无规律的变化,在 700℃ 及以下温度拉伸时,成形后

材料的延伸率在 10% 以下,在 750℃ 和 800℃ 时,延伸率均在 14% 左右;而对于原始材料,在 800℃ 条件下,均匀变形阶段的延伸率达到了 31.5%,要远高于成形后的拉伸性能。

表 3-4 原始材料与成形后材料在室温和 650~800℃ 的力学性能对比

温度/℃	抗拉强度			延伸率		
	原始材料/MPa	成形后/MPa	降低率/%	原始材料/%	成形后/%	降低率/%
室温	1072	915	14.6	5.62	4.42	21.3
650	981	684	30.3	10.48	6.7	36
700	877	632	27.9	11.4	7.49	34.3
750	718	560	22.0	18.3	13.2	27.8
800	538	461	14.3	31.5	14.5	53.9

通过研究 Ti-22Al-27Nb 合金在超塑温度(950℃ 和 970℃)下的扩散连接性能可知,在真空条件下对 Ti-22Al-27Nb 合金进行扩散连接,在 970℃/10(15)MPa/2h 条件下可获得质量良好的连接接头,室温剪切强度分别为 308MPa 和 342MPa。蜂窝结构面板和芯板的厚度减薄量均很小。对比有限元分析得到的厚度分布和结构件相应部位实测厚度,最大厚度差为 0.06mm,出现在芯板部位,对于面板和扩散连接部位的厚度预测比较准确。

在成形前后,材料的微观组织发生了明显的改变,而对于连接部位组织观察表明在连接界面无缺陷存在。对比材料在成形前后力学性能的变化,成形后材料的力学性能无论在室温还是高温均有一定程度的降低。结构件的抗压强度约为 7.7MPa。

参考文献

[1] Deng J, Lin Y C, Li S S, et al. Hot tensile deformation and fracture behaviors of AZ31 magnesium alloy[J]. Materials & Design, 2013, 49: 209-219.

[2] 司玉锋, 孟丽华, 陈玉勇. Ti_2AlNb 基合金的研究进展[J]. 宇航材料工艺, 2006, 36(3): 10-13.

[3] 王邵丽, 曾卫东, 马雄, 等. 固溶温度对 Ti-22Al-25Nb 合金微观组织的影响[J]. 热加工工艺, 2009, 38(08): 106-109.

[4] POPILLE F, DOUIN J. Comparison of the deformation microstructures at room temperature in O and B2 phases of a Ti_2AlNb alloy[J]. Journal De Physique IV, 1996, 6: C2-C211.

[5] Jiménez J A, Ruano O A, Frommeyer G, et al. Superplastic behaviour of two extruded gamma TiAl(Mo, Si) materials[J]. Intermetallics, 2005, 13(7): 749-755.

[6] Wang Y, Wang J N, Yang J. Superplastic behavior of a high – Cr TiAl alloy in its cast state[J]. Journal of Alloys and Compounds, 2004, 364(1 – 2): 93 – 98.
[7] Safiullin R V, Rudenko O A, Enikeev F U, et al. Superplastic forming of sandwich cellular structures from titanium alloy[C]//Materials Science Forum. Trans Tech Publications Ltd, 1997, 243: 769 – 774.

第4章

Ti – 22Al – 24.5Nb – 0.5Mo 合金中空结构超塑成形/扩散连接工艺

4.1 Ti–22Al–24.5Nb–0.5Mo 合金板材原始组织结构

以中科院金属研究所提供的名义成分 Ti – 22Al – 24.5Nb – 0.5Mo(at.%)(后续章节简称 Ti$_2$AlNb 基合金)的热轧板材为研究对象,该材料终轧温度为 960℃,后经 1000℃,2h 退火处理,材料密度为 5.3g/cm^3。供货状态板材微观组织如图 4 – 1(a)所示。

采用 EBSD 对合金原始板材进行分析,由图 4 – 1(b)可知,初始组织中大晶粒沿热轧方向被拉长,其间分布着细小的等轴晶粒。其中红色、绿色晶界分别表示 2°~5°、5°~15°的小角度晶界,蓝色的晶界表示 15°以上的大角度晶界。其中 2°~5°的小角度晶界数目为 32324 个,总长度为 746.46μm,所占比例为 21.6%;5°~15°的小角度晶界数目为 8609 个,总长度为 198.82μm,所占比例为 5.8%;15°以上的大角度晶界数目为 108357 个,总长度为 2.50mm,所占比例为 72.6%。从图 4 – 1(b)所示的晶界取向差的统计分布图中可以更加详细地看出,各角度晶界的分布规律,5°~15°范围的小角度晶界很少,2°~5°的范围为主要的小角度晶界范围;大角度晶界占绝大多数,且在 45°附近出现峰值。从晶粒尺寸分布图 4 – 1(c)可以看出,3~7μm 的大晶粒尺寸约占 20% 的比例,是原始组织中存在的大晶粒。材料内部小于 3μm 的小晶粒占绝大多数(约为 80%),这些细小晶粒是合金经过轧制、大量的初始晶粒发生再结晶所产生的。材料内部的平均晶粒直径为 1.79μm。

图 4 – 2 和图 4 – 3 所示分别为 Ti$_2$AlNb 基合金供货状态板材晶粒的取向分布图和极图。从中可以看出,显微组织主要由粗大的带状晶粒和细小的等轴状晶粒

组成，具有明显的择优取向。在原始晶界周围存在着许多被大角度晶界包围的细小再结晶晶粒。这主要是由于 Ti_2AlNb 基合金为多相结构，其中的 α_2 相结构经热轧后产生 $\{1120\}<0001>\pm20°$ 织构；B2 相结构产生 $\{111\}<112>$ 织构。经热轧后 Ti_2AlNb 基合金不仅产生平行于轧面的形变织构，也在其他方向产生较强织构，如(001)、(110) 晶面与轧面成较强的 45°取向，这说明在热轧过程中产生再结晶织构。

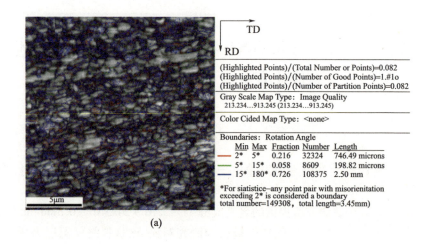

(a)

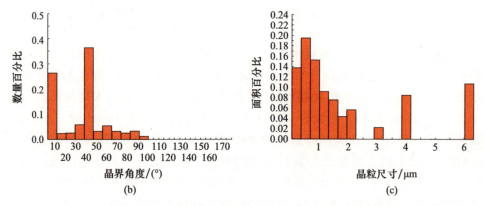

图 4-1　Ti_2AlNb 基合金供货状态板材微观组织

(a) 供货状态板材晶界分布图；(b) 取向角分布图；(c) 晶粒尺寸分布图。

晶粒取向分析表明，Ti_2AlNb 基合金供货状态板材组织形态与热轧方向密切相关：合金组织更容易沿热轧方向变形，产生平行于轧面的形变织构（板织构）；而在垂直于热轧方向较困难。同时，随着变形的进行，组织中动态回复抵消不掉加工硬化的增加，位错密度继续增加。

当材料内部的畸变达到一定程度后，内部产生较细小的晶粒。随着变形的继续进行,晶粒也不断发生变形又产生了新的加工硬化、位错增值、动态回复和动态再结晶,这样的回复与再结晶过程产生不平行于轧面的再结晶织构。动态再结晶的发生促使 Ti_2AlNb 基合金组织中条状相的"破碎",但这种"破碎"需要一定的时间[1]。高应变速率变形时,无充分的"破碎"时间,条状晶粒形状变化不大;低应变速率变形时,"破碎"时间充分,相等轴化过程结束的较早。由于条状相粒子的等轴化一旦结束,晶粒就会发生长大,因此为了获得高的超塑性组织,"破碎"过程不宜过早结束。

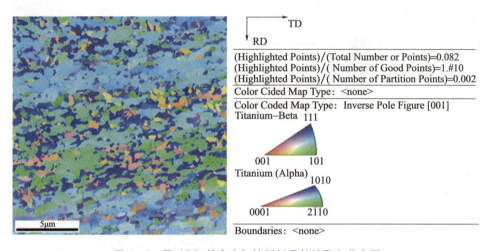

图 4-2　Ti_2AlNb 基合金初始板材晶粒的取向分布图

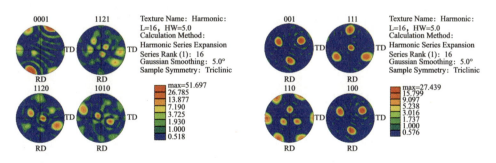

图 4-3　Ti_2AlNb 基合金供货状态板材显微组织图

图 4-4 所示为原始板材的背散射电子像,图中灰褐色基体中分布着黑色等轴状晶粒,部分等轴状晶粒扁平化。根据 Nb 元素的含量可以确定 $α_2$ 相、O 相、B2 相,各相中 Nb 元素含量的关系为 $B2 > O > α_2$。图 4-5 所示为 Ti_2AlNb 合金初始板材中各相元素含量的 EDS 点分析结果。灰色相 Nb 元素原子百分比为 24.58%,深灰色相中 Nb 元素原子百分比为 13.13%。

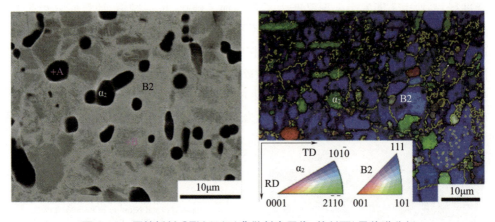

图4-4 原始板材 SEM 组织(背散射电子像,轧制面)及能谱分析

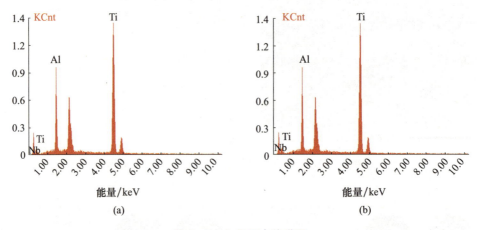

图4-5 A、B 两点能谱图

(a)A 点能谱;(b)B 点能谱。

背散射电子像的衬度与合金各相的平均原子序数有关,原子序数越大,衬度越亮,反之则越暗。据此可以看出,原始板材主要由两相或三相组成。对图中方框区域及 A、B 两点进行能谱分析,如图4-5所示,A 点处 Al 含量偏大,Nb 含量偏小,衬度较暗;B 点处 Nb 含量偏大,Al 含量偏小,衬度较亮。该合金板材退火温度为1000℃,由 Ti-22Al-xNb 相图4-6可知,该温度处于由 $\alpha_2 + \beta$/B2 + O 三相区到 α_2 + B2 两相区的转变温度附近,因此,理论上,构成原始板材的两个主相应为 α_2 相和 B2 相。由 Al 是 α 相稳定元素、Nb 是 β 相稳定元素及相关文献[3]可以断定,图中 Nb 含量较少的较暗区域为 α_2 相,Nb 含量较多的较亮区域为 B2 相。α_2 相近乎等轴状,分布于 B2 相内。

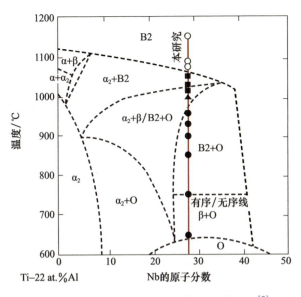

图 4-6　Ti-22Al-xNb 的合金垂直截面图[2]

4.2　Ti-22Al-24.5Nb-0.5Mo 合金原始板材超塑性能

在温度为 920～960℃以及应变速率为 10^{-4}～$10^{-3}\mathrm{s}^{-1}$ 时研究 Ti-22Al-24.5Nb-0.5Mo 合金的超塑性变形能力及其特征。选用的实验材料为 Ti_2AlNb 基合金化热轧态板材钛合金板材。将上述热轧态板材(厚 1mm)，在 960℃时保温 0.5h 后能够获得含量超过 50% 的 O 相和较为细小均匀的晶粒尺寸。

在 DNS100 实验机上进行超塑性拉伸，拉伸方向沿轧制方向，拉伸时试样表面涂覆高温抗氧化涂料。试样加工遵循金属超塑性材料拉伸性能测定方法 GB/T 24172，线切割板材加工成标距尺寸为 18mm×6mm×1.0mm 的拉伸试样(图 4-7)。

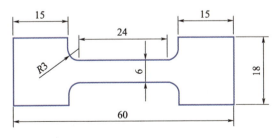

图 4-7　超塑性拉伸试样

拉伸测量的应变速率范围为 10^{-4}～$10^{-3}\mathrm{s}^{-1}$，通过计算可以确定夹头的最高速度 V = 1.44mm/min，最低速度为 0.144mm/min。为了计算应变速率敏感性指数 m

值,需要3组速度不同的试验,故而取另一速度0.72mm/min,分别在920℃、940℃、960℃三个温度进行试验各温度下工程应力-应变曲线,如图4-8所示。

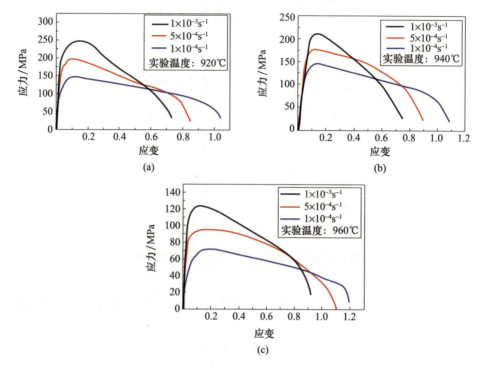

图4-8 不同温度下的应力应变曲线

(a)920℃,不同应变速率;(b)940℃,不同应变速率;(c)960℃,不同应变速率。

图4-9为延伸率与温度及应变速率关系,920℃时候延伸率小,材料在该温度下显示出超塑性,但其断后伸长率并不高。随着温度的升高,材料的延伸率也呈增

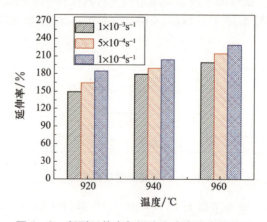

图4-9 断裂延伸率与温度和应变速率的关系

加趋势,主要是因为温度升高可以降低临界切变应力并提高原子的自由能,促进晶界的滑移。在940℃、960℃时,延伸率随着应变速率降低而增加,在960℃低应变速率下拉伸,其最高应变量可达到230%。

根据式(4-1)求得10%的流动应力(表4-1),即应变为10%工程应变所对应的流动应力。

$$\sigma_{10} = \frac{1.1F_{10}}{S_0} \tag{4-1}$$

表4-1 σ_{10} 流动应力

实验温度/℃	拉伸速度/(mm/min)	σ_{10}/MPa
920	0.144	206.68
	0.72	266.36
	1.44	286.59
940	0.144	109.71
	0.72	181.44
	1.44	208.52
960	0.144	75.89
	0.72	129.45
	1.44	153.91

通常 m 值决定于实验条件和材料本身,超塑性材料 m 值一般在 $0.3 \sim 1^{[4]}$,m 值越高材料的超塑性越好。根据式(4-2)可知,m 值为应力-应变速率双对数曲线的斜率。

$$m = \frac{\mathrm{d}(\ln\sigma_{10})}{\mathrm{d}(\ln\varepsilon)} \tag{4-2}$$

图4-10所示为 $\sigma_{10} - \dot{\varepsilon}$ 应变速率双对数曲线,对3条线线性拟合得到各温度下 m 值(表4-2)。显然,随着温度的升高,m 值增加,温度较高时呈现较好的超塑性。

各温度下工程应力-应变曲线呈现相同规律。在相同温度下,最大应力随应变速率增加而升高,温度越高时显示出更好的塑性及超塑性。因此,Ti_2AlNb 合金的最佳超塑性变形条件:温度960℃,变形速率0.144mm/min,获得延伸率高于230%,温度为960℃时,应变速率敏感指数为0.31,其最大延伸率和应变速率敏感性指数均满足 SPF/DB 的工艺要求。

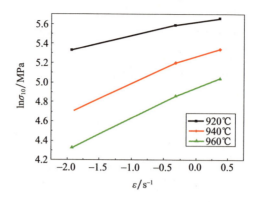

图4-10 $\sigma_{10} - \dot{\varepsilon}$ 双对数曲线

表4-2 不同变形温度下 m 值

温度/℃	920℃	940℃	960℃
m 值	0.14	0.28	0.31

4.3 Ti-22Al-24.5Nb-0.5Mo板材自由胀形性能

4.3.1 板材自由胀形的力学解析

超塑性胀形分为恒压胀形和恒应变速率胀形两种。保证材料在最佳应变速率下胀形，可以充分发挥材料的超塑性能，提高成形极限，改善工件的厚度分布。但恒应变速率控制的压力-时间曲线较为复杂，不易精确加载。低应变速率会大大延长成形时间，而高应变速率则容易导致零件成形失败。如何得到有利于超塑成形的最优压力-时间曲线，对零件的成形效率和质量具有重要意义。

自由胀形实验分别是在920℃、940℃和960℃双向拉应力状态下研究成形能力与规律。从中揭示了自由胀形球壳壁厚分布的变化规律，表征了板材自由胀形前后组织变化。研究表明：胀形初期球壳曲面接近球面，顶点曲率半径与Hill理论值相吻合；随着胀形高度的增加，球壳顶点逐渐椭球化，对于同等高度球壳，胀形温度越低（m 值越小），球壳顶点曲率半径越小，椭球化程度越大。920℃和940℃胀形后，O相大量析出，并发生粗化和球化；960℃胀形后，层片状O相分布于B2相基体中。

气压成形装置如图4-11所示，主要由压力机、电阻炉、温控系统和供气系统组成。凹模内径100mm，过渡圆角半径3mm，模具材料为ZG3Cr24Ni7SiNRe（以下简称Ni_7N）。板坯规格为160mm×160mm×1.0mm。

图 4-11　高温气压成形装置

实验时,首先将板坯放入凹模和进气板之间,然后将其放入高温电阻炉中加热,炉温至设定温度后,用 100kN 液压机将模具压紧密封,由氩气钢瓶按一定加载路径通入氩气,使板坯在一定温度和气压下胀形。胀形结束后,将气路中氩气排出,卸去压力机压力,随炉冷却至室温取出工件。

图 4-12 所示为板材自由气压胀形过程。图中,a 为凹模内孔半径(mm);s_0 为板坯的原始厚度(mm);h 为胀形高度(mm);s 为胀形过程中瞬时壁厚(mm);ρ 为胀形件顶部曲率半径(mm);p 为胀形气体压力(MPa)。

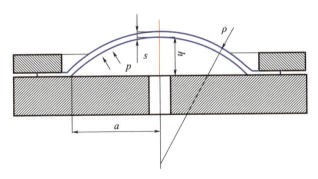

图 4-12　板材自由气压胀形示意图

胀形过程没有模具型腔的限制,因而不存在摩擦作用,圆毛料周边受压板压紧,不发生变形,变形仅发生在未夹紧部分。为对胀形过程进行力学分析,特作如下假设[5]。

(1)胀形的瞬间,薄板变形部分相当于受内压力的圆球壳的一部分,因此圆周部分各点具有相同的曲率和厚度,变形部分均处于双向等拉应力状态,其应力状态如图 4-13 所示。

(2) 薄板的厚度与球壳的曲率半径之比非常小,因而可忽略弯曲效应,认为应力均匀分布于球壳的厚度上[6]。

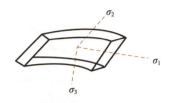

图 4-13 薄板胀形应力分布

板材在自由胀形时,其等效应力与等效应变关系可取(不考虑加工硬化)

$$\dot{\varepsilon}_e = \left(\frac{\sigma_e}{K}\right)^{\frac{1}{m}} \qquad (4-3)$$

根据上述假设,可规定其球壳的切向和周向应力分别为 σ_1 和 σ_2,厚向主应力为 σ_3,可求得各个方向的主应力为

$$\begin{cases} \sigma_1 = \sigma_2 = \dfrac{p\rho}{2s} \\ \sigma_3 \approx 0 \end{cases} \qquad (4-4)$$

式中:ρ 为球壳的曲率半径;s 为球壳的厚度;p 为胀形压力。

在这种情况下,等效应力为

$$\sigma_e = \sigma_1 = \sigma_2 = \frac{p\rho}{2s} \qquad (4-5)$$

其三个方向的应变为

厚向应变:

$$\varepsilon_3 = \ln\frac{s}{s_0} \qquad (4-6)$$

切向和轴向主应变:

$$\varepsilon_1 = \varepsilon_2 = -\frac{1}{2}\varepsilon_3 \qquad (4-7)$$

式中:s_0 为板材的原始厚度,其等效应变为

$$\varepsilon_e = |\varepsilon_3| = \ln\frac{s_0}{s} \qquad (4-8)$$

球壳上各点的应变速率为

$$\dot{\varepsilon}_3 = \frac{d\varepsilon_3}{dt} = \frac{ds}{sdt} \qquad (4-9)$$

$$\dot{\varepsilon}_1 = \dot{\varepsilon}_2 = -\frac{\dot{\varepsilon}_3}{2} \qquad (4-10)$$

根据其等效应变的定义可得

$$\dot{\varepsilon}e = 2\dot{\varepsilon}_1 = |\dot{\varepsilon}_3| = -\frac{\mathrm{d}s}{s\mathrm{d}t} \quad (4-11)$$

根据图 4-13,可求得球壳的瞬时曲率半径为

$$\rho = a^2 + \frac{h^2}{2h} \quad (4-12)$$

引入无量纲高度参数:

$$H = \frac{h}{a} \quad (4-13)$$

代入式(4-12):

$$\rho = \frac{a(1+H^2)}{2H} \quad (4-14)$$

根据体积不变条件,变形前后壳的体积应该相等,即

$$V_0 = \pi a^2 s_0 = \pi s(a^2 + h^2) = \pi a^2 (1+H^2) \cdot s \quad (4-15)$$

因此变形后的厚度为

$$s = \pi a^2 s_0 / \pi a^2 (1+H^2) = s_0 / (1+H^2) \quad (4-16)$$

将式(4-15)、式(4-16)代入式(4-15)可得等效应力为

$$\sigma_e = pa(1+H^2)^2 / 4s_0 H \quad (4-17)$$

将式(4-17)代入式(4-8)可得等效应变为

$$\varepsilon_e = \ln(1+H^2) \quad (4-18)$$

吹塑过程中球壳的厚度变化率为

$$\frac{\mathrm{d}s}{\mathrm{d}t} = -\frac{2Hs_0}{(1+H^2)^2}\frac{\mathrm{d}H}{\mathrm{d}t} \quad (4-19)$$

将式(4-16)和式(4-19)代入式(4-11),求得等效应变速率:

$$\dot{\varepsilon}_e = \frac{2H}{(1+H^2)}\frac{\mathrm{d}H}{\mathrm{d}t} \quad (4-20)$$

对式(4-17)取微分,得微分方程:

$$\mathrm{d}\sigma_e = \sigma_e \frac{\mathrm{d}p}{p} + \sigma_e \left[\frac{4H^2 - (1+H^2)}{(1+H^2)H}\right]\mathrm{d}H \quad (4-21)$$

胀形过程可分为两种方式,即恒压胀形过程和恒应变速率胀形过程。前一种过程保持球壳内气压始终维持在预先设定值,即胀形过程应变速率一定是变化的,后一种过程与前一种过程相反,胀形过程中维持应变速率不变,则在胀形过程中球壳内的压力一定要按照预先规定的数值变化。恒压胀形过程的初始条件时间 $t = t_0$ 时,施加的压力已达到规定值,此时毛料已经产生了初步的变形,无量纲参数 $H = H_0$,其压力曲线如图 4-14 所示。

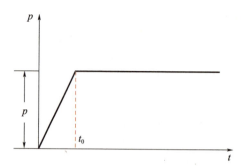

图 4-14 恒压过程压力和时间的关系

根据已知的 p 和 H_0，可求得初始等效应力和等效应变速率。

$$\sigma_{ei} = pa(1+H_0^2)^2/4s_0 H_0 \tag{4-22}$$

初始等效应变速率：

$$\dot{\varepsilon}_{ei} = \left(\frac{\sigma_{ei}}{K}\right)^{\frac{1}{m}} \tag{4-23}$$

因为恒压过程 $\mathrm{d}p=0$，则式(4-21)变成

$$\frac{\mathrm{d}\sigma_e}{\sigma_e} = \left[\frac{4H^2-(1+H^2)}{(1+H^2)H}\right]\mathrm{d}H \tag{4-24}$$

取积分得

$$\int_{\sigma_{ei}}^{\sigma_e}\frac{\mathrm{d}\sigma_e}{\sigma_e} = -\int_{H_0}^{H}\frac{(1+H^2)-4H^2}{(1+H^2)H} \tag{4-25}$$

解得

$$\frac{\sigma_e}{\sigma_{ei}} = \frac{(1+H^2)}{(1+H_0^2)} \cdot \frac{H_0}{H} \tag{4-26}$$

对上式求导数取极值，解得极值点位置：

$$H = \frac{1}{\sqrt{3}}$$

根据初始条件，当 $\sigma_e = \sigma_{ei}$ 时，$\dot{\varepsilon}_e = \dot{\varepsilon}_{ei}$，故

$$\frac{\dot{\varepsilon}_e}{\dot{\varepsilon}_{ei}} = \frac{(\sigma_e/K)^{\frac{1}{m}}}{(\sigma_{ei}/K)^{\frac{1}{m}}} = \left(\frac{\sigma_e}{\sigma_{ei}}\right)^{\frac{1}{m}} = \left[\frac{(1+H^2)^2}{(1+H_0^2)^2} \cdot \frac{H_0}{H}\right]^{\frac{1}{m}} \tag{4-27}$$

对式(4-27)求极值，当 $H=1/\sqrt{3}$ 对应的 $\dot{\varepsilon}_e/\dot{\varepsilon}_{ei}$ 为极小值。利用式(4-22)、式(4-23)和式(4-27)可求得应变速率与球壳内应力额定关系：

$$\dot{\varepsilon}_e = \left[\frac{(1+H^2)^2}{H} \cdot \frac{pa}{4Ks_0}\right]^{\frac{1}{m}} \tag{4-28}$$

对于恒压胀形过程,如何确定压力 p 是一个重要的问题。为了保持恒压过程的应变速率始终在超塑性应变速率范围内应利用上式计算压力 p,使在整个胀形范围内材料始终处于超塑性要求的范围内。

4.3.2 板材胀形后组织演变

采用恒压胀形方式,胀形温度为 920℃、940℃ 和 960℃,等效应变速率控制在 $\dot{\varepsilon}_e = 1.0 \times 10^{-3} s^{-1}$ 左右,其加载曲线如图 4-14 所示。

由超塑测试结果可求得板材于 $\dot{\varepsilon} = 1.0 \times 10^{-3} s^{-1}$,$T = 920℃$、940℃ 和 960℃ 条件下的 Backoften 本构方程为

$$\begin{matrix} \sigma = 754.18\dot{\varepsilon}^{0.14} & (T = 920℃) \\ \sigma = 1443.04\dot{\varepsilon}^{0.28} & (T = 940℃) \\ \sigma = 1309.87\dot{\varepsilon}^{0.31} & (T = 960℃) \end{matrix} \quad (4-29)$$

将各个温度下的 k、m、a(模具设计时 $a = 50mm$)代入式(4-28)可求得不同胀形压力下球壳极点处等效应变速率 $\dot{\varepsilon}_e$ 随胀形高度 h 的函数关系:

$$\dot{\varepsilon}_e = \left[\frac{(1+H^2)^2}{H} \cdot \frac{pa}{4Ks_0} \right]^{\frac{1}{m}} \quad (4-30)$$

图 4-15 所示为 $T = 920℃$、940℃ 和 960℃ 下胀形压力分别为 4.9MPa、3.3MPa 和 2.4MPa,时的 $\dot{\varepsilon}_e - H$ 关系曲线。可以看出,在恒压胀形过程中,$\dot{\varepsilon}_e$ 随 h 先增加后降低再升高,$h = 10 \sim 46mm$ 范围内,$\dot{\varepsilon}_e = 2.0 \times 10^{-3} \sim 0.5 \times 10^{-3} s^{-1}$,接近目标值。由于在加压初始阶段,应变速率随胀形高度呈直线上升,因此胀形压力可从零逐渐增加至最大值,由此绘制胀形加载路径如图 4-16 所示。

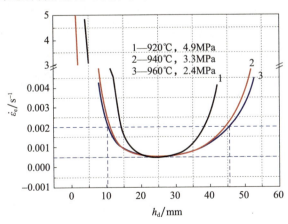

图 4-15 $\dot{\varepsilon}_e - h_d$ 关系曲线

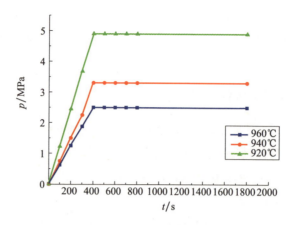

图 4-16　胀形加载路径

由图 4-16 所示加载路径加载获得的胀形件(图 4-17)可知,920℃胀形高度略低于 940℃胀形高度,但这两个温度点的胀形高度都低于 960℃胀形高度。从 920℃到 940℃,温度升高了 20℃,其胀形压力减小 1.6MPa,两者高度差别不大,球壳顶点处曲率半径 ρ 相差不大。从 940℃到 960℃,温度同样升高 20℃,压力降低到仅为 0.9MPa,其胀形高度 h 相对于 940℃增加了 7mm,球壳顶点处曲率半径 ρ 相差大,球顶出现尖顶形状,这说明材料在 960℃时成形性能远远优于 940℃,板材对温度显得更敏感。

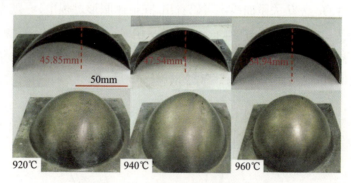

图 4-17　Ti_2AlNb 基合金自由胀形图片

由式(4-12)计算得出的 ρ 值在 h 较小时偏差较大,理论值小于实际测量值,随着 h 的增加,二者数值越发接近,并最终趋于相等。960℃胀形 ρ 值的数值模拟结果与 Hill 理论值吻合较好,说明此温度下成形时球壳曲面更接近于球面,这与图 4-17 实物图片显示结果一致。在图 4-17 中在 920℃自由胀形时球面发生偏移,导致球顶的椭球化,这说明在该温度下材料变形不均匀程度严重。而在 960℃胀形时弧顶基本接近于球面,其胀形时破裂点也接近于球顶。显然,m 值越大椭球化程度越弱,反之越强。合金960℃变形 m 值比在920℃变形大,因此,960℃胀形件的椭球度比920℃胀形件小,其胀形高度也高于920℃时胀形高度。

关于自由胀形球顶曲率半径 ρ 与高度 h 的关系已有很多学者进行了研究[7],Hill 基于球面假设忽略凹模过渡圆角的影响提出二者关系如式(4-12)ρ 与 h 关系的理论计算实验结果如图4-18所示。

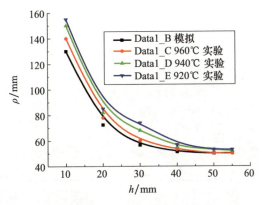

图4-18 $\rho - h_d$ 关系曲线

图4-19所示为胀形件壁厚减薄情况,均匀温度场下自由胀形件的壁厚分布极不均匀,从球壳底部至顶部,壁厚逐渐减小。原始板材胀形后组织分析如下:920℃胀形球壳底部与顶部组织如图4-20(a)(b)所示。球底部与顶部组织相差很大,整个胀形件组织分布不均匀。B2 相基体中都有大量 O 相析出。底部因未参与塑性变形,为发生回复和再结晶,O 相呈片状;顶部变形程度最大,O 相已明显球化并成为主相,并明显球化,B2 相含量明显减少,夹挤在 O 相晶粒之间,形成等轴细晶组织,α_2 相在顶部明显减少,这是由于在920℃变形时,材料还处于 B2 + O 相两相区,顶部变形过程中发生了 α_2 向 O 相的转变。

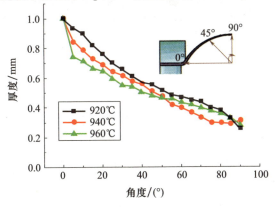

图4-19 920℃、940℃和960℃胀形件的厚度分布

940℃胀形球壳底部与顶部组织如图4-20(c)(d)所示,球底部和顶部的组织差别不大,在底部由于不参与变形或少量参与变形,O相呈板条状,少量α_2相呈等轴状,并被O相板条包围,基体为B2相。顶部组织以三相组织为主,B2相数量明显减少,α_2相分布于基体O相中。由相图知940℃时,材料正好处于B2+O和α_2+B2+O三相交界处,此时球顶部有少量α_2相存在,可能是发生了O相向α_2相的转变,顶部α_2相和底部相比,其等轴化程度不同可断定顶部的α_2相为变形过程中再生组织。

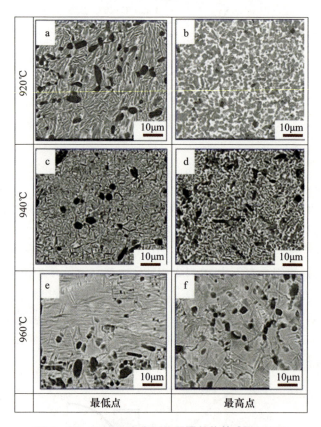

图4-20 不同温度胀形件不同部位的SEM组织

960℃胀形球壳底部与顶部组织如图4-20(e)(f)所示。底部与顶部组织相近,整个胀形件组织分布较为均匀。B2相基体中也都有大量O相析出,呈层片状。整个基体还是以B2为主,组织呈现为三相组织,O相呈片状分布于基体之中,黑色α_2相呈等轴状。材料在960℃变形时处于三相α_2+B2/β+O区域,底部虽没参加变形,也同样发生了相转变。

通过上述研究,得出的结论如下:采用SEM、EBSD等方法对原始板材料的组织、织构和晶界等进行分析并对 O 相、α_2 相及 B2 进行标定。原始板材是以 B2 相为基体的两相或三相组织,晶粒沿热轧方向被拉长,其间分布着细小的等轴晶粒,小角度晶粒约为 27.5%,基体大角度晶界约为 72.5%。

以 O 相为基的 Ti_2AlNb 基合金在 920~960℃范围内,在应变速率 10^{-4}~$10^{-3}s^{-1}$ 范围内均能获得一定程度的超塑性,在 920℃能获得近乎 190%断后伸长率,其应变速率敏感性指数为 0.14,而在 940℃时可获得 200%的断后伸长率,其应变速率敏感性指数为 0.28,在 960℃时其应变速率敏感性指数为 0.31,可获得 230%左右的断后伸长率。

920~960℃范围内自由胀形,所胀球壳壁厚分布极不均匀,从底部至顶部,壁厚逐渐减小,且胀形温度越低(m 值越小),壁厚分布均匀性越差。960℃均匀温度场下自由胀形,整个胀形件组织分布都很均匀。B2 相基体中有大量 O 相析出,但都呈层片状且尺寸跨度较大。在成形后冷却过程中,小尺寸 O 相析出使胀形件得到强化。

4.4　Ti-22Al-24.5Nb-0.5Mo 合金不同温度固溶组织演变

4.4.1　固溶处理及相组成分析

材料的名义成分为 Ti_2AlNb 基合金的热轧制板材,密度为 $5.3g/cm^3$,终轧温度为 940℃,退火工艺为 1000℃,保温 2h。为了获得更好的综合力学性能,现将 Ti_2AlNb 基合金轧板在 850~1050℃区间进行固溶处理,保温时间为 30min,随后迅速水淬以保留热处理态的组织。采用金相显微镜(OM)、场发射扫描电子显微镜(SEM:FEI Quanta 200 FEG)和透射电镜(TEM)分析样品的组织。图 4-21 所示为 Ti_2AlNb 基合金轧板金相组织照片,合金由 O 实物图片显示结果一致 B2 和 α_2 相

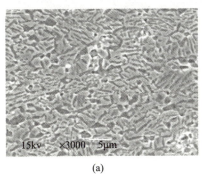

(a)

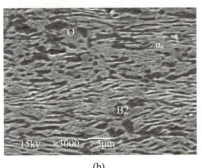

(b)

图 4-21　Ti_2AlNb 基合金轧板金相组织

(a)垂直于轧向;(b)平行于轧向。

组成。图 4-21(a)为合金垂直于轧向的均匀、细小组织,O 相为等轴状,B2 相和 O 相间有少量的 α_2 相颗粒,B2 相颜色较暗,α_2 颜色较亮,O 相颜色介于 B2 与 α_2 相之间。而沿热轧方向的 B2 相因轧制变形而被拉长(图 4-21(b))。

图 4-22 所示为 Ti_2AlNb 基合金轧板 XRD 图谱,由图可见,合金中含有大量的 O 相和 B2 相,由其峰值所占面积可以算出,O 相的质量分数约为 62%,B2 相的质量分数约为 36%,α_2 相的数量很少。

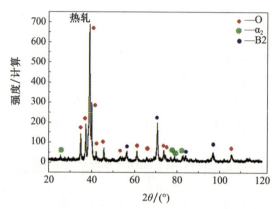

图 4-22 Ti_2AlNb 基合金轧板 XRD 图谱

图 4-23(a)中组织更均匀,而图 4-23(b)组织中 B2 相发生变形而被拉长,这是由于试样组织状态与热轧方向密切相关,在金属热轧变形中,合金组织更容易沿热轧方向变形,而在垂直于热轧方向较困难,因此,可在垂直于热轧方向观察到细小等轴组织。

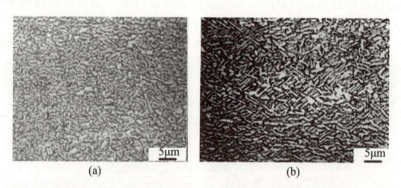

图 4-23 Ti_2AlNb 基合金轧板 850℃ 固溶处理的金相组织
(a)垂直于轧向;(b)平行于轧向。

图 4-23 所示为 Ti_2AlNb 基合金轧板在 850℃ 固溶处理 30min 后水淬得到的显微组织。由图可见,合金显微组织由 O 和 B2 相组成。由图 4-23(b)的金相组

织可知,B2 和 O 相分布均匀,O 相大部分呈条状,其中一部分沿热轧方向,另一部分沿与热轧方向成约 45°分布;也有少量的不规则粒状 α_2 相。

图 4-24 所示为 Ti_2AlNb 基合金轧制板材 850℃固溶处理后的 XRD 图谱,由图可见,合金主要由 O、B2 相组成,其质量分数分别为 60.32% 和 37.88%。O 相含量较热轧态减少,B2 相含量增多,表明在该温度下合金发生了 O→B2 相转变。α_2 含量较低,同热轧态时相似。

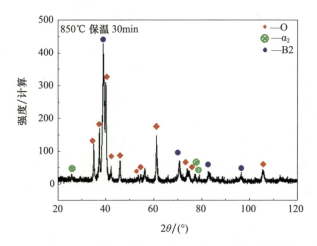

图 4-24 Ti_2AlNb 基合金轧板 850℃固溶处理后合金的 XRD 图谱

图 4-25 所示为 900~980℃温度固溶处理后的金相照片。由图可见,随着固溶处理温度的提高,O 相的形态和数量也发生变化。900℃固溶处理后 O 相大部分呈条状且主要沿热轧方向分布于 B2 相基体中,亦有少量颗粒状 α_2 相;960℃固溶处理后条状 O 相明显减少,颗粒状 α_2 相增多;980℃固溶处理后条状 O 相几乎全部消失,观察到的均为细小颗粒状 B2 相。随着固溶处理温度的升高,板条状的 B2 相逐渐转化成等轴、细小的 B2 相,试样由板条状组织逐渐转变为等轴状组织。

(a)

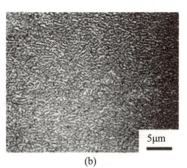
(b)

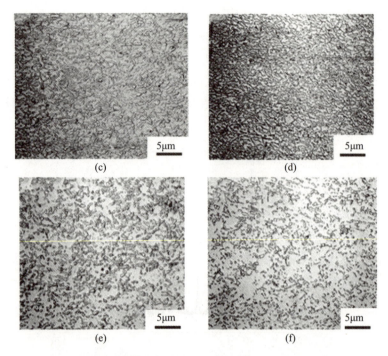

图4-25 Ti₂AlNb基合金轧板不同固溶处理温度的微观组织

(a)900℃,垂直于轧向;(b)900℃,平行于轧向;(c)960℃,垂直于轧向;
(d)960℃,平行于轧向;(e)980℃,垂直于轧向;(f)980℃,平行于轧向。

图4-26、图4-27所示为 Ti₂AlNb 基合金在960℃和980℃固溶处理后的 XRD 图谱。经计算,在960℃固溶处理后的组织中 O 相约占55.05%,B2 相约占44.95%;在980℃固溶处理后的组织中 O 相约占52.17%,B2 相约占47.83%;随固溶温度升高,B2 相含量呈现逐渐增加的趋势,而 O 相含量相对下降,α_2 相基本不存在。

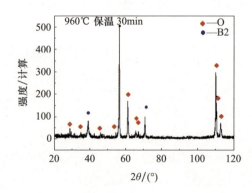

图4-26 Ti₂AlNb基合金轧板960℃固溶处理XRD图谱

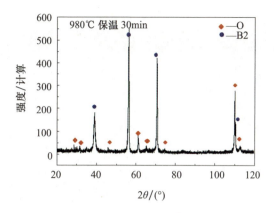

图 4-27　Ti₂AlNb 基合金轧板 980℃合金的 XRD 图谱

图 4-28 所示为 Ti₂AlNb 基合金轧板经 1050℃固溶处理后的 SEM 照片。由图可见，原始板材在 1050℃即 B2 相区固溶 30min 后，初生 α₂ 相完全固溶于 B2 相基体中，B2 相因失去初生 α₂ 相的钉扎作用迅速长大。因此，对于该类合金，无论是热加工、热成形还是热处理都应避免在 B2 单相区内进行。

图 4-28　Ti₂AlNb 基合金轧板 1050℃SEM 固溶处理的微观组织

图 4-29 所示为 Ti₂AlNb 基合金轧板 1050℃固溶处理 30min 水淬后的 TEM 形貌照片与衍射斑点照片。由图可见，合金从 B2 相区水淬到室温过程中，B2 相晶粒内部及晶界处均无其他相析出，说明通过水冷方式保留该合金的高温组织是可行的。

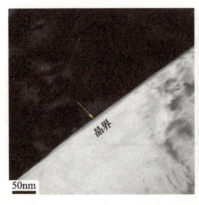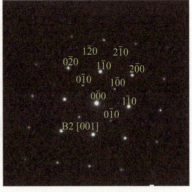

图4-29　Ti$_2$AlNb基合金轧板1050℃固溶处理的TEM照片与衍射斑点

4.4.2　固溶处理后组织演变分析

根据 Ti$_2$AlNb 基合金在不同固溶处理温度下的显微组织及 XRD 图谱,可以分析合金组织演变过程。研究结果表明,Ti$_2$AlNb 基合金经过固溶处理后组织均匀、细化。随固溶处理温度的升高,B2 相含量逐步增加,由条状转变为细小颗粒状,且分布均匀。同时,O 相随温度的提高,逐步减少,发生了 O 到 B2 相转变。在850℃时,O 相含量多;在980℃时,O 相含量仍在50%以上,这表明合金在850~980℃,合金基体为 O 相,B2 相和 α$_2$ 相作为第二相或第三相存在。热轧态原始组织中的 α$_2$ 相经固溶处理后逐渐消失,组织由三相变为两相,在1050℃热处理后微观组织变为完全单相 B2 相组织。

由此可见,α$_2$ 相可能是热轧时的残留组织。在850~980℃区间内合金主要为 O 相和 B2 相,在1050℃附近合金处于单相 B2 相区。Ti$_2$AlNb 基合金可能发生的相变包括:B2→O + α$_2$,B2 + O→α$_2$,B2 + α$_2$→O,B2→B2 + O,B2→B2 + α$_2$,α$_2$→α$_2$ + O 等。Kumpfert 等对 Ti-22Al-25Nb 合金的相变动力学进行研究,得出时间-温度-转变(TTT)曲线。合金 B2 + O + α$_2$ 三相非常狭窄,已接近一条线,而 B2 + O 两相区则相对宽广,说明冷却过程中 O 相较 α$_2$ 相易析出。在 B2 相区固溶后进行水冷(120K/s 曲线),B2 相来不及发生相变而被保留到室温,在 B2 相区固溶后空冷(9K/s 曲线)则发生 B2 相向 O′相的转变。Ti$_2$AlNb 基合金轧板在850~960℃进行固溶处理,组织中的 α$_2$ 相逐渐消失,组织由 α$_2$ + B2 + O 三相变为 B2 + O 两相,晶粒有等轴化趋势。在 O + B2 两相区对合金进行固溶处理时发生 O + B2→B2 + O′→B2 转变。轧制态的 B2 + O 两相或 α$_2$ + B2 + O 三相合金经固溶处理后 O 相会向 B2 相转变导致 B2 相含量增加,水冷过程中 B2 相来不及发生相变而被保留到室温。在

980~1050℃的 B2 相区固溶处理伴随着初生 α₂ 相的溶解过程,初生 α₂ 相及 O 相完全转变为 B2 相,B2 相晶粒因失去初生 α₂ 相对其晶界的钉扎作用而迅速长大。

4.5　Ti-22Al-24.5Mo-0.5Mo 及 Ti-22Al-24.5 Nb-0.5Mo/TA15 合金扩散连接性能

扩散连接取主要决于扩散连接层深度和扩散连接界面微观组织状态,而这两者都受扩散连接温度(T)、时间(t)、压力(P)影响。温度、时间、压力三个工艺参数的最佳结合才能得到理想的扩散连接接头。

现研究 Ti_2AlNb 合金与 TA15 合金的扩散连接是探究两者使用温度不同的材料实现扩散连接的可能性及其扩散连接接头的强度,如果能够实现 Ti_2AlNb 合金与 TA15 合金的可靠扩散连接,就可以将这两种材料组合起来实现多层结构 SPF/DB 工艺,工艺实现时外层板用 Ti_2AlNb 基合金,芯层板用 TA15 合金。这种结构在使用时既发挥了 Ti_2AlNb 基合金耐高温的特点,又发挥了 TA15 合金超塑性能和扩散连接性能优越的工艺特点,同时由于芯层板采用 TA15 合金的密度低于 Ti_2AlNb 基合金的还可以取到结构减重的优势。后续工艺研究中将针对 Ti_2AlNb 基合金多层结构开展 SPF/DB 工艺研究,同时也对外层采用 Ti_2AlNb 基合金和内层开展 TA15 合金开展多层结构 SPF/DB 工艺研究。

图 4-30 所示为 TA15 合金和 Ti_2AlNb 基合金在 920℃ 和 15MPa 的条件下,连接时间分别为 150min、210min 时扩散连接试样的室温拉伸应力-应变曲线。可以看出,连接时间为 150min 时抗拉强度为 881MPa,延伸率约为 2.07%;连接时间为 210min,时抗拉强度为 877MPa,延伸率约为 1.91%。相比较发现,连接时间为 150min 条件下 DB 的拉伸性能较好,但与 940℃ 条件下相比各性能参数稍低。由相

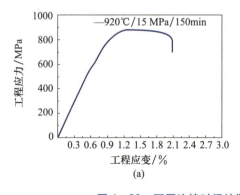
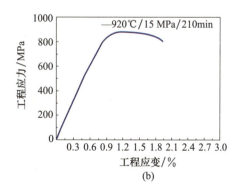

(a)　　　　　　　　　　　　　(b)

图 4-30　不同连接时间扩散连接的拉伸应力-应变曲线

应条件下显微组织分析可知,连接时间为 210min 时,扩散连接接头组织里有粗大的板条组织,且连接界面处连续分布着大量 α_2 相,拉伸的断裂面位于扩散连接界面靠近 TA15 一侧。连接时间为 150min 时,拉伸断裂面位于扩散连接界面处,该条件下的组织特点为,靠近 TA15 合金一侧为粗大的板条分布在基体上,同时在连接界面处存在部分颗粒状 α_2 相,B2 相基体有所粗化和增多。

图 4-31 所示为相应条件下扩散连接试样拉伸断口形貌。由图可以看出,拉伸断口为沿晶脆性断裂特征,说明温度较低时,元素扩散不充分,接头处分布着脆性相。可见,温度较低时扩散连接接头性能差。由显微组织的背散射照片可知,在拉伸过程中,扩散连接接头内的板条组织起第二相强化作用,使晶内强度明显提高;晶内的滑移变形需要较高的应力作用。从而使晶界将成为薄弱环节,且晶界附近魏氏组织的存在更易引起位错的塞积而形成裂纹,并将迅速沿晶界扩展,从而使试样过早地发生沿晶解理断裂。

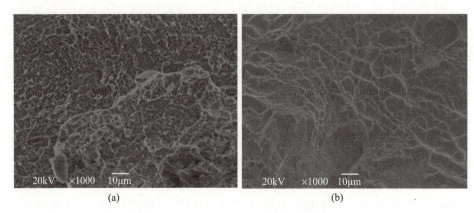

图 4-31 不同连接时间扩散连接试样的拉伸断口形貌

4.5.1 Ti-22Al-24.5Nb-0.5Mo 合金同种材料扩散连接

采用真空热压扩散工艺对 Ti_2AlNb 基合金进行同种及异种材料扩散连接。在连接过程中,要求真空度达到 10^{-4}Pa。扩散连接工艺参数为连接温度、保温时间及连接压力,即以一定的加热速率达到扩散连接温度,保温一段时间后加压到所需压力,并保压至扩散连接所需时间后卸载、炉冷。通过 Ti_2AlNb 基合金高温拉伸试验,得到合金在 950℃ 条件下,应变速率分别为 $1\times10^{-3}s^{-1}$、$1\times10^{-4}s^{-1}$、$5\times10^{-5}s^{-1}$ 时,合金的高温屈服强度依次是 57MPa、30MPa、23MPa。随着应变速率的减小,合金的高温屈服强度明显降低。连接压力为 10~15MPa。

在线切割设备上切取 8mm×10mm×5mm 的矩形小试样,经过多道砂纸打磨平整后分别进行机械抛光和电解抛光。采用 D/MAX2500V 型 X 射线衍射仪对扩散连接剪切断面及两边母材的物相结构进行分析。X 射线衍射分析采用铜靶,工作电压 40kV,工作电流 50mA,扫描速度为 10°/min,波长为 0.15nm,衍射角变化范围 10°~90°,步长 0.02°,每步 0.5s。

在 MTS-809 拉伸机(图 4-32)上进行扩散连接样件室温拉伸力学性能测试,变形速率为 $10^{-3}s^{-1}$。试样尺寸如图 4-33 所示,并保证连接界面位于拉伸试样的中间。试样经线切割制备后放置在超声清洗器中洗去污垢,用砂纸磨除线切割痕迹。观察拉伸断口形貌,研究连接温度、连接压力及保温时间对扩散连接接头质量的影响。用显微硬度计 MH-3L,对连接界面过渡区及附近两侧母材的显微硬度进行测定,试验载荷 100g,加载时间 10s。

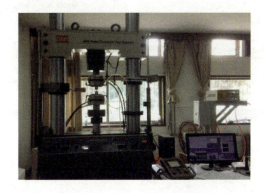

图 4-32　MTS-809 试验机

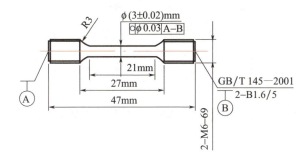

图 4-33　拉伸试样

图 4-34 所示为 Ti_2AlNb 基合金在 945℃/15MPa/120min 和 945℃/10MPa/90min 两种不同连接参数下界面的显微组织。图 4-34(a)为该条件下界面不同倍数微观组织照片。可以看出,在 945℃/15MPa/120min 的扩散连接条件下,扩散连接界面基本实现了冶金结合,发生了穿越初始接触界面的晶粒生长(再结晶),初始界面消失,接头处组织状态与母材有一定差异,母材呈 $B2+O+α_2$ 三态组织,O

相呈细板条分布于 B2 相基体中；接头处为细小的椭球状或等轴状组织,以 O + α_2 两相组织为主。原始板材的组织为 B2 + α_2 两相组织,只有极少的 O 相组织。而在 945℃扩散连接后 O 相大量析出,从相图可知这是由于 945℃处于两相组织和三相组织交界处,在升温过程中发生了 α_2 向 O 相的转变,导致基体中 α_2 相减少,O 相增加。图 4 – 34(b)为 945℃/10MPa/90min 条件下的扩散连接接头微观组织,接头处存在部分断续孔洞,冶金结合差,母材中也有大量 O 析出,α_2 相明显减少。

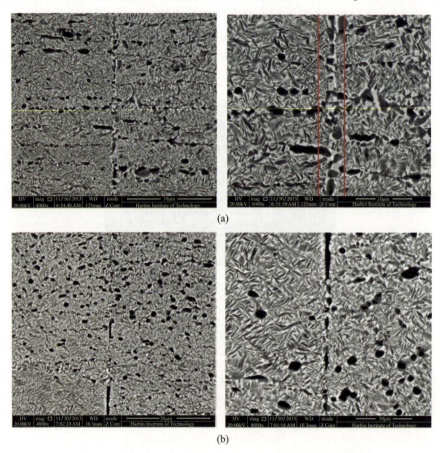

图 4 – 34　Ti_2AlNb/Ti_2AlNb 合金材料扩散连接界面显微组织

(a)945℃/15MPa/120min；(b)945℃/10MPa/90min。

可见,由于扩散连接压力小、时间短会造成扩散不充分,在扩散连接界面处形成微孔或局部未焊合处。连接压力小会导致界面处微观塑性变形不充分,没有形成良好的扩散通道。保温时间短,蠕变扩散机制在扩散连接的过程中没有发挥有效作用,部分空洞没来得及闭合。图 4 – 34(a)中 Ti_2AlNb + Ti_2AlNb 扩散连接的界面宽度不十分明显,沿扩散焊合线附近,扩散层仅为 5μm,扩散界面层窄,这可能是由于同种材料其扩散界面的微观组织接近于母材,其连接界面并不明显。

图 4-35 所示为以上两种扩散连接条件下拉伸应力-应变曲线。在 945℃/15MPa/120min 的扩散连接条件下,其抗拉强度为 1136MPa,接近母材的断裂强度 90%,断后伸长率为 2.5%,其断裂处在扩散连接的界面处。在 945℃/10MPa/90min 的扩散连接条下,其抗拉强度为 962MPa,仅为母材强度的 80%,断裂伸长率为 1.5%,呈明显的脆性断裂。拉伸试验结果与连接接头显微组织分析结果一致。

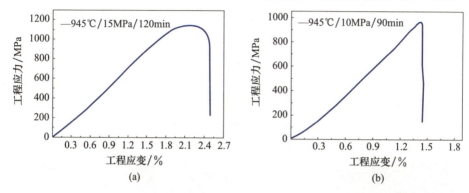

图 4-35 Ti$_2$AlNb/Ti$_2$AlNb 合金同种材料扩散连接试样的强度

(a)945℃/15MPa/120min;(b)945℃/10MPa/90min。

以上结果可看出,采用合理的扩散连接参数后,Ti$_2$AlNb 基合金的扩散强度能够达到母材的 90%,但是其塑性较差。

4.5.2 Ti-22Al-24.5Mo/TA15 合金异种材料扩散连接

设计时考虑到 TA15 合金的扩散连接温度为 920~930℃,而 Ti$_2$AlNb 基合金的扩散连接温度在 940~960℃,如果选择 Ti$_2$AlNb 基合金的扩散连温度,在加压时 TA15 合金锻坯可能会被压扁镦粗,所以试样选择了 920℃ 和 940℃ 作为扩散连接温度,选择 15MPa 作为扩散连接压力,通过调整扩散连接时间来确定扩散界面层深度,试样设计如图 4-36 所示。

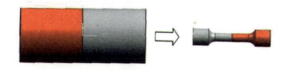

图 4-36 Ti$_2$AlNb/TA15 合金对接试样

图 4-37 所示为 TA15 和 Ti$_2$AlNb 基合金在 920℃ 和 15MPa 的条件下,连接时间分别为 120min、150min、210min 时扩散连接接头的背散射电子显微组织,左边为

TA15 合金,右边为 Ti$_2$AlNb 基合金。由于为异种材料的扩散连接,两侧金属成分差别较大,扩散连接后,扩散层处组织明显区别于两侧母材的组织。各连接时间下扩散层的深度分别约为 24μm、25μm 和 30μm。扩散连接层在 TA15 钛合金一侧的深度小于在 Ti$_2$AlNb 基合金中的深度,当温度和压力一定时,保温时间越长,扩散层深度越大。

从图 4-37 中还可看出,由于扩散连接时间的不同,扩散连接处的显微组织差别也较大。连接时间为 120min 时,连接接头处在靠近 Ti$_2$AlNb 基合金一侧为等轴组织,同时含有少量的细板条组织;在靠近 TA15 合金一侧,在 β 转变基体上分布着交错编织成网篮状的片状 α$_2$/O 相组织,为网篮组织;在连接界面处存在大量椭球状的 α$_2$ 相。当连接时间为 150min 时,扩散连接组织靠近两侧母材的均呈网篮组织,靠近 TA15 合金一侧为粗大的板条分布在基体上;同时在连接界面处也散落分布着一定数量椭球状的 α$_2$ 相。当连接时间为 210min 时,连接接头组织不均匀且都存在大量的脆性相 α$_2$ 相,这将会影响合金的塑性、降低接头的强度。

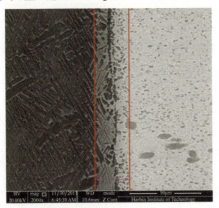
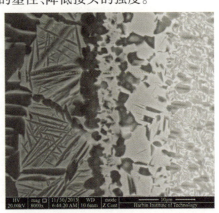

(a)

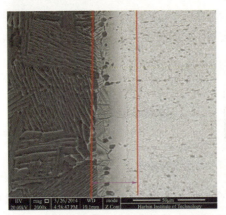
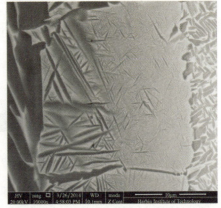

(b)

第4章　Ti-22Al-24.5Nb-0.5Mo合金中空结构超塑成形/扩散连接工艺

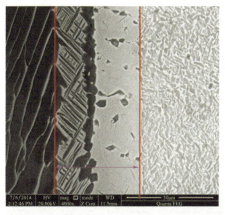
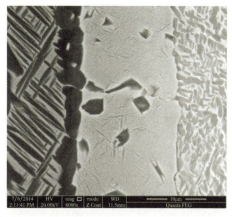

(c)

图4-37　不同连接时间扩散连接接头的背散射电子显微组织
(a)920℃/15MPa/120min；(b)920℃/15MPa/150min；(c)920℃/15MPa/210min。

图4-38所示为TA15和Ti$_2$AlNb基合金在940℃和10MPa的条件下,连接时间分别为150min、210min时扩散连接接头的背散射电子显微组织。可以看出,扩散层深度及组织均不同。连接时间为150min时,扩散层深度约为30μm,组织分布较为均匀。靠近TA15一侧的接头为板条取向排列较混乱的网篮组织；靠近Ti$_2$AlNb基合金一侧的接头为板条更细小的网篮组织。连接时间为210min条件下,扩散层深度约为45μm。扩散连接接头组织靠近TA15一侧为板条取向排列较混乱的网篮组织和板条取向排列整齐的魏氏组织的混合。通过对比可知,保温时间为150min为最佳时间。

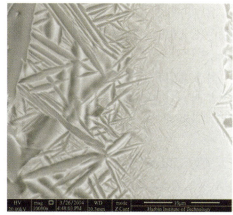

(a)

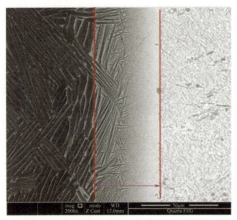 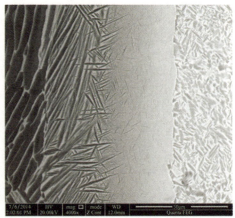

(b)

图 4-38　不同连接时间扩散连接接头的背散射电子显微组织

(a)940℃/10MPa/150min；(b)940℃/10MPa/210min。

对比 TA15 和 Ti$_2$AlNb 基合金在 940℃/10MPa/150min，920℃/15MPa/150min 条件下扩散连接的背散射电子显微组织，分别见图 4-38(a) 和图 4-38(b)。其扩散层深度分别约为 25μm 和 30μm，可见温度对扩散层深度的影响要大于连接压力的影响。同时，940℃/10MPa/150min 条件下扩散接头组织中脆性相 α$_2$ 相更少，获得了更好的接头组织。采用扫描电镜对连接接头做元素线扫描分析，可以看出扩散连接接头处的元素分布。横坐标是样品位置，纵坐标代表元素的特征 X 射线计数强度。每种元素用一种颜色的曲线表示在样品这条线上的浓度变化，强度越高的位置，元素含量越高。因此，通过元素的浓度变化情况可判断出扩散连接区域。

图 4-39 给出了 TA15 和 Ti$_2$AlNb 基合金在 920℃ 和 15MPa 的条件下，连接时间分别为 150min、210min 时扩散连接接头处 EDS 线扫描结果。可以看出，Ti、Al、Nb 元素均发生了一定程度的扩散，其中 Nb 元素从 Ti$_2$AlNb 合金一侧向 TA15 钛合金一层扩散，其浓度分布在界面层处从 Ti$_2$AlNb 合金一侧向 TA15 钛合金一侧递减。两种连接时间条件下元素扩散深度分别约为 25μm、30μm。即连接时间越长，元素扩散越充分，元素的扩散层深度越大。

图 4-40 给出了 TA15 和 Ti$_2$AlNb 基合金在 940℃ 和 10MPa 的条件下，连接时间分别为 150min、10min 时扩散连接接头处 EDS 线扫描结果。图中黄色线段为线扫描区段，红色、绿色及蓝色的曲线分别代表 Al、Ti、Nb 元素的含量在扫描线上的浓度变化，A 区域为 Ti$_2$AlNb 基合金母材，B 区域为 Ti$_2$AlNb 一侧的扩散层，C 区域为 TA15 一侧的扩散层，D 区域为 TA15 母材。可以看出，界面元素均发生了明显的扩散反应。

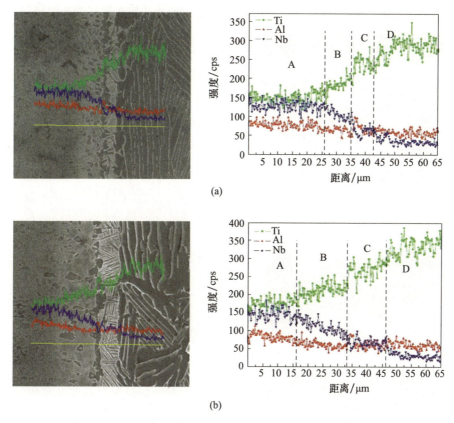

图4-39　不同连接时间扩散连接接头的 EDS 线扫描像
(a) 920℃/15MPa/150min；(b) 920℃/15MPa/210min。

由 A 区和 D 区的元素线扫描结果可知，Ti_2AlNb 基合金主要元素为 Ti、Al、Nb，TA15 合金的主要元素为 Ti 和 Al。位于扩散层的 B 区域与 A 区域 Ti_2AlNb 母材相比，Ti 元素含量升高，Al、Nb 元素含量降低，表明 Ti 由含量高的 TA15 一侧扩散到 Ti_2AlNb 一侧，而 Al、Nb 由含量高的 Ti_2AlNb 一侧扩散到 TA15 一侧。扩散层的 C 区域与 D 区域 TA15 母材相比，Ti 元素含量降低，Al、Nb 元素含量升高，且距离扩散界面越近元素含量与母材处含量相差增大。同时由线扫描结果可确定，连接时间为 150min 时，三种元素的扩散深度约为 30μm；连接时间为 210min 时，元素扩散深度约为 40μm，这与在显微组织上测量的结果一致。比较两种条件下的元素扩散结果，210min 时扩散层深度更大，且相应位置的元素强度显著高于 150min 时，说明扩散时间越长，元素扩散越充分。因此在同样的保温时间下，元素扩散层深度越大，分布越均匀。由接头处显微组织可确定，连接温度为 920℃时，接头扩散层的显微组织在 B 区域及连接界面处，均有较多粗大的等轴状 $α_2$ 相存在，这显然对接头性能不利。可见,温度不仅影响元素扩散的程度,同时也决定扩散层的组织状态。

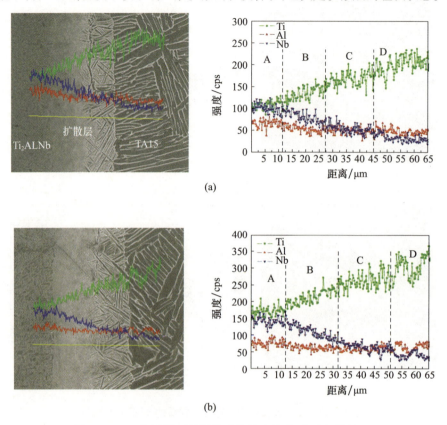

图4-40 不同连接时间扩散连接接头的EDS线扫描结果
(a)940℃/10MPa/150min;(b)940℃/10MPa/210min。

通过施加剪切力从Ti_2AlNb/TA15基合金扩散界面处连接接头分离成TA15一侧和Ti_2AlNb一侧两部分,见图4-41。对Ti_2AlNb/TA15合金接头剪切界面两侧进行X射线衍射物相分析,并对衍射结果进行标定。

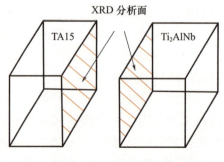

图4-41 XRD分析面

第4章　Ti-22Al-24.5Nb-0.5Mo 合金中空结构超塑成形/扩散连接工艺

图 4-42 所示为在 940℃/10MPa/150min 条件下扩散连接后，Ti_2AlNb 基合金母材和 TA15 合金母材的背散射电子显微组织。Ti_2AlNb 合金母材微观组织包括 O 相、B2 相和 α_2 相三相。B2 相为基体相，颜色最浅；O 相为等轴状或条状分布在基体上；B2 相和 O 相间有少量的 α_2 相颗粒，颜色最暗。TA15 合金微观组织包括 α 相、β 相两相。α 相为主要相，如图中的板条状组织，同时分布少量的 β 相，颜色较亮。

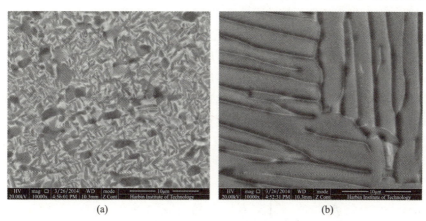

图 4-42　940℃/10MPa/150min 下扩散连接合金母材的显微组织
(a) Ti_2AlNb 基合金；(b) TA15 合金。

图 4-43 所示为相应条件下扩散连接后 Ti_2AlNb 基合金母材和断口处的 X 射线衍射图谱。由相图可知，940℃ 为 Ti_2AlNb 基合金（B2+O+α_2）三相区。对 XRD 衍射图进行分析，Ti_2AlNb 基合金母材显微组织中存在 B2、O 和 α_2 三个相衍射谱线，O 相的衍射峰最强，α_2 相的衍射峰最弱。结合母材 Ti_2AlNb 基合金的显微组织分析，该显微组织主要是 B2 和 O 相。由其峰值所占面积计算得出，O 相的百分含量约为 70%，B2 相的百分含量约为 26%，α_2 相的数量很少，与显微组织所观察结

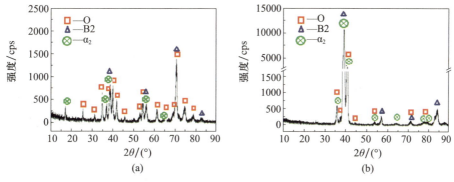

图 4-43　Ti_2AlNb 基合金扩散连接 X 射线衍射图谱
(a) Ti_2AlNb 基合金母材；(b) Ti_2AlNb 基合金断口。

果相一致。断口处 Ti_2AlNb 基合金显微组织中也存在 B2,O 和 α_2 三个相衍射谱线,与母材组织相比,α_2 相明显增多,B2 相和 O 相减少。可见扩散连接后,扩散连接接头处 Ti_2AlNb 基合金一侧的相含量分布变化较大。由前面的扩散连接接头处的元素线扫描结果可知,相比母材部分 Ti_2AlNb 基合金在接头处的 Ti 元素含量增加,Nb 含量降低,Al 元素含量变化不大。

图 4-44 为相应条件下扩散连接后 TA15 合金母材和断口处的 X 射线衍射图谱。相比较发现,断口处成分与母材成分差别很大,母材组织主要包括 α 相、β 相两相,其中 α 相为主要相,约占 95%。同母材组织相比,TA15 扩散连接断口一侧的 α 相减少,且有一定的 α_2 相存在,β 相含量增多,合金还有一部分 B2 相和 O 相存在。可见在扩散连接过程中,伴随着元素的扩散,元素在接头处含量重新分布,使接头处的 TA15 合金相含量及成分发生很大变化。

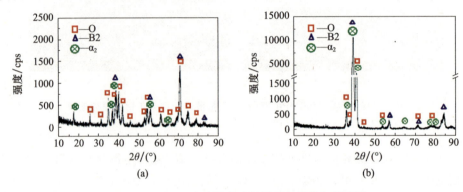

图 4-44　TA15 合金扩散连接界面 X 射线衍射图谱
(a)TA15 合金母材;(b)TA15 合金断口。

图 4-45 所示为在 920℃/15MPa/150min 下扩散连接断口处 Ti_2AlNb 基合金和 TA15 合金的 X 射线衍射图谱。与 940℃的条件下相比,图 4-45(b)条件下扩

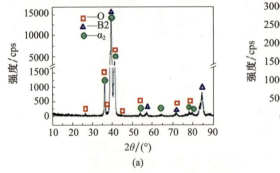
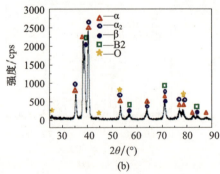

图 4-45　920℃/15MPa/150min 下两种扩散连接断口处合金的 X 射线衍射图谱
(a)Ti2AlNb 基合金;(b)TA15 合金。

散连接头处 Ti₂AlNb 合金一侧的 B2 相含量较少，α₂ 含量较多，O 相含量变化不大。可见温度较低时，脆性相 α₂ 的含量增多，塑性形 B2 相减少，因而接头性能降低。而 TA15 合金扩散连接断口处的 α/α₂ 相较少，与 TA15 合金母材组织成分的差异较小。综合说明，在一定温度范围内，较高的温度下不仅有利于两侧元素的扩散，扩散层增加，同时接头处的相组成分布也对接头性能更为有利。

图 4-46 所示为 TA15 和 Ti₂AlNb 基合金在 940℃ 和 10MPa 的条件下，连接时间分别为 150min、210min 时扩散连接试样的室温拉伸应力-应变曲线。当连接时间为 150min 时抗拉强度为 907MPa，延伸率约为 2.3%；连接时间为 210min 时抗拉强度为 880MPa，延伸率约为 2.15%。

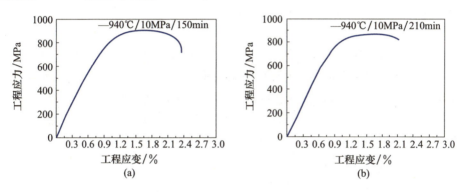

图 4-46 TA15&Ti₂AlNb 合金不同结合时间的拉伸应力应变曲线
(a)940℃/10MPa/150min；(b)940℃/10MPa/210min。

图 4-47 所示为相应条件下扩散连接试样拉伸断口形貌。可以看出，在 150min 时，拉伸断口由大量的韧窝组成，为韧性断裂，该组织表现出良好的拉伸性能。此时，扩散连接接头处 TA15 合金一侧组织有 α₂/O 相颗粒的存在，Ti₂AlNb 基合金一侧为 B2 基体上分布细小 O 相板条，使其对位错运动的阻碍作用明显增强。

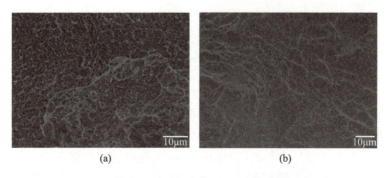

图 4-47 不同连接时间扩散连接试样的拉伸断口形貌
(a)940℃\10MPa\150min；(b)940℃\10MPa\210min。

基体上 O 相和 B2 相之间存在良好的变形协调关系,使该处组织有良好的变形性。另外,在等轴 α_2/O 相颗粒及板条组织的周围连续 B2 相的存在,分散了边缘的局部应力集中,改善了可变形性,使合金具有良好的室温塑性。连接时间为 210min 时,扩散连接试样拉伸断口有部分韧窝状存在,韧窝组织粗大,同时还存在明显的脆性断口形貌。此时,由于保温时间过长,扩散连接接头处 TA15 合金一侧组织为粗大的板条组织,Ti_2AlNb 基合金一侧也只有少量的细小 O 相板条分布在 B2 相基体上;虽然 B2 相具有良好的变形性,但由于缺少 O 相的强化作用,因而该条件下组织的室温拉伸性能表现较差。

4.5.3　扩散连接反应层厚度模型

扩散连接温度越高扩散系数越大,金属的塑性变形能力越好,连接表面达到的紧密接触所需要的压力越小。但是加热温度受到再结晶、低熔共晶和金属间化合物生成等因素的影响,而且扩散连接温度还必须兼顾材料超塑成形温度、相变温度、动态再结晶、晶粒长大、晶界滑移扩散等因素。要实现后续 SPF/DB 复合工艺,扩散连接温度还必须考虑到能够实现该材料的最佳超塑性,根据材料超塑性测试,确定扩散连接的温度区间为 920~960℃。

扩散连接时间也称保温时间,主要取决于原子扩散和界面反应的程度,同时也对所连接金属的蠕变产生影响。连接时间不同,所形成的界面产物和界面结构不同。扩散连接时,要求接头成分均匀化的程度越高,连接时间就将以平方的速度增长。扩散过程中的原子的平均迁移距离与扩散过程持续的时间的平方根成正比,成形压力的主要作用是使扩散连接表面产生微观塑性变形,以达到最大的紧密接触,同时抑制扩散孔洞的产生,从而可近似地认为,在一定范围内扩散层厚度与压力值平方成正比。因此,可将扩散层厚度(界面层总厚度的一半)与连接温度、时间及压力之间写出如下关系:

$$\delta_h^2 = Zt \quad (4-31)$$

$$Z = Z_0 \exp\left(-\frac{Q}{RT}\right) \quad (4-32)$$

$$Z_0 = \lambda P^2 \quad (4-33)$$

式中:δ_h 为扩散界面层厚度的 1/2;Z 为与温度压力有关扩散界面层成长系数;Z_0 为压力大小对界面层的贡献系数;t 扩散连接时间;λ 压力系数。

在扩散温度,扩散压力和扩散时间区间范围确定后可根据正交试验方案开展试验,其拉伸试样如图 4-48 所示。这种试样主要用来测试扩散焊接接头的拉伸强度,也可用来进行微观组织分析确定扩散连接界面层的厚度。

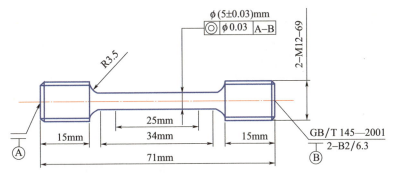

图 4-48 拉伸试样

表 4-3 为 TA15 合金和 Ti_2AlNb 基合金扩散焊接的测试结果。从表中数据可以看出，两种材料扩散连接强度可达到 TA15 钛合金母材的 90% 左右。

表 4-3 Ti_2AlNb/TA15 合金扩散焊接试样方案

序号	材料	温度/K	时间/s	压力/(10^6Pa)	拉伸强度/MPa	界面层深度/μm
1	Ti_2AlNb + TA15	1193	7200	15	890	23.48
2	Ti_2AlNb + TA15	1193	9000	15	920	25.75
3	Ti_2AlNb + TA15	1193	12600	15	960	29.56
4	Ti_2AlNb + TA15	1213	5400	10	890	17.18
5	Ti_2AlNb + TA15	1213	7200	10	900	19.65
7	Ti_2AlNb + TA15	1213	9000	10	920	21.35
8	Ti_2AlNb + TA15	1233	7200	10	930	23.52
9	Ti_2AlNb + TA15	1233	9000	10	920	26.32

根据表 4-3 的结果，可根据式（4-1），作 $\delta_h = Z^{\frac{1}{2}} t^{\frac{1}{2}}$ 的函数曲线，所得直线的斜率，即为 $Z^{\frac{1}{2}}$，并根据式（4-2）作 $\ln Z = \ln Z_0 - \frac{Q}{RT}$ 的函数曲线，所得直线斜率为 $\frac{Q}{R}$，直线在纵轴上的截距即为 $\ln Z_0$，可求得 Q 和 Z_0，类似，可由式（4-3）得到 λ。由于求得的 Q 和 λ 值变化很小，可取其平均值。然后，利用式（4-1）~式（4-3）可得到 Ti-22Al-24.5Nb-0.5Mo/TA15 这种合金的扩散生长模型。

$$\delta_h^2 = 8.33 \times 10^{-16} p^2 t \exp\left(-2.86 \times 10^4 \times \frac{1}{T}\right) \qquad (4-34)$$

根据上述模型计算扩散连接层深度 δ_h 其误差在 5%~8%，可作为扩散连接参数选择参考。

4.5.4　扩散接头残余应力的有限元分析

Ti$_2$AlNb/TA15 扩散焊过程十分复杂，为了简化计算，现做出以下假设。

(1) 在扩散焊温度为 940℃下保温的过程中，在接头界面形成良好的扩散层。假设扩散层结合良好、没有缺陷；由于试样在扩散连接过程中的温度始终为 940℃，材料未发生膨胀和收缩效应，因此该过程中未产生残余应力。

(2) 在接头从 940℃冷却至室温的过程中，因接头处已经形成良好的连接层，母材及中间层材料不能自由伸展，由于材料热膨胀系数之间的差异使各材料收缩速度不一致而产生残余应力。

(3) 不考虑扩散层厚度的影响。

在 Ti$_2$AlNb/TA15 扩散接头冷却的过程中，影响冷却残余应力的参数主要包括弹性模量、热膨胀系数、泊松比等，且考虑温度对材料性能的影响。表 4-4、表 4-5 分别为不同温度下 Ti$_2$AlNb 和 TA15 的材料性能。

表 4-4　Ti$_2$AlNb 物理性能参数

温度/℃	弹性模量/GPa	平均线性系数/(10^{-6}/℃)	泊松比 μ
20	123	—	0.40
100	121	8.3	0.40
200	119	9.28	0.40
300	117	9.78	0.41
400	116	10.2	0.41
500	115	10.3	0.41
600	113	10.5	0.42
700	109	10.6	0.43
800	104	11.0	0.44
900	95.6	11.6	0.45
1000	95.6	11.6	0.45

表 4-5　TA15 物理性能参数

温度/℃	弹性模量/GPa	平均线性膨胀系数/(10^{-6}/℃)	泊松比 μ
20	107.8	9	0.3
400	107.8	9	0.3
600	107.8	9.4	0.3
1000	107.8	9.7	0.3

Ti₂AlNb、TA15合金和扩散层皆为轴对称的圆柱形,扩散焊过程中施加的载荷也是轴对称均匀分布。此外,试样的尺寸较小,与加热炉的温度保持一致且均匀分布。因此,采用二维轴对称有限元模型对扩散接头的残余应力进行模拟。如图4-49所示建立其有限元模型,母材试样的尺寸均为 $\phi 45\mathrm{mm} \times 35\mathrm{mm}$,模型为圆柱的半截面。分别对 Ti₂AlNb 和 TA15 合金进行网格划分。

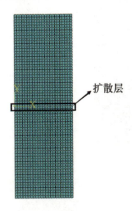

图4-49 Ti₂AlNb/TA15 合金接头的二维轴对称有限元模型

有限元模型对称轴为 Y 轴,焊接过程中 Y 轴上的节点不能在 X 轴方向产生位移。因此,如图4-50所示,对 Y 轴上的节点施加位移边界条件 $X=0$,即左侧节点;下面节点施加位移边界条件 $Y=0$。模型的上表面施加均匀分布载荷 $p=10\mathrm{MPa}$。对接头处的节点施加绑定约束,在扩散焊过程中不能自由伸展。除此之外,对模型整体施加温度载荷,初始分析步温度为扩散焊温度 940℃,冷却至室温。

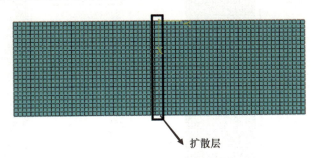

图4-50 Ti₂AlNb/TA15 合金接头的二维轴对称有限元模型

关于接头残余应力模拟结果及讨论如下:图4-51 所示为焊接接头冷却至室温后的变形分布云图。从图中可以看出,X 方向最大变形量为 0.243mm,Y 方向最大变形量为 0.695mm,表明焊接接头冷却后的残余变形量较小。因接头为轴对称模型,与对称轴垂直的 X 和 Y 两个方向的残余应力在靠近中心轴区域的大小及分布均极为相似。因此,只分析 X 方向和 Y 方向的残余应力分布。

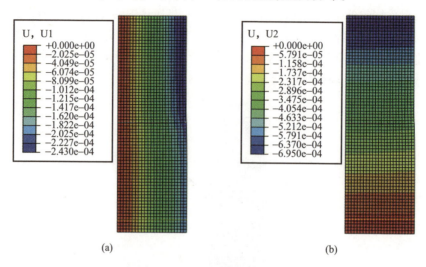

图 4-51 扩散焊冷却后变形分布云图
(a) X 方向变形分布;(b) Y 方向变形分布。

图 4-52 所示为 $Ti_2AlNb/TA15$ 扩散焊后冷却的残余应力分布云图。由图可知,扩散层附近的 Ti_2AlNb 基合金内 σ_x 为拉应力,最大值为 105.1MPa;扩散层附近的 TA15 合金内 σ_x 为压应力,最大值为 -99.97MPa。而扩散层附近的 Y 方向残余应力 σ_y 较小,且较大值均分布在边缘区域,最大拉应力仅为 55.84MPa,最大压应力仅为 -88.7MPa。

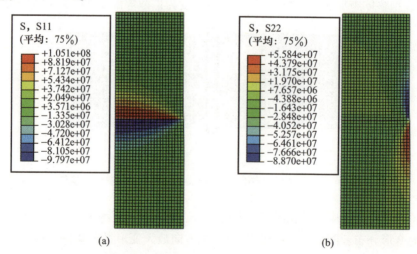

图 4-52 扩散焊冷却后残余应力分布云图
(a) X 方向;(b) Y 方向。

这里采用三层向后传播神经网络建立 Ti_2AlNb 基合金扩散连接层厚度的预测模型。每个神经元的输出是输入的和的非线性函数,输出函数是 sigmoid 形,其表达式为

$$y_i = f(x_i) = \frac{1}{1+e^{-x_i}} \tag{4-35}$$

式中:y_i 为神经元 i 的输出;x_i 为神经元 i 的总输入:

$$x_i = \sum_j w_{ij}x_j - \theta_i \tag{4-36}$$

式中:w_{ij} 为从第 j 个神经元到第 i 个神经元的连接权重;x_j 为第 j 神经元的输入向量的一个分量;θ_i 为第 i 神经元的阈值。

按误差反向传播,逐层按下式来修正权值和阈值:

$$w_{ij}(t+1) = w_{ij}(t) + \eta\delta_i y_j + \alpha[w_{ij}(t) - w_{ij}(t-1)]$$
$$\theta_i(t+1) = \theta_i(t) + \eta\delta_i \tag{4-37}$$

式中:t 为权迭代次数;η 为学习率常数,$0 < \eta < 1$;α 为动量因子,$0 < \alpha < 1$;δ_i 为节点 i 的误差。当 i 为输出节点:

$$\delta_i = y_i(1-y_i)(d_i - y_i) \tag{4-38}$$

式中:d_i 为期望输出。

当 i 为隐节点:

$$\delta_i = y_i(1-y_i)\sum_j \delta_j w_{ij} \tag{4-39}$$

在 BP 算法中学习率是不变的。从 BP 网络的误差曲面上可以看出,在平坦区上 η 太小使迭代次数增加;而在剧烈变化区,η 太大又使误差增加。这是造成 BP 学习算法收敛很慢的一个重要原因。为此采用变步长的方法:

$$\eta = \eta\varphi, \varphi > 1 \quad (\Delta E < 0)$$
$$\eta = \eta\beta, \beta < 1 \quad (\Delta E > 0) \tag{4-40}$$

式中:φ、β 为常数;ΔE 为误差函数,$\Delta E = E_总(t) - E_总(t-1)$。而网络的均方差为

$$E_总 = \frac{1}{2}\sum_{i=1}^n (y_i - d_i)^2 \tag{4-41}$$

式中:n 为样本数。

连接温度、连接压力和连接时间作为网络的输入量,连接层深度作为网络的输出量。样本数据在用于神经网络之前,归一为 0.1~0.9,学习率为 0.05,动量因子为 0.3。网络中的隐层含 10 个单元。图 4-53 对比了样本数据预测值和实测值。表 4-6、表 4-7 列出了训练结束后计算模型中连接权重和阈值的训练结果。训练后每个样本的输出值与网络输出值的相对误差在 0.05% 之内,预测精度很高。

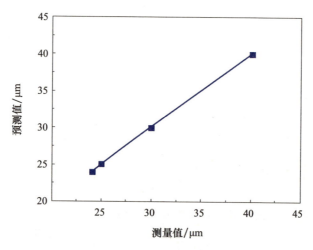

图4-53 扩散层深度样本数据预测值与实测值比较

表4-6 隐层与输入层的权值和阈值

输入层\隐层		U1	U2	U3	U4	U5	U6	U7	U8	U9	U10
压力	U1	-0.30	1.07	0.95	1.49	0.81	0.27	0.504	0.59	0.68	0.229
	U2	-0.19	-0.05	-0.5	-1.15	0.266	-1.41	0.004	-0.24	0.89	0.156
	U3	0.617	0.42	0.24	0.41	0.787	0.912	0.847	0.22	0.43	0.366
阈值		-0.621	0.69	0.812	0.978	-0.42	1.725	-0.06	0.385	0.128	0.078

表4-7 输出层与隐层的权值和阈值

输入层\隐层	U1	U2	U3	U4	U5	U6	U7	U8	U9	U10
压力	1.354	1.519	1.258	1.738	0.464	2.671	0.424	1.108	0.737	1.06
阈值	1.5680									

  通过对不同工艺条件下扩散连接的试样进行组织分析,分析扩散连接温度、扩散连接时间对扩散连接接头的微观组织形貌、扩散界面层深度的影响,深入分析扩散连接过程机理,得到连接温度对材料的扩散十分重要。在温度低的情况下,连接界面及其附近处的原子扩散不够充分,使孔洞收缩相对困难,因而焊合率低。$Ti_2AlNb/TA15$扩散实验表明,940℃时可获得良好的扩散连接接头。保温时间是获得良好接头质量的关键条件。保温时间在150min时比较合适。

  压力也是影响扩散连接质量的重要因素。当连接压力增大时,扩散连接表面变形量增加,变形聚集的能量增加,进一步促进了孔洞的闭合和原子的扩散。连接压力过小,则界面间不能达到原子间距,扩散连接不充分,无法实现接头的有效结合;而连接压力过大,则对设备能力、模具强度提出更高的要求,也会引起连接件的变形,因此要选择合适的连接压力。扩散连接希望尽可能在低压下进行。根据实验结果,Ti_2AlNb 基合金扩散连接选取 10~15MPa 的连接压力。

现采用有限元分析软件对 940℃/10MPa 条件下的 Ti_2AlNb/TA15 合金扩散接头应力进行有限元分析,扩散层处的 Ti_2AlNb 径向方向所受拉应力,最大值为 105.1MPa;扩散层处的 TA15 径向 X 方向所受压应力,最大值为 -99.97MPa。沿轴向 Y 方向残余应力 σ_y 较小,且较大值均分布在边缘区域,最大拉应力仅为 55.84MPa,最大压应力仅为 88.7MPa。

最后,采用人工神经网络的方法建立了扩散连接层厚度的计算预测模型,最大误差在 0.05% 以内。由于数据相对较少,模型的可靠性和适用性还有待进一步验证,但本模型为连接层厚度的计算提供了一种先进可行的方法。

扩散连接界面的显微硬度在一定程度上反映了该区域组织的变化规律。不同扩散连接条件下,Ti_2AlNb/TA15 合金界面从 TA15 合金一侧经界面过渡区到 Ti_2AlNb 基合金的显微硬度分布见图 4-54。

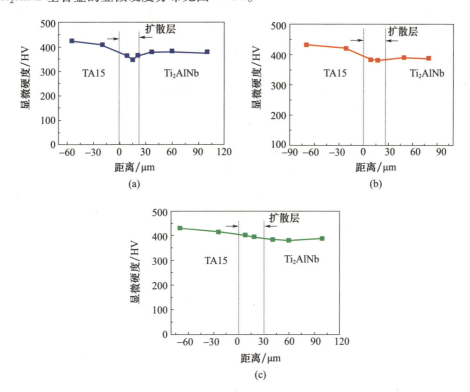

图 4-54 不同条件下扩散连接接头的显微硬度分布
(a)920℃/15MPa/120min;(b)920℃/15MPa/150min;(c)940℃/15MPa/150min。

因此可以看出，扩散连接条件为 920℃/15MPa/120min 时，TA15 合金一侧的显微硬度在 410HV 左右，界面过渡区的显微硬度约 360HV，Ti_2AlNb 基合金的显微硬度约 380HV。TA15 合金的显微硬度高于 Ti_2AlNb 基合金，界面过渡区的显微硬度低于两侧母材，界面过渡区较窄。这主要是因为加热温度较低、保温时间较短、接头处的元素扩散不够充分。

连接温度和连接压力不变，连接时间增加到 150min 时，Ti_2AlNb/TA15 合金界面过渡区的显微硬度分布特点相似，界面中间扩散层的显微硬度低于两侧母材，但中间扩散层显微硬度提高。由扩散连接接头处的背散射电子图像也可知，连接时间为 120min 时，连接接头处合金为等轴组织，同时含有少量细板条组织；而连接时间为 150min 时扩散连接组织靠近两侧母材的均呈网篮组织，且分布较为均匀，因此该条件下接头处的硬度较高，但此温度下扩散连接扩散层处的硬度仍然低于两侧的母材。

扩散连接条件为 940℃/10MPa/150min 时，Ti_2AlNb/TA15 合金界面过渡区的显微硬度从 TA15 侧到 Ti_2AlNb 基合金侧逐渐降低。TA15 一侧的显微硬度在 415HV 左右，Ti_2AlNb 基合金的显微硬度约为 380HV，靠近 TA15 合金侧界面过渡区的显微硬度约为 390HV，高于靠近 Ti_2AlNb 合金侧界面过渡区的显微硬度。此条件下界面过渡区的显微硬度高于 920℃ 时界面过渡区的显微硬度。结合扩散连接接头背散射电子照片，此时扩散层组织分布较为均匀，靠近 TA15 一侧的接头为板条取向排列较为混乱的网篮组织，靠近 Ti_2AlNb 基合金一侧为板条更为细小的网篮组织，因而扩散层硬度更高。

4.6　Ti-22Al-24.5Nb-0.5Mo 合金中空结构工艺模拟

4.6.1　Ti-22Al-24.5Nb-0.5Mo 三层中空结构数值模拟

三层结构超塑性的板料整体尺寸为 177mm×142mm×1.2mm，三层板结构的长度为 177mm，宽度为 142mm，高度为 27mm。经过超塑成形/扩散连接之后，三层板结构的芯板形成波纹板。利用 Marc 软件模拟三层板 SPF/DB 成形过程，对于三层板结构的 SPF/DB，通过建立在最佳的工艺参数下的有限元模型。考虑到三层结构的对称性，在不影响计算精度的前提下，对模型简化，选取模具与板料的 1/2 模型进行有限元模拟。在 UG 中建立几何模型，导入 Marc 中建立有限元模型，如图 4-55 所示。模具定义为刚体，板料为变形体，共划分为 2400 个网格单元，2562 个单元节点，单元类型为 3Dshell75 壳单元。

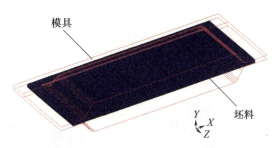

图4-55 三层板结构的有限元模型

三层板的超塑成形/扩散连接的参数设置基本与两层板一致,只有边界条件和载荷工步略有不同。在三层板结构的 SPF/DB 中,面板载荷施加在上、下面板的所有单元上,在面板和芯板之间设有多个扩散连接区,芯板在面板运动的带动下产生变形。三层板的最佳应变速率设为 $0.0005s^{-1}$。Marc 中提供了最大应变速率恒定法和平均应变速率恒定法两种压力控制方法。最大应变速率恒定法是通过不断修正压力的大小,使整个模型的最大应变速率与目标应变速率在一定的容差范围之内。平均应变速率恒定法是通过对压力进行调整,使整个模型的平均应变速率维持在目标应变速率附近。在目标应变速率相同时,采用平均应变速率恒定法的整体应变速率较大,成形时间较短,但整体应变速率分布不均匀,容易造成最后贴模部分或圆角部分由于应变速率过大而产生较大的减薄。对于多层板结构这种复杂零件,变形量较大,厚度减薄较为严重,因此,采用最大应变速率恒定控制法比较合适。在超塑性控制选项中选择气压压力,最大气压压力为 6MPa,最小气压压力为 0.001MPa,设定总工况时间为 3000s,载荷增量控制采用固定时间步长,时间步长设定为 10s,总步长设为 300 步。

图4-56 所示为三层板结构的超塑成形过程和壁厚分布的云图。图4-56(a)为 $t=600s$ 时的自由胀形状态,即面板在气压力的作用下带动芯板进行自由胀形。该阶段由于坯料尚未与模具发生接触,因此成形速度较快,坯料的减薄也较少。图4-56(b)所示为 $t=1300s$ 时的贴模状态。面板远离扩散连接区的部分先贴模,随着变形的继续,附近区域相继贴模,并逐渐扩展至扩散连接区。在 $t=3000s$ 时,超塑成形过程结束,如图4-56(c)所示。板料基本完全填充模具型腔,只在面板表面的沟槽部分和模具的圆角部分未贴模。

由模拟结果可以看出,三层板 SPF/DB 在初始阶段成形速度很快,而在最后的圆角部分充填速度较慢。在超塑成形中,圆角部分为较难成形的部分,因此在模具设计时应充分考虑圆角部分成形的难易,增大模具圆角或者改变零件的设计结构。沟槽现象是三层板 SPF/DB 过程中常见缺陷之一。这是由于在超塑成形的过程中,芯板对面板产生较大的拉力,阻碍了扩散连接部分的充填贴模。在成形结束之后,最小壁厚为 0.78mm,减薄了 36.00%,主要位于芯板上靠近扩散连接处的部位,面板的较薄较少。由模拟结果可知,采用数值模拟技术可以很好地预测三层板 SPF/DB 成形过程和壁厚分布,发现难成形区域。

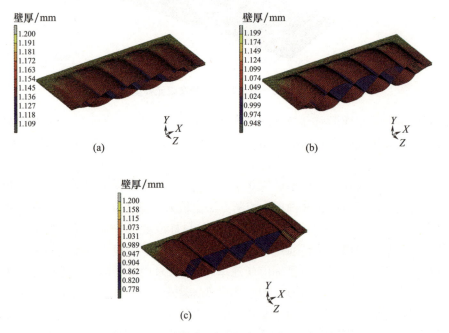

图 4-56 三层板结构在超塑成形过程中的壁厚变化

(a)$t=600s$;(b)$t=1300s$;(c)$t=3000s$。

为了得到三层板结构经过 SPF/DB 之后的壁厚分布,在上、下面板和芯板纵向对称面处分别选取一条节点路径,在 Marc 后处理中提取节点在成形后的壁厚数据,绘制壁厚分布曲线,如图 4-57 所示。从图中可以明显看出,上、下面板和芯板的壁厚均呈波浪形分布,壁厚数值基本与贴模的先后顺序一致。面板与芯板的壁厚分布形式比较一致,最小壁厚主要分布在扩散连接部位,最小壁厚为 0.83mm,减薄率为 30% 左右,距离扩散连接位置越近,壁厚越小。而在靠近板料边缘的部位由于在超塑成形过程中位移较小,因此减薄较少,厚度在 1mm 以上。

当面板完全贴模之后,致使在扩散连接部位和两侧的面板形成了三角形的沟槽。为了定量描述沟槽的大小,选取上面板对称面上的节点路径,绘制路径上节点在成形后的 y 方向位移,如图 4-58 所示。在非扩散连接部位,面板贴模效果良好,y 方向位移均达到设计值 11.80mm;而在扩散连接部位贴模效果较差,y 方向的最小位移仅为 7.31mm,因此沟槽深度为 4.49mm。同时,从图中还可以获得沟槽的宽度,约为 8.85mm。

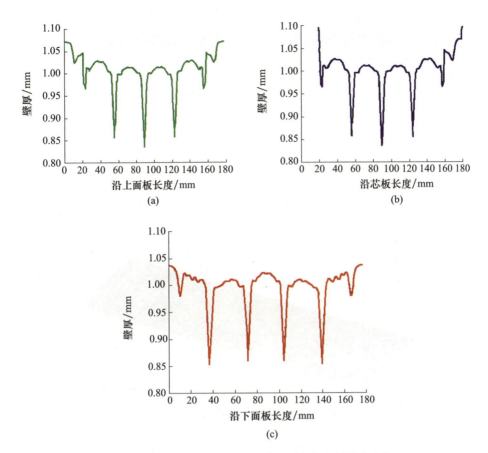

图 4-57　面板与芯板沿纵向对称面长度方向的厚度分布
(a)上面板;(b)芯板;(c)下面板。

图 4-59 为根据最大应变速率控制法自动计算出的压力-时间曲线,为后期试验的压力加载提供了参考依据,有利于缩短成形时间,得到壁厚分布均匀的样件。

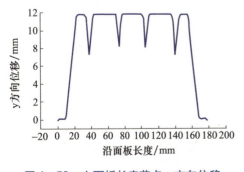

图 4-58　上面板长度节点 y 方向位移

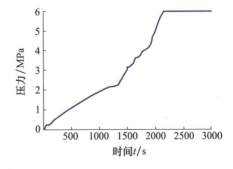

图 4-59　三层板结构优化后 p-t 曲线

4.6.2 四层中空结构超塑成形/扩散连接数值模拟及优化

四层板结构为中空结构,由两块芯板和两块面板构成。在 SPF/DB 之后,芯板通过扩散连接形成 4 个加强筋,对结构刚度起到加强作用。考虑到四层板结构的对称性,在保证计算精度的情况下对模型进行简化,选取模具和坯料的 1/4 建立有限元模型,如图 4-60 所示。线框显示的部分为模具,中间为面板和芯板。模具定义为刚体,面板和芯板定义为变形体。初始板料尺寸为 210mm × 72mm,板厚为 1.2mm,芯板之间的扩散连接宽度为 2mm。采用四节点四边形壳单元进行网格划分,网格尺寸为 2mm × 2mm,整个模型共划分为 6360 个网格单元,6634 个单元节点。

图 4-60 四层板结构的有限元模型

定义板料边缘和扩散连接处节点的 X、Y、Z 方向位移为 0;定义板料对称面上节点的 X 方向位移为 0。分别对面板和芯板所有单元施加面载荷,方向垂直于板料且指向模具。载荷大小采用超塑性方式进行控制,并定义为跟随力,即在成形过程中,载荷方向始终沿板料单元的法线方向。超塑成形过程是模具与坯料不断贴合接触的过程。在四层板结构的超塑成形过程中,除了板料与模具之间发生接触,板料之间也会发生接触。在模拟中,采用库仑摩擦准则对接触关系进行定义,摩擦系数为 0.3。

在 SPF/DB 工艺中,SPF 和 DB 同时进行。四层板结构的 SPF/DB 过程可分为两个工序。①芯板在连接部位进行扩散连接,同时面板进行超塑成形;②芯板超塑成形,在成形过程中,芯板与面板以及相互靠近的芯板之间进行扩散连接。因此,在超塑成形模拟中定义两个载荷工步:第 1 个载荷工步为面板超塑成形阶段,时间为 1500s;第 2 个载荷工步为芯板超塑成形阶段,时间为 2700s。采用最大应变速率控制法对成形过程进行控制,在成形过程中,板料整体的最大应变速率不超过设定的最大值($0.0005s^{-1}$)。

图 4-61 所示为四层板结构在超塑成形过程中不同时刻下的等效应变分布云图,其中,图 4-61(a)~(b)为面板成形阶段,图 4-61(c)~(d)为芯板成形阶段。

如图 4-61(a)所示,面板成形的初始阶段接近于自由胀形,此时应变速率较低,变形协调性较好,等效应变较小且分布均匀。当 $t=1500s$(图 4-61(b))时,面板成形结束,最大等效应变值为 0.2,分布于模具的下圆角处。由此可知,圆角部分最后成形,为超塑成形过程中的难成形区。在芯板成形过程中,扩散连接区域保持不动,在相邻扩散连接区域的中间部分首先发生变形。当 $t=2600s$(图 4-61(c))时,芯板开始与模具发生接触,变形逐渐向周围扩展。芯板与模具接触部分在摩擦力的作用下,金属流动能力降低,使最后充填的圆角部分等效应变值增大。如图 4-61(d)所示,在 $t=4200s$ 时,四层板结构超塑成形过程结束,扩散连接部位两侧的芯板基本贴合形成加强筋,芯板底部的圆角区域未完全充满,在超塑成形之后增大气胀压力,可以保证圆角部分完全充填。加强筋和芯板的圆角区域为最后成形部分,变形量最大,最大等效应变值为 0.486,在 Ti_2AlNb 基合金的允许变形能力之内,因此,不会发生破裂、褶皱等缺陷。

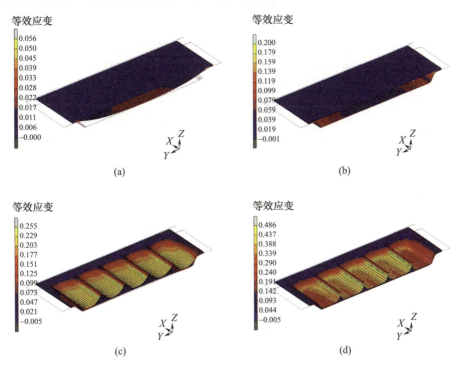

图 4-61 四层板结构超塑成形过程及应变分布云图
(a)$t=300s$;(b)$t=1500s$;(c)$t=2600s$;(d)$t=4200s$。

四层板结构超塑成形之后的壁厚分布云图如图4-61所示。板料厚度的变化与贴模的先后顺序有关。贴模时间越晚,板料的厚度越小。从图中可以看出,加强筋两侧芯板的壁厚最小,与图4-61(d)的等效应变分布相对应。在超塑成形之后,加强筋两侧芯板进行扩散连接,壁厚增加,对结构起到加强作用。

选取芯板和面板对称面处的所有节点,分别绘制沿板料长度方向的壁厚分布曲线,如图4-62所示。四层板结构在超塑成形之后,面板壁厚减薄较少,最小壁厚为1.038mm,在靠近下模的圆角区域。芯板壁厚分布不均匀,呈有规律的波动状态,扩散连接两侧减薄严重,且越靠近扩散连接部分,壁厚越小,最小壁厚仅为0.697mm,减薄率为41.92%。

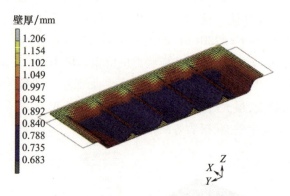

图4-62　四层板结构超塑成形后壁厚分布云图

根据最大应变速率法提取每一步自动计算的压力值,得到优化的压力-时间曲线,如图4-63所示。其中,0~1500s为面板加载阶段,1500~4200s为芯板加载阶段。在实验中,采用优化的压力-时间曲线进行压力加载,有利于促进金属塑性变形的协调性,得到壁厚分布相对均匀的构件。

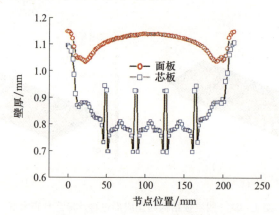

图4-63　面板和芯板的壁厚分布

图4-64所示为四层结构成形后的等效应变分布,从图中可以看出,等效应变的最大值出现在焊接部位上方的直壁段,最大应变值达到1.28,该部位的集中变形容易造成该部位在成形过程中发生破裂,为成形危险区。

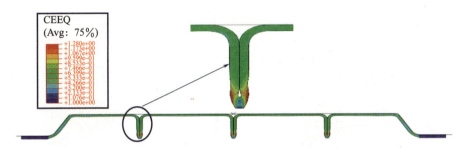

图4-64 四层结构成形后的等效应变分布

下面是关于Ti_2AlNb合金四层结构件超塑成形/扩散连接工艺模拟有限元模型采用Hypermesh11.0及MSC.Mentat进行前处理,采用MSC.Marc进行求解。有限元模型见图4-65,单元共8868,节点共10166。

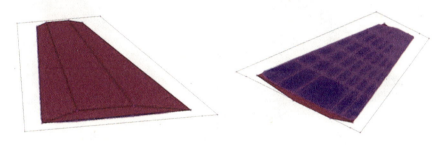

图4-65 四层结构构件有限元模型

(1)层板材料选用的单元类型为3D壳单元。

(2)在不考虑弹性变形的影响的情况下,因此在应力分析材料类型下定义材料参数为刚塑性。本构方程遵循POWER LAW准则,Coefficient K 为1309,Exponent m 为0.31。

(3)芯层定义为变形体,设定Friction Coefficient摩擦系数为0.2。外层版定义为刚体,设定Friction Coefficient摩擦系数为0.2。在CONTACT TABLAES下,定义外层板与芯层相接触(TOUCHING)。

(4)边界条件:在结构根部施加固支约束,在芯层上施加均布压力。

(5)载荷工况:分析类型为MECHANICAL-STATIC,设定加载历程总时间为4000s,采用自动增量步加载方式。超塑控制设定气压力最小值为0.001MPa,最大气压值为10MPa。

对结构进行超塑成型数值模拟,分析温度 $T = 940$℃和应变率 $\dot{\varepsilon} = 10^{-4}\text{s}^{-1}$ 下的结构的变形、应力及厚度变化等。图4-66~图4-69给出了随时间变化芯层的变形变化情况、应力水平情况,在4000s时,最大应力水平为77.5MPa。

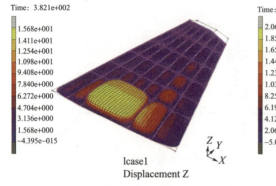

图4-66 382s 结构变形云图 　　　　图4-67 1670s 结构变形云图

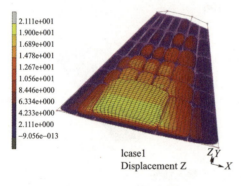 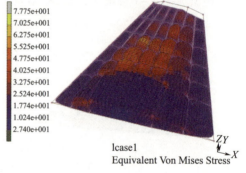

图4-68 4000s 结构变形云图 　　　图4-69 4000s 结构等效应力分布云图

图4-70至图4-72为计算得到的单元的厚度分布,从模拟的结果可以分析出:当成形至4000s时,芯层大部分完全贴模成形,单元厚度从上而下均匀减少,没有破裂。模拟出的最大厚度为2.15mm,最小值为0.24mm,这种壁厚分布情形是由超塑性胀形自身的特点决定的。

图4-73所示为成形过程中加载 $P-t$ 曲线,从图中可以看出,随着芯层的变形,压力逐渐增大,加载压力最大达到了5.8MPa。

芯层结构形式对强度产生一定影响,在零件要求总重量一定的情况下,对板材厚度的选择也基本确定,板厚一定时,采用什么样的芯层结构以及排布形式对结构强度、刚度的影响很大,目前常采用的结构有直泡结构、密集方泡结构、六边形蜂窝结构等。

第 4 章　Ti-22Al-24.5Nb-0.5Mo 合金中空结构超塑成形/扩散连接工艺

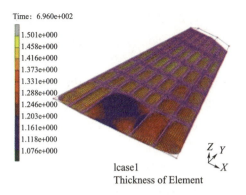

图 4-70　696s 芯层壁厚分布　　　　图 4-71　1560s 芯层壁厚分布

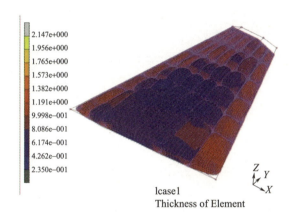

图 4-72　4000s 芯层壁厚分布

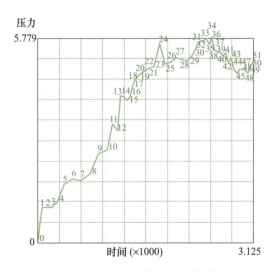

图 4-73　超塑成形 $P-t$ 曲线

在抗弯状态下翼梁(直筋)主要传递 Y 方向弯矩,翼肋并不传递 Y 方向的弯矩,因此翼类零件的整体抗弯强度和刚度主要取决于直筋的排布,本文仅就直筋的设计来对结构强度和刚度进行模拟。从传统结构力学分析,希望直筋的数目越多越好,直筋数目越多,其支撑效果越好,强度和刚度越高。然而,由于 SPF/DB 工艺特殊性,成形过程中其芯层在超塑成形时由于拉伸变形其厚度变薄。从成形工艺考虑当直筋数目越多,芯层变形量越大,减薄越严重,容易在芯层超塑成形时吹破,因此必须设计合理的直筋数目,使成形时芯层不至于超出其变形极限。从材料力学角度考虑,由于芯层减薄,使得 s 值、w 值都减小,不利于承力,如图 4-74 所示。因此,直筋数目越多并不一定提高结构强度和刚度,所以对于 SPF/DB 结构件不能一味追求支撑筋的数目来提高强度和刚度。

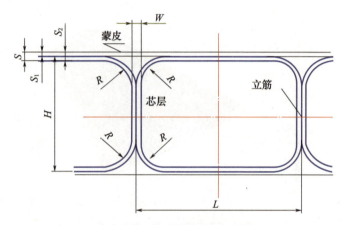

图 4-74　四层结构内部示意图

s—变形后的蒙皮和变形后芯层厚度;H—芯层超塑成形后高度;L——个芯层泡的宽度;
s_1—变形后芯层的厚度;s_2—变形后蒙皮的厚度;w—中间两层扩散连接直筋的厚度。

在零件总宽度和总高度一定时,H 为一定值,直筋数目随 L 值变化而变化,L 越大,直筋数目越少。在零件高度一定时,s_1 的值是恒定的,s 的大小主要取决于 s_2,s_2 又取决于芯层的变形减薄程度,s_2 减小导致 s 值减小,整个承力结构件的蒙皮承力厚度减小,反而不利于强度和刚度提高。因此,直筋数量增加和 s 的减小是一对矛盾,必须设计合理的芯层结构使 $0.5H/L$ 得到最佳比值,才能发挥四层结构强度和刚度的优势,本文通过有限元模拟来分析 $0.5H/L$ 的最佳比值。

模拟计算中,设计零件总高度为 60mm,也就是 $H+2s_2=60$mm,零件总宽度为 400mm,如图 4-75 所示。计算芯层减薄时假设芯层均匀减薄,不考虑芯层和蒙皮扩散连接时摩擦的影响,材料选用板厚为 1.5mm 的 Ti_2AlNb 合金板材,其密度为 5.3kg/cm³,泊松比为 0.34,模量 E 为 120GPa。

第4章 Ti-22Al-24.5Nb-0.5Mo合金中空结构超塑成形/扩散连接工艺

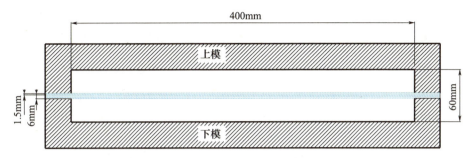

图4-75 模拟计算零件模具

体积不变,可计算出蒙皮变形后的厚度为1.329mm,芯层变薄需根据设计的直筋的数目来计算,分别设计直筋的数目为9、10、11、12、13、14、15、16、17,有限元分析时,在结构件上某面上施加1.0MPa的均布压力,一端固定,类似悬臂梁结构,节点数为11185,网格数目为1752。如图4-76所示。

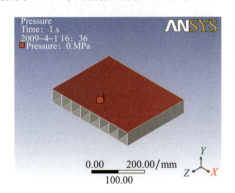
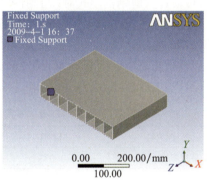

图4-76 单元结构件加载方式

计算结果如表4-8所示,图4-77为其刚度和刚度变化趋势曲线。

表4-8 不同芯层结构的芯层板厚变化及有限元分析结果

直筋数目	9	10	11	12	13	14	15	16
变形后芯层厚度/mm	0.612	0.578	0.550	0.522	0.497	0.474	0.453	0.431
变形后蒙皮厚度/mm	1.329	1.329	1.329	1.329	1.329	1.329	1.329	1.329
$0.5H/L$	0.745	0.820	0.895	0.97	1.047	1.123	1.198	1.271
芯层延伸率/%	149	164	179	194	209.4	225	240	254
刚体位移/mm	3.4891	3.4388	3.4218	3.4047	3.4067	3.4034	3.4164	3.4298
等效应力/MPa	502.82	502.37	499.35	485.36	492.38	499.02	505.52	508.78

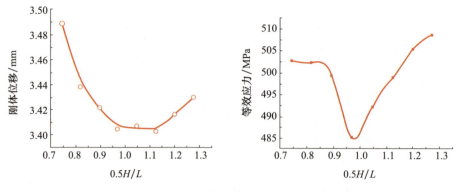

图 4-77　0.5H/L-刚度位移和等效应力曲线

从表 4-8 和图 4-77 可看出在 0.5H/L 接近于 1，芯层延伸率为 200% 左右时，才能最好地发挥四层结构强度和刚度综合优势。对于以上结果能否作为一般规律，可设计其他结构形式对以上结果进行验证，分别近似取 0.5H/L 为 0.8、1 和 1.2，零件尺寸为 300mm×300mm×40mm，芯层和蒙皮均采用板材厚度选用 1.2mm 的 Ti_2AlNb 基合金，加载方式和前面相同。

通过计算蒙皮厚度变形为 1.073mm，0.5H 值为 18.963，考虑的芯层泡为整数，分别设计为 12 根、15 根、18 根直筋，不同芯层结构变形规律见表 4-9。

表 4-9　不同芯层结构模拟结果

芯层结构	12 根	15 根	18 根
蒙皮厚度/mm	1.073	1.073	1.073
芯层厚度/mm	0.486	0.422	0.373
变形前质量/kg	1.922	1.922	1.922
变形后质量/kg	1.928	1.928	1.928
0.5H/L	0.795	0.997	1.207
刚体位移值/mm	8.4851	4.159	8.6325
等效应力/MPa	922.24	910.89	956.65

结果验证，在 0.5H/L 接近于 1 时，四层结构件强度、刚度达到最高，形成最理想的组合。

对于以上结果可从材料力学角度加以分析，翼面在承受弯曲载荷时，可简化为悬壁梁，对于单根直筋可进一步简化为工字梁，其抗弯强度和刚度主要取决于抗弯截面模量，而抗弯截面模量取决于横截面积和高度。实际上，由于弯曲正应力沿截面高度按直线规律分布，当离中心轴最远处的正应力达到许用应力时，中性轴附近各点处的正应力仍很小，而且，由于他们离中性轴近、力臂小，承担的弯矩也很小。

芯层和蒙皮扩散连接率对强度和刚度的影响是很大的。扩散连接面积率是指芯层和蒙皮已扩散区和总扩散连接面积的比值,其值的大小主要取决于芯层在超塑成形时圆角半径 R 的大小,圆角半径越大扩散,连接面积越小;圆角半径越小扩散,连接面积越大,当 R 趋于零时,扩散连接面积趋于 100% (图 4 - 78)。本文旨在通过有限元模拟计算分析圆角径对抗弯刚度和抗弯强度影响,并分析其影响规律。分析过程中取前面 400mm × 400mm × 60mm 零件进行分析,板材厚度为 1.5mm,设计芯层结构为 13 个泡状结构,变形后蒙皮厚度为 1.329mm,芯层厚度可根据圆角半径大小计算,计算结果见表 4 - 10。

表 4 - 10 扩散连接率和强度、刚度对应关系

圆角半径/mm	0	1	2	2.5	3	4	5
芯层厚度/mm	0.522	0.523	0.528	0.530	0.534	0.539	0.544
扩散连面积接率/%	100	93.5	87	83.75	80.5	74	67.5
最大位移值/mm	3.4047	3.4398	3.4433	3.4603	3.4629	3.4709	3.5078
等效应力/MPa	485.36	524.54	475.5	478.25	484.38	485.57	481.98

由以上分析可知,随着扩散连接面积率的增大,刚度有增大的趋势,但刚度的变化不明显,而通过等效应力反映出来的强度指标并没有表现出相同的规律,其强度值在扩散连接面积率 85% 左右时最高,在扩散连接面积率 100% 时,其刚度值最高,其等效应力并不是最小,而是所扩散连接面积率先增加后减小,在 85% 左右其 mises 应力值最小。综合考虑等效应力和刚度位移因素,控制扩散连接面积率在 85% 左右时比较合适。四层结构超塑成形/扩散连接结构件芯层和蒙皮扩散连接的无损检测是产品交付前必须检测的项目,芯层和蒙皮扩散面积率检测一般用超声反射法,其检测图片中焊合区和未焊合区灰度有明显差别,未焊合区出现在图 4 - 78 所示的圆角半径区,在超声检测时形成灰度较浅的区域,如图 4 - 79 所示。因此,在制定芯层和蒙皮扩散连接检测标准或规范时可认为扩散连接面积率达到过 85%,该项目检测合格。

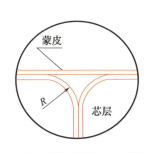

图 4 - 78 圆角半径大小对强度影响

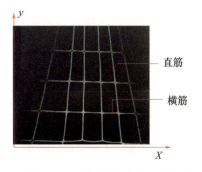

图 4 - 79 四层结构的芯层示意图

由此可知,采用 Ti_2AlNb 热轧板材进行拉伸试验,得到最佳超塑成形工艺参数:$T=960℃$,$\dot{\varepsilon}=1\times 10^{-4} s^{-1}$,计算得:$m=0.31$,其超塑性本构方程为 $\sigma=1309$,$\dot{\varepsilon}=0.31$。

Ti_2AlNb 合金双层板结构超塑性的过程包含三个阶段:自由胀形阶段、贴模阶段和最终充填阶段。板料超塑成形之后的厚度分布均匀,边角处的壁厚最小,最小壁厚为 0.87mm,最大减薄率为 27.5%,对称面上壁厚减薄较少,在模具圆角处的壁厚最小,但也达到了 1.02mm,板料完全贴模,圆角处充填良好。

三层板和四层板结构的 SPF/DB 数值模拟结果显示:三层板结构面板上产生沟槽现象,沟槽的深度为 4.49mm,宽度为 8.85mm,根据模拟结果提出,通过改善面板与芯板的壁厚配比和进行结构优化来消除沟槽;四层板成形效果良好,芯板成形后互相贴合形成直立筋。将模拟得到的优化的压力-时间曲线进行超塑成形试验的压力加载,扩散连接条件为:$T=960℃$、$p=15MPa$、$t=180min$。三层板结构在上下面板处产生了三角形的沟槽。

SPF/DB 四层结构件其芯层结构设计对强度和刚度影响较大,在控制芯层变形率 200% 左右时,能最好发挥四层结构整体强度和刚度的优势。另外,SPF/DB 四层结构在芯层超塑成形时两相邻芯层在吹起时必定会形成圆角,圆角半径大小影响着扩散连接焊合率,从而影响强度和刚度,扩散连接面积率越高,刚度越高,而等效应力在扩散连接面积率 85% 左右达到最低。

4.7　Ti-22Al-24.5Nb-0.5Mo/TA15 超塑成形/扩散连接工艺

4.7.1　三层中空结构超塑成形/扩散连接工艺

三层中空结构 SPF/DB 的工艺过程如下。

(1)板材表面处理:板材的表面处理主要是为了去除氧化膜,对于 Ti_2AlNb 基合金由于氢氟酸能够使该合金钝化,形成一层淡灰色钝化膜不利于后续的扩散连接,因此对 Ti_2AlNb 基合金不能采用和 TA15 及 TC4 的酸洗处理工艺。课题研究中先采用金属清洗剂对板材表面进行去油处理,然后采用 65% HNO_3 和 H_2O 按照 1∶9 的比例配比进行酸洗处理。

(2)涂止焊剂:止焊剂主要涂覆于芯板中无须扩散连接的地方。止焊剂主要采用:1000g 氮化硼(纯度≥99.9%)+250mL 醋酸乙酯(化学醇)+50g 聚甲基丙烯酸甲酯粉(化学醇)+丙酮 100mL(化学醇),止焊剂的涂覆采用手工涂覆,对于大面积止焊剂的涂覆可采用丝网印刷工艺实现。

(3) 封口焊接：将四层板叠放整齐用工装固定后进行封口焊接，封口焊接采用氩弧焊接，为防止焊接时开裂和保护焊缝，封口焊接时可采用真空氩弧焊或采用氩气保护方式焊接。焊接完成后要进行气密性检查，确保无漏气、串气。装炉升温：将封口焊接的试验件装模，然后放入加入炉中升温，最高设定温度960℃，到温后保温60min。

(4) 外层进气：外层进气的主要目的是实现内层扩散连接和外层贴合模具。当温度达到900℃外层开始少量进气，同时压力机适当加压。主要目的是让周边扩散连接，同时避免内层和外层之间的扩散连接。

(5) 内层进气：当外层完全贴模，内层需要扩散连接的地方完全连接后，外层进气完毕，改用内层进气，完成芯层结构成形。内层进气相对于外层来说要更缓慢，因为内层是靠扩散连接将两层连接起来的，过快进气容易使已经扩散连接的加强筋撕裂以及芯层板变形产生不均匀的破裂。

三层结构作为 SPF/DB 工艺中常见的结构形式，由于其整体强度高，结构形式简单，常作为主承力结构件使用。SPF/DB 三层结构的工艺实现形式有两种，第一种方式是刚性加载扩散连接，然后超塑成形，这种方式需要两次高温过程实现，模具数量多，但工艺过程稳定，容易控制。第二种方式是采用气体加载实现扩散连接然后超塑成形，这种方式可在一个高温循环周期内实现，但对模具密封要求高，工艺控制相对困难。本文研究的 Ti_2AlNb 基合金成形温度高，扩散连接压力大，如果采用气体加载方式实现三层结构的扩散连接，工艺上对模具材料及模具密封要求都很高，实现难度大、成本高。因此本研究中采用刚性加载方式对 Ti_2AlNb 基合金超塑成形/扩散连接工艺进行了研究。根据上述数值模拟结果，设计了三层结构的超塑成形/扩散连接工艺的工艺方案，其内部结构设计形式如图 4-80 所示选择面板厚度为 2mm，芯板设计为 1.5mm 厚（面板和芯板厚度比 4∶3）和 0.7mm 厚（面板和芯板厚度约为 3∶1）两种结构形式。

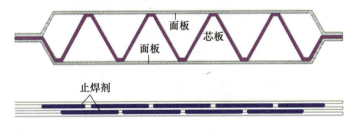

图 4-80　三层芯层结构设计

三层结构零件尺寸设计为 170mm×150mm×27mm，芯层变形时的最大变形量为 100%，扩散连接部位设计宽度 5mm。模具材料选用耐高温的 Ni7N 材料。

Ti$_2$AlNb 基合金板材为原始轧制态,进行表面处理以去除氧化皮,氧化皮的去除方式可采用酸洗或打磨抛光处理。

上述 Ti$_2$AlNb 基合金的超塑拉伸试验结果表明该材料在 960℃ 具有较高的超塑性,因此该合金三层结构 SPF/DB 成形温度选定为 960℃,扩散连接时间选定为 180min,面板和芯板之间的刚性加载扩散连接压力为 15MPa。根据模拟计算结果,超塑成形气体加载压力设定为 2.5MPa,保压时间 120min,超塑成形进气速率设定为 0.1MPa/10min。

图 4-81 所示为 Ti$_2$AlNb 基合金三层结构样件其扩散连接部位良好,在超塑胀形时扩散连接接头没有被撕开,接头结合良好。三层板结构样件在成形后出现较大的减薄,减薄后的整体厚度分布较均匀,最小壁厚为 0.74mm 左右。由于在成形时面板和芯板采用同一厚度,导致成形零件表面出现沟槽,沟槽最大深度达到 5mm,这和图 4-75 所示的模拟结果一致。

图 4-81　Ti$_2$AlNb 基合金三层结构 SPF/DB 样件

图 4-82 选定 Ti$_2$AlNb 基合金板材的芯板厚度为 0.7mm,面板厚度 2.0mm。扩散连接采用平板模具刚性加载,其加载压力为 15MPa,保压时间 180min,芯层最大胀形压力为 2.5MPa,成形温度为 960℃,从中可看出表面沟槽得到了明显改善。

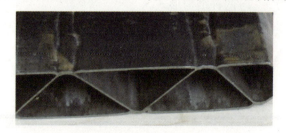

图 4-82　Ti$_2$AlNb 基合金三层结构 SPF/DB 单元试验件

根据单元试验件探索,开展了 Ti$_2$AlNb 合金三层结构类零件的工艺研究,设计尺寸如图 4-83 所示,弦长 281mm,展长 200mm。内部芯层设计成波纹板状结构,外层板厚度为2.0mm,芯层板厚度为0.8mm,芯层设计变形量50%,外层和芯层厚度比为2.5∶1。成形后样件如图4-84所示。

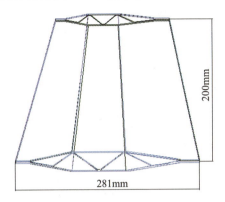

图4-83 Ti$_2$AlNb基合金三层结构设计尺寸

图4-85所示为Ti$_2$AlNb基合金三层结构超声C扫描的检测图形,图中蓝色对应扩散连接部位,红色为空腔部位。从图4-84、图4-85可看出,三层结构成形完整,表面略有沟槽,沟槽深度约0.2mm,由于在设计时外轮廓预留了0.5mm左右的预加工量该沟槽在后续去余量加工中可消除,由此可见在结构设计合理,工艺参数适当的情况下采用刚性加载扩散连接配合超塑成形方式可实现Ti$_2$AlNb基合金三层结构。

图4-84 Ti$_2$AlNb基合金三层结构

图4-85 Ti$_2$AlNb基合金三层结构超声检测

4.7.2 Ti$_2$AlNb/TA15合金四层结构超塑成形/扩散连接工艺研究

外层采用Ti$_2$AlNb基合金板材,板材厚度1.2mm,芯层采用TA15M板材,板材厚度0.80mm,以某型号尾翼结构为研究对象,尾翼展长375mm,弦长324mm,最大厚度22mm,最下厚度9.4mm。如图4-86所示。这种设计结构充分利用了外层Ti_2AlNb合金在使用中耐高温的特点,也结合了芯层TA15M合金在工艺中扩散连接性能优异的优点,同时还能实现一定程度的减重,其工艺的研究有一定的必要性。工艺路线如下:板材表面处理—芯层结果结构制备—封口焊接—超塑成形/扩散连接—试件检测。

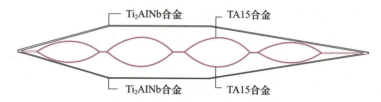

图4-86 Ti_2AlNb/TA15合金四层结构示意图

TA15M板材表面处理可采用化学纯10%HF+65%HNO_3+H_2O酸洗工艺进行表面处理,三者配比为体积比5:45:50,酸洗时间20min。Ti_2AlNb基合金板材因遇HF酸容易钝化,可采用稀硝酸和水按照1:9配比酸洗。芯层结构的制备可采用手工涂覆或丝网印刷,止焊剂采用氮化硼陶瓷粉末和有机黏结剂混合而成。图4-87所示为芯层结构的止焊剂图形。

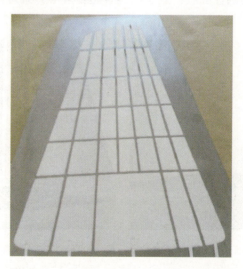

图4-87 Ti_2AlNb/TA15合金SPF/DB结构芯层图形

封口焊接可采用手工氩弧焊接,由于封口焊接是Ti_2AlNb/TA15合金异种材料的熔焊,这两种材料的热物性能存在较大的差异,工艺上有一定的难度,焊接时必须进行适当保护或在真空氩弧焊接舱中进行,焊丝可采用纯钛合金焊丝,还必须控制好焊接电流,若焊接参数控制不当,可能会出现焊接开裂问题(图4-88)导致后续工序无法进行。

图4-88 焊接开裂问题

封口焊接完毕后需要进行检漏,确保内外层不漏气也不存在内外层串气现象后可装模,图4-89所示为成形模具示意图,模具采用耐高温的ZG3Cr24Ni7NSiNRe材料。装模后将模具放入超塑成形设备中进行加热升温,超塑成形设备为一台带加热炉的压机,超塑成形设备如图4-90所示。

图4-89 成形模具

升温过程中保持内层可外层抽真空状态,真空度不低于5.0×10^{-2}Pa。内层扩散连接时,设定成形温度930℃,最大进气压力2.5MPa,保压时间120min。内层扩散连接后进行内层的超塑成形及内层和外层的扩散连接,此时设定成形温度仍然为930℃,前面进行刚性加载扩散连接时,可知这两种材料在920℃时就能实现良好的冶金结合。930℃虽然不是Ti_2AlNb基合金理想的扩散连接温度,但在这个温度下TA15合金处于一种完全的软化状态,当两者在气压作用下贴合后能够完全实现扩散连接,试验中内层最大进气压力为3MPa,保压时间为210min,图4-91所示为成形后的零件,从零件外观来看零件成形芯层成形完成,表面无任何缺陷。

图4-90　1000kN超塑成形设备

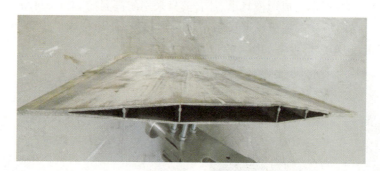

图4-91　Ti₂AlNb/TA15四层结构样件

图4-92所示为从样件上截取的微观组织试样的取样位置,该位置芯层和外层是通过气体加载实现的扩散连接,图4-93所示为Ti₂AlNb/TA15合金两种材料扩散连接不同a、b位置的微观形貌,从图中可看出扩散连接结合良好,未出现焊接缺陷。这说明该工艺参数下完全能够实现两种材料的超塑成形/扩散连接工艺。

图4-92　微观组织试样取样位置

第4章 Ti-22Al-24.5Nb-0.5Mo 合金中空结构超塑成形/扩散连接工艺

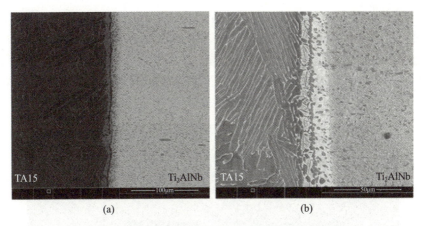

图4-93 Ti₂AlNb/TA15 合金扩散连接界面微观形貌

(a)a位置扩散连接界面形貌;(b)b周边扩散连接界面微观形貌。

图4-94 所示为 Ti₂AlNb/TA15 合金四层结构内部芯层结构 X 射线和超声 C 扫描图片。从图中可以看出,内部芯层成形完整,圆角区域未扩散焊接部位较小,圆角半径较小,芯层扩散焊接可靠,没有被撕裂地方。图4-95 所示为前缘的 CT 检测立体形貌,该部位芯格较为密集,高度只有 9.4mm,变形量小。从图中可看出,芯层成形完整,未发生芯格偏移现象。

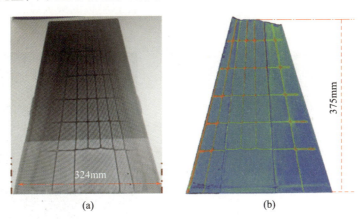

图4-94 Ti₂AlNb/TA15 合金四层结构样件 X 射线及超声检测

(a)X射线检测;(b)超声检测。

Ti₂AlNb 基合金四层结构 SPF/DB 工艺研究如下:按照上述 Ti₂AlNb 基合金和 TA15 合金的 SPF/DB 工艺过程进行 Ti₂AlNb 基合金 SPF/DB 的工艺过程的研究。由于 Ti₂AlNb 基合金成形温度 960~970℃,其扩散连接的气体加载压力为 3.5MPa,目前常用的 TA15、TA16、TC4 钛合金管材都不能在这么高的温度下承受

3.5MPa 的气体压力,而目前由于 Ti_2AlNb 基合金管材的制备工艺还不成熟,国内钢铁研究总院和中科院金属所还不能供应 Ti_2AlNb 基合金管材,因此进行 Ti_2AlNb 基合金超塑成形/扩散连接工艺研究时,首先要解决的问题是进气管的问题。本文采用 Ti_2AlNb 锻坯加工成管材,由于受打孔水平的限制,将锻坯加工成长度 200mm 的圆棒,然后用深孔钻头打孔,最后将各段组合焊接,如图 4-96 所示。

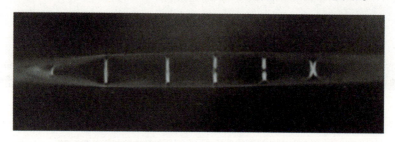

图 4-95　Ti_2AlNb/TA15 合金四层结构样件 CT 检测

由于 Ti_2AlNb 基合金的超塑性只有 200% 左右,对于超塑成形/扩散连接四层结构,其芯层的变形量大,为了避免芯层成形时破裂,除了在进气工艺上进行优化,以发挥材料的超塑性外,还必须在芯层结构设计时尽量保证材料不至于过度减薄。设计时 Ti_2AlNb 合金芯层板选定为 1.5mm,外层板厚度为 1.2mm,同时将芯层泡进行放大(图 4-97),保证芯层变形量在 200% 以内,芯层板的最大减薄部位厚度不低于 0.6mm。

图 4-96　Ti_2AlNb 合金管材

图 4-97　Ti_2AlNb 合金芯层止焊剂图形

Ti_2AlNb 基合金四层结构的封口焊接可采用保护氩弧焊接,焊丝可从同批次的板材上切取,为防止焊接开裂,焊接前将板材进行适当的预热,预热可在烘箱中进行,也可采用氩弧周边点焊预热。

第 4 章　Ti-22Al-24.5Nb-0.5Mo 合金中空结构超塑成形/扩散连接工艺

将焊接好的试验件装入炉膛中加热升温,并保持内外层抽真空。设定加热温度为 970℃,升温到 900℃ 时压力机开始加载,到 970℃ 后保温 60min,开始外层进气,外层最大进气压力为 3.5MPa,保压时间 180min。外层进气完毕后开始内层进气,内层进气应尽可能地缓慢,控制进气速率为 0.1MPa/10min,同时在 0.2MPa、0.4MPa、0.6MPa、0.8MPa 及 1.0MPa 这几个压力点保压 10min 左右,以实现这几个压力点的恒压力变形。

图 4-98 所示为采用 SPF/DB 工艺制备的 Ti_2AlNb 四层结构样件,样件表面状态良好,芯层结构完整,但局部圆角未完全贴合。

图 4-98　Ti_2AlNb 基合金四层结构样件

图 4-99 所示为 Ti_2AlNb 基合金四层结构 SPF/DB 的超声 C 扫描图片。从图中可以看出,内部芯层结构基本成形完整,但芯层和蒙皮未焊合部位较多,圆角较大,芯层和蒙皮形成的圆角半径较大,这主要是由于 Ti_2AlNb 基合金变形抗力大所造成的,要是芯层成形圆角半径进一步减小,则需要更大的成形气体压力,实验中芯层成形的压力已经达到了 3.5MPa,继续提高气体压力则需要考虑更多的安全措施。

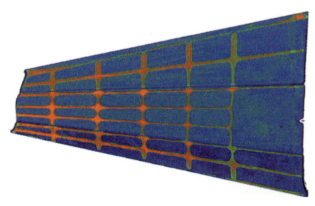

图 4-99　Ti_2AlNb 基合金四层结构超声检测

参考文献

[1] Kumpfert J. Intermetallic alloys based on orthorhombic titanium aluminide[J]. Advanced Engineering Materials, 2001, 3(11): 851-864.

[2] Froes F H, Suryanarayana C, Eliezer D. Synthesis, properties and applications of titanium aluminides[J]. Journal of materials science, 1992, 27: 5113-5140.

[3] 林鹏. Ti-22Al-25Nb 合金板材高温变形行为与成形性能研究[D]. 哈尔滨:哈尔滨工业大学, 2013.

[4] 宋玉泉,管志平,李志刚,等. 应变速率敏感性指数的理论和测量规范[J]. 中国科学(E辑:技术科学), 2007(11): 1363-1382.

[5] HILL, R. C. A theory of the plastic bulging of a metal diaphragm by lateral pressure[J]. Philosophical Magazine. 1950, 41(322): 1133-1142.

[6] 马品奎. 基于图像分析的超塑性自由胀形实验测量与力学解析[D]. 长春:吉林大学, 2010.

[7] Huang S C. Microstructure/Property relationships in titanium aluminides and alloys[J]. 1991.

Chapter5
第5章

TiAl 基合金中空结构高温成形/扩散连接复合工艺

5.1　TiAl 基合金材料介绍

以 TiAl 金属间化合物为基的合金称为 TiAl 基合金。TiAl 基合金由于其在高温条件下的优异性能,作为轻质高强结构材料具有广阔的应用前景。为了提高 TiAl 基合金的性能,在 TiAl 基合金的成分设计、微观结构等方面已经进行了大量的研究工作,在提高合金的塑性、高温抗氧化性和耐磨性等方面也取得了良好的效果。对于 TiAl 基合金的高温变形性能,目前主要研究其超塑性能和使用温度范围的力学性能,由于成分、组织等不同 TiAl 基合金的延伸率和 m 值有很大差别,而具有超塑性的应变速率均在 $10^{-3}\mathrm{s}^{-1}$ 以下。另外,这些研究所针对的材料均为铸造或粉末冶金,对于变形态(如挤压态或锻态)TiAl 基合金的再次高温变形能力研究比较缺乏。

对于复杂构件的成形,需要材料具有良好的超塑性能,但对于一些简单结构件的成形,在高温条件下以相对较高的应变速率也可实现,需要对 TiAl 基合金在相对较高应变速率($10^{-3} \sim 10^{-1}\mathrm{s}^{-1}$)下的力学性能进行研究。另外,由于 TiAl 基合金的热加工区间很窄,研究其热压缩状态下的高温变形行为,有助于热加工工艺的优化。

选用的试验含 Nb 量不同的两种 TiAl 基合金由钢研院提供,材料状态均为挤压棒材,具体挤压工艺如表 5-1 所列,按照以上工艺参数对 TiAl 合金铸锭进行开坯挤压,采用不锈钢包套,获得累计挤压比为 15 的 TiAl 合金棒材,去除包套后的 TiAl 合金挤压棒如图 5-1 所示,棒材直径约 45mm。

表5-1　TiAl基合金挤压开坯工艺参数

包套材料	304不锈钢
坯料预热温度/℃	1200~1250
累计挤压比	15
两步挤压比分配	3.5 + 4.3
间歇时间/s	30
挤压模角/(°)	50
第一步挤压速度/(mm/s)	40~60
第二步挤压速度/(mm/s)	10~15

图5-1　出厂状态下的TiAl基合金棒材

Nb含量低的普通TiAl基合金的具体化学成分如表5-2所列,名义成分为Ti-47.5Al-Cr-V。图5-2所示为挤压态Ti-47.5Al-Cr-V合金微观组织背散射(Backscattered electron,BSE)和金相(Optical Microscopy,OM)照片,由图可以看出,原始组织为细小的等轴近γ组织,由细晶γ及弥散的α_2构成,组织呈现出一定的流线型。

表5-2　Ti-47.5Al-Cr-V合金化学成分

成分	Al	Cr	V	Ni	Nb	W	Mo	Mn	Ti
含量/%(原子分数)	47.5	0.96	0.94	0.3	0.26	0.2	0.04	0.11	Bal

Nb含量高的高铌TiAl基合金的具体化学成分如表5-3所列,名义成分为Ti-45Al-8Nb。图2-3所示为挤压态Ti-45Al-8Nb合金的背散射和X射线衍射(X-ray diffraction,XRD)照片。在图5-3(a)中,灰色相、亮灰色相和明亮相分别为γ相(TiAl)、α_2相(Ti_3Al)和B2(β)相。从图中可以看出,原始组织由片层的(γ + α_2)相和等轴的γ晶粒及弥散在晶界处的B2(β)相构成。γ晶粒尺寸小于10μm,片层组织尺寸在10~20μm。由于挤压工艺,组织呈现出一定的流线型。图5-3(b)的XRD分析结果进一步证明了原始组织有上述三种相构成。

第 5 章　TiAl 基合金中空结构高温成形/扩散连接复合工艺

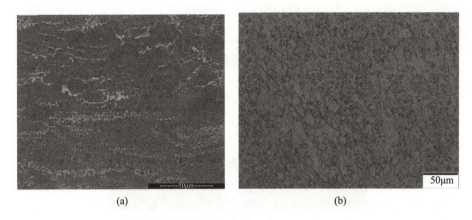

图 5-2　Ti-47.5Al-Cr-V 原始微观组织
(a)背散射;(b)金相。

表 5-3　Ti-45Al-8Nb 的化学成分

成分	Al	Nb	W	Mo	Ni	Mn	B	Ti
含量/%(原子分数)	45	7.66	0.28	0.42	0.17	0.22	0.2	Bal

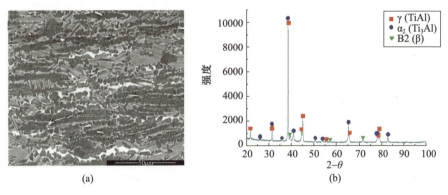

图 5-3　Ti-45Al-8Nb 原始组织
(a)背散射;(b)X 射线衍射。

图 5-4 为 TiAl 基合金挤压棒材线切割薄片,其中铌含量的不同可显著改变材料的性能,相比普通 TiAl 基合金,在高温条件下(韧脆转变温度以上),高铌 TiAl 基合金具有更高的强度、更优良的抗氧化能力和抗蠕变能力,而对于塑性的改变并未提及可知铌含量的增加并未显著改变合金的塑性。通过高温拉伸试验和热压缩试验分别对 Ti-45Al-8Nb 合金和 Ti-47.5Al-Cr-V 合金的高温变形行为进行研究,分析 Ti-45Al-8Nb 合金在单向拉伸和 Ti-47.5Al-Cr-V 合金在单向压缩状态下的应力-应变曲线,建立了两种合金不同应力状态下的本构方程,同时还构

建了 Ti-47.5Al-Cr-V 合金的热加工图,为两种合金高温热变形的工艺选择和优化提供合适的参考依据。

图 5-4　TiAl 基合金挤压棒材线切割薄片

TiAl 基合金包括单相合金和双相合金。单相 γ-TiAl 合金的室温塑性很低,室温拉伸应变仅有 0.5% ~ 1%[1],合金化也未能使其塑性得到突破性的改善,另外,单相合金在热加工以及热处理过程中很容易发生晶粒的快速长大,影响合金的性能。双相 γ-TiAl 基合金是在单相 γ-TiAl 合金的基础上加入一定量的合金元素后形成的,避免了晶粒易长大的缺陷。目前工程上应用的 TiAl 基合金是双相 TiAl 基合金(Al 原子分数为 46% ~ 49%)[2],双相 γ-TiAl 基合金由大量的 γ-TiAl 相(γ 相)和少量 α_2-Ti$_3$Al 相(α_2 相)组成,再添加适量的 Nb、Cr、V 等元素实现组织和性能上的改善。双相 TiAl 基合金中 γ 相晶粒与层片状晶团(γ + α_2)之间的比例取决合金的成分和相应的热处理工艺。

TiAl 基合金的四种典型组织决定了不同的力学性能。在通常情况下[3-4],全片层组织由于晶粒粗大,其断裂韧性和抗蠕变性能优良,而强度和塑性差;近片层组织的强度最高,同全片层相比具有一定的塑性;双态组织塑性最好,但强度低于近片层组织,断裂韧性和抗蠕变性差;近 γ 组织由于组织主要为等轴的 γ 晶粒,同其他三种组织相比,在强度、塑性和断裂韧性等方面均有不及,综合力学性能比较差。此外,晶粒大小、层片间距大小,以及组织中 α_2 相的多少也在很大程度上决定着 TiAl 基合金的力学性能[5]。在通常情况下,具有最好综合性能的组织为晶粒大小为 50 ~ 250μm,层片间距为 0.05 ~ 0.5μm,α_2 相体积分数为 5 ~ 25,晶界锯齿互锁的全片层组织。

5.2　TiAl 基合金高温拉伸变形行为

5.2.1　TiAl 基合金高温拉伸真应力-应变曲线

为了明确 Ti-45Al-8Nb 合金的超塑性能,首先对 Ti-45Al-8Nb 合金进行高温拉伸试验,得到变形温度、应变速率对其塑性的影响,并测定合金的 m 值,得到胀形温度、目标应变速率等工艺参数。

Ti-45Al-8Nb 合金在不同温度和应变速率下的真应力-应变曲线如图 5-5 所示。由图可以看出,Ti-45Al-8Nb 合金的流动应力对变形温度和应变速率均很敏感。在同一应变速率条件下,随着温度的降低,流动应力降低而延伸率增加;在同一温度条件下,随着应变速率的增加,流动应力增加而延伸率下降。所有的真应力-应变曲线呈现出相似的结构,在曲线的开始阶段,流动应力迅速增加到屈服强度,之后逐渐增加到峰值应力,随后流动应力开始随着应变的增加而缓慢的减小直至发生断裂。基于应力-应变曲线的形状,曲线可以分为 3 个阶段。第一阶段为在峰值应变(峰值应力出现时达到的应变)之前,它包括屈服之前的弹性变形阶段和流动应力从屈服强度增加到峰值应力的塑性变形阶段。峰值应变均在 $\varepsilon = 0.1$ 附近,而不同变形参数下的峰值应力变化较大,说明了峰值应力的大小取决于变形条件。第二阶段为峰值应变到颈缩出现的阶段,该阶段流动应力的降低呈现出近似线性的趋势,直至局部颈缩的出现,该阶段的变形相对比较稳定。另外,第

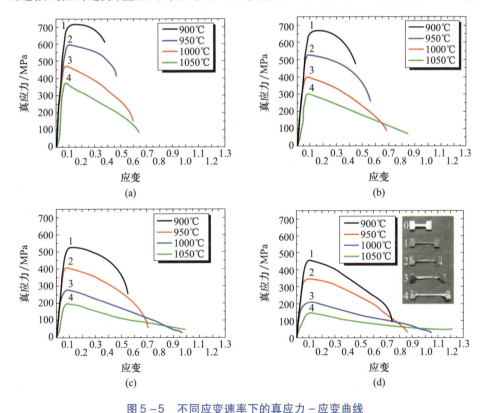

图 5-5 不同应变速率下的真应力-应变曲线

(a) $2.5 \times 10^{-2} s^{-1}$; (b) $1 \times 10^{-2} s^{-1}$; (c) $2.5 \times 10^{-3} s^{-1}$; (d) $1 \times 10^{-3} s^{-1}$。

二阶段流动应力的变化和高温拉伸所处的变形温度和应变速率有关。第三阶段为从局部颈缩出现开始,流动应力迅速下降直至断裂。然而,对于 Ti-45Al-8Nb 合金在高温和低应变速率下,拉伸曲线在最后阶段的应力迅速下降的趋势不明显。

在高温变形过程中,动态回复、动态再结晶是主要的软化机制[6-7]。3 个阶段的主要变形机制分别为加工硬化、动态软化和裂纹扩展。在第一阶段,由于加工硬化使得流动应力不断增大,而在高温条件下由于动态软化机制的存在使加工硬化效果得到一定程度的减弱。尤其在低应变速率下,当变形达到一定阶段,软化机制的作用开始逐渐增大,有效地减少了内部的位错密度,消除一定的加工硬化。当加工硬化和动态软化效果平衡时,流动应力达到峰值。第一阶段为加工硬化和动态软化协调变形机制。在第二阶段同样存在加工硬化,但动态软化的效果要更大,流动应力呈现出下降的趋势。当流动应力在该阶段进入稳态,表明加工硬化和动态软化再次达到动态平衡。而对于本次试验动态软化是第二阶段的主要变形机制。第三阶段主要为裂纹的扩展阶段,造成试样的最终断裂。

5.2.2 温度和应变速率对流动行为的影响

图 5-6 显示的是不同应变速率下峰值应力 σ_p(MPa)、屈服强度 σ_s(MPa) 和延伸率 η 随温度的变化趋势。从图 5-6(a)(b) 中可以看出温度、应变速率对峰值应力和屈服强度具有相同的影响,随着拉伸温度的升高或拉伸应变速率的下降,峰值应力和屈服强度均出现稳定的降低。说明变形参数对峰值应力和屈服强度有很大的影响。产生这种现象有以下两种原因:一方面在低应变速率下,积累的能量增加了动态软化的作用;另一方面高温条件下的热激活得到了增强。材料的变形能力通常是通过延伸率来体现的,图 5-6(c) 所示为延伸率随温度和应变速率变化的散点图。在相对较高应变速率下 $(2.5 \times 10^{-2} \mathrm{s}^{-1})$,温度对应变速率的影响很小,当温度从 900℃ 升高到 1050℃ 时,延伸率仅从 40% 增加到 80%。然而在低应变速率下 $(10^{-3} \mathrm{s}^{-1})$,延伸率与温度的改变密切相关,当温度升高到 1050℃ 时,延伸率从 100% 增加到了 237%。在不同温度下,延伸率随着应变速率增加的趋势是不相同的,高温低应变速率下可以获得更高的延伸率。在 1050℃ 和 $10^{-3} \mathrm{s}^{-1}$ 条件下,材料的延伸率超过了 200%。因此,可认为该合金在该变形条件下具有超塑性。

应变速率对流动应力的影响可以用应变速率敏感性指数 m 来表示,应变速率敏感性指数 m 可用特定应变和温度下的应变速率和流动应力来表示:

$$m = \frac{\partial \ln \sigma}{\partial \ln \dot{\varepsilon}}\bigg|_{\varepsilon, T} \qquad (5-1)$$

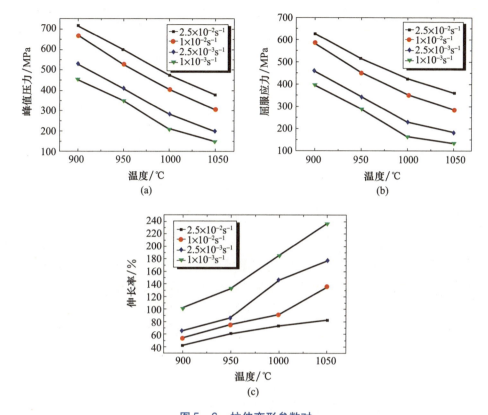

图 5-6 拉伸变形参数对
(a)峰值应力;(b)屈服强度;(c)延伸率的影响。

应变速率敏感性指数 m 的物理意义在于阻止颈缩的扩展以及维持变形的均匀性,因此它也可以看作应变速率硬化系数。m 值的大小表示了在给定温度和应变速率下流动应力对应变速率的依赖性。在拉伸变形的第三阶段,当颈缩产生后局部应变速率增加,使局部变形抗力增大,变形开始向其他低变形抗力部位转移($m>0$)。因此,随着 m 值的增大,变形倾向于更加均匀和稳定。在通常情况下,普通材料的 m 值都很小,在变形过程中的应变速率的变化不足以引起应力 σ 的变化,材料易产生颈缩而断裂。而对于 m 值较大的材料,当局部应变速率突然增加,局部应力明显变大,使变形向低流动应力部位转移,保证了变形的均匀性,提高延伸率。m 值越大,得到的延伸率越大。Ti-45Al-8Nb 合金高温拉伸条件下不同变形温度时的 m 值如图 5-7 所示,表明随着变形温度的升高,颈缩的转移和扩散能力更强,变形更均匀、稳定。通常情况下,应变速率敏感性指数反映了变形的均匀性和稳定性。

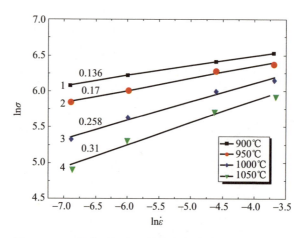

图 5-7 不同变形温度下的应变速率敏感性指数 m 值

当温度为 900℃ 和 950℃ 时，应变速率敏感性指数 $m<0.2$；当温度为 1050℃ 时，$m>0.3$。这说明在温度较低的条件下材料的变形均匀性和稳定性较差，容易导致局部变形和低延伸率。在高温下，增强的动态软化机制使变形的稳定性和均匀性得到增强，也抑制了局部变形及促进了动态回复或动态再结晶的发生。随着温度的提高，m 值和延伸率增加。另外，在 1050℃ 时，$m>0.3$ 也可以看作材料具备超塑性。

5.2.3　TiAl 基合金高温拉伸本构方程

为了进一步研究高温条件下变形参数对流动应力的影响，建立了阿伦尼乌斯（Arrhenius）本构方程[8]。本构方程描述了流动应力和变形参数之间的关系：

$$Z = \dot{\varepsilon}\exp\left(\frac{Q}{RT}\right) = A[\sinh(\alpha\sigma)]^n \quad (5-2)$$

式中：Z 为齐纳霍洛曼参数；n 为应力指数；A 和 α 均为材料常数；R 为气体摩尔常数（$R=8.314\text{J/mol}\cdot\text{K}$）。$\alpha$ 值得计算方法如下：

$$\alpha = \left(\frac{\partial\ln\dot{\varepsilon}}{\partial\sigma}\right)_T \cdot \left(\frac{\partial\ln\sigma}{\partial\ln\dot{\varepsilon}}\right)_T \quad (5-3)$$

通过计算，$\alpha=0.00272\text{MPa}^{-1}$，该值低于其他研究者得到的 TiAl 基合金的 α 值[9-11]。由式（5-2）可得到激活能 Q 的计算公式：

$$Q = R\left\{\frac{\partial\ln\dot{\varepsilon}}{\partial\ln[\sinh(\alpha\sigma)]}\right\}_T \cdot \left\{\frac{\partial\ln[\sinh(\alpha\sigma)]}{\partial(1/T)}\right\}_{\dot{\varepsilon}} \quad (5-4)$$

式中：$\{\partial\ln\dot{\varepsilon}/\partial\ln[\sinh(\alpha\sigma)]\}_T$ 和 $\{\partial\ln[\sinh(\alpha\sigma)]/\partial(1/T)\}_{\dot{\varepsilon}}$ 的数值可通过 $\ln[\sinh(\alpha\sigma)]$ vs. $\ln\dot{\varepsilon}$（图 5-8a）以及 $\ln[\sinh(\alpha\sigma)]$ vs. $1/T$（图 5-8(b)）的斜率

计算得到。对于本次使用的高铌 TiAl 基合金计算得到的激活能 $Q = 360\text{kJ/mol}$。表 5-4 所列为其他研究者得到的不同制备方法及成分的高铌 TiAl 基合金的激活能数值。从表中可以看出,本节计算的激活能大小相对一般,要大于单相 TiAl 基合金 Ti-Al 相互扩散能(295kJ/mol)和 Ti 原子的自扩散(295kJ/mol),小于 Al 自扩散能(390kJ/mol)。

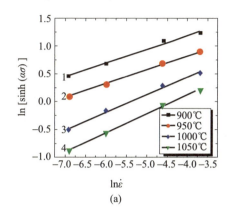
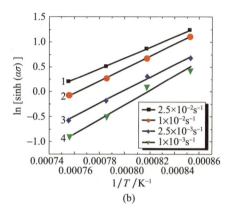

图 5-8 不同参数间的关系曲线

(a)$\ln[\sinh(\alpha\sigma)]$ 和 $\ln\dot{\varepsilon}$ 之间的关系曲线;(b)$\ln[\sinh(\alpha\sigma)]$ 和 $1/T$。

表 5-4 部分高铌 TiAl 基合金的激活能 Q

合金	制备方法	激活能 Q/(kJ/mol)
Ti-45Al-7Nb-0.3W[9]	粉末冶金	414
Ti-45Al-8Nb-2Mn-0.2B[10]	铸造	335
Ti-46.5Al-8.5Nb-0.2B[10]	铸造	353
Ti-45Al-5Nb-0.3Y[11]	铸造	400
Ti-45Al-8Nb-(B,W,Ni,Mo)(本节)	铸造+挤压	360

对于式(5-2),材料常数 α 和激活能 Q 都已经确定,公式两端取对数,可得

$$\ln Z = \ln\dot{\varepsilon} + \frac{3.6 \times 10^5}{RT} = \ln A + n\ln[\sinh(2.72 \times 10^{-3}\sigma_p)] \quad (5-5)$$

图 5-9 显示的是 $\ln Z$ 和 $\ln[\sinh(2.72 \times 10^{-3}\sigma p)]$ 之间的拟合直线。n 和 A 值可从图 5-9 的数据点通过线性拟合计算得到,$n = 3.403$,$A = 2.6 \times 10^{12}\text{s}^{-1}$。因此,基于峰值应力的本构方程可表述为

$$\dot{\varepsilon} = 2.6 \times 10^{12}[\sinh(2.72 \times 10^{-3}\sigma_p)]^{3.403}\exp\left(-\frac{3.6 \times 10^5}{RT}\right) \quad (5-6)$$

图 5-9 所示为 $\ln Z$ 与 $\ln[\sinh(\alpha\sigma)]$ 在不同变形系数下的关系,其线性相关系数

为 0.988，这表明在不同的变形参数下本构方程对于预测峰值应力有很高的准确性。

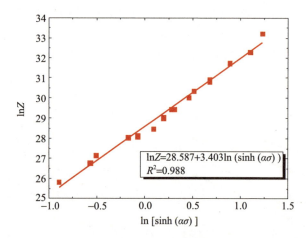

图 5-9　lnZ 与 ln[sinh(ασ)] 在不同变形参数下的关系

5.2.4　空洞的演变和断口形貌

Ti-45Al-8Nb 合金 1050℃不同应变速率下试样的微观组织和 $1×10^{-3}s^{-1}$ 不同温度下试样的微观组织分别如图 5-10 和图 5-11 所示。图中水平方向为试样的拉伸方向，与原始组织相比，高温条件下变形后的组织发生了改变，最明显的变化为试样内大量空洞的出现。从图 5-10 中可以看出，晶粒沿着拉伸方向有一定的伸长，而高温拉伸试样中出现的空洞与最终的断裂有关。随着温度的升高和应变速率的降低，靠近断口部位的空洞数目和大小均有所增加。这说明空洞的数量与 lnZ 相关。空洞多位于晶界处且空洞沿拉伸方向有一定的伸长，这些空洞的分布是不均匀的。由于延伸率与温度正相关而与应变速率负相关，因此空洞的数目与延伸率正相关。

从图中可以看出，空洞主要出现在晶界处，这与晶界滑移的不协调变形有关。另外，不同试样的空洞数目和大小也与变形参数有很大的关系。对于高铌 TiAl 基合金，虽然 β 相的存在可以促进材料的高温变形能力，但对于本次拉伸实验温度要明显低于 B2(β) 有序无序转变温度[12-13]，而有序的 B2 是脆性相，γ 相的强度要低于 $α_2$ 和 B2，γ 相的晶界滑移成为主要的变形机制。由于变形的不协调性，空洞主要出现在 γ/B2 和 γ/γ 晶界处。

在变形的最初阶段，拉伸试样的微观空洞可提高延伸率，这是由于空洞的形核可以减少局部应力集中，尤其是在晶界处，该作用可持续到某一特定应变，当应变量超过该数值时，促进作用将消失。

在图5-10中,空洞沿拉伸方向有明显的拉长且主要沿着拉伸方向分布。空洞的长大与应变速率(图5-10)和变形温度(图5-11)有关。随着应变速率的降低,晶界滑移在变形中起到更大的作用,同时试样拉伸到断裂所需的时间更长,空洞的长大主要受到塑性变形的影响,因而在低应变速率下空洞的大小和数目均较大。空洞尺寸随着温度的升高而增大,在较高温度下,扩散作用促进了空洞的长大。对比图5-11(d)和图5-11(d)可以看出,图5-11(d)中的空洞更少,此时变形温度相对较高,在低应变速率下空洞演变要更加充分,这表明高应变速率对空洞演变的影响大于温度的影响。从图5-11(a)(e)可以看出,距离断口较远的位置空洞密度和空洞的拉长均要小于断口附近局域对应的空洞变化。

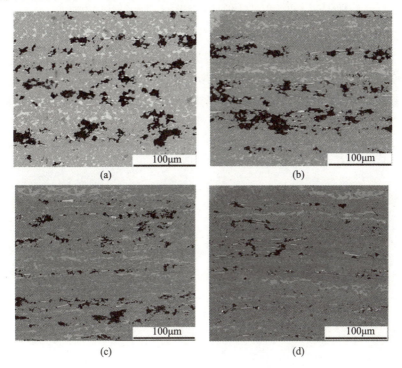

图5-10 1050℃不同应变速率下试样的微观组织

(a)1050℃,$1\times10^{-3}s^{-1}$;(b)1050℃,$2.5\times10^{-3}s^{-1}$;(c)1050℃,$1\times10^{-2}s^{-1}$;(d)1050℃,$2.5\times10^{-2}s^{-1}$。

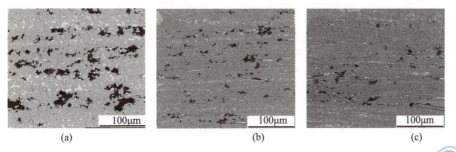

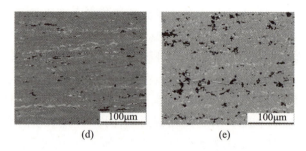

图5-11 $10^{-3}s^{-1}$不同温度下试样的微观组织

(a)1050℃,$1\times10^{-3}s^{-1}$;(b)1000℃,$1\times10^{-3}s^{-1}$;(c)950℃,$1\times10^{-3}s^{-1}$;
(d)900℃,$1\times10^{-3}s^{-1}$;(e)1050℃,$1\times10^{-3}s^{-1}$(距离断口处7mm处)。

图5-12所示为在应变速率为$10^{-3}s^{-1}$时,不同温度下拉伸试样断口处的背散射图。断口形貌说明上述条件下试样的断裂类型是典型的韧性断裂。在图5-12(a)中,在900℃时在断口表面可观察到许多的细小等轴韧窝。这可能是在低温条件下小韧窝的聚合要比新韧窝的产生困难得多,这导致出现了很多小的韧窝。与图5-12(a)相比,图5-12(b)的韧窝尺寸较大。

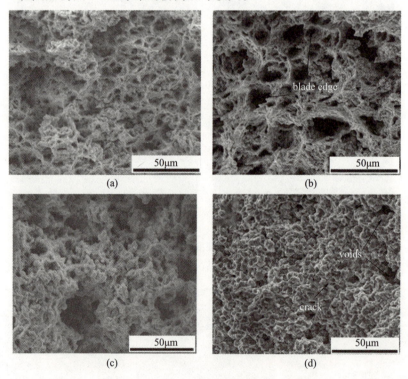

图5-12 不同拉伸条件下的断口扫描

(a)900℃,$10^{-3}s^{-1}$;(b)950℃,$10^{-3}s^{-1}$;(c)1000℃,$10^{-3}s^{-1}$;(d)1050℃,$10^{-3}s^{-1}$。

在 1000℃、$10^{-3}s^{-1}$ 下试样的断口形貌如图 5-12(c) 所示,出现的大韧窝与图 5-12(b) 相似。在变形过程中,动态再结晶是主要的软化机制,因此在断口部位出现再结晶晶粒。随着温度增加到 1050℃,在图 5-12(d) 的断口界面上再结晶晶粒的比例和沿晶断裂比例增大。微孔在晶界处形核,虽然在 5-12(d) 中无明显的较大的韧窝,但发生了微孔洞的聚合,这是断裂的一个原因,另一个原因是裂纹的萌生和扩展。然而,由于试样在 1050℃、$10^{-3}s^{-1}$ 下变形,表面的氧化要比其他温度下严重得多,这导致小的孔洞被氧化层覆盖。

5.3 TiAl 基合金高温压缩变形行为

5.3.1 高温压缩真应力-应变曲线

通过对 Ti-45Al-8Nb 合金高温拉伸试验和 Ti-47.5Al-Cr-V 合金高温压缩试验,对两种不同种类 TiAl 基合金在高温变形时力学行为和组织演变进行研究。利用 Ti-45Al-8Nb 合金高温拉伸试验和 Ti-47.5Al-Cr-V 合金高温压缩真应力—应变曲线关系分别建立了各自的本构方程,计算了 Ti-47.5Al-Cr-V 合金在不同变形参数下的能量耗散系数和失稳系数,建立了基于动态材料模型和 Prasad 失稳判据的热加工图。

图 5-13 所示为 Ti-47.5Al-Cr-V 合金在等温单向热压试验得到的热变形图,热变形图中反映了不同热变形参数下热压缩试样的成形质量。可以看出,对于本试验使用的 TiAl 基合金,应变速率对变形结果的影响要大于温度的影响。在高应变速率($1s^{-1}$)时,四种不同温度(1100~1250℃)下压缩变形的试样表面均有裂

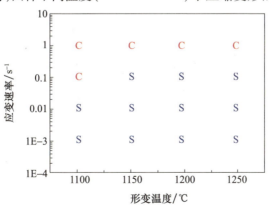

图 5-13 不同参数下的变形

C—有裂纹试样;S—无裂纹或缺陷,变形良好的试样

纹出现。而随着应变速率的降低,在应变速率 0.1s^{-1} 时,仅在 1100℃下变形的试样有微裂纹,其他温度均呈现出良好的变形。在应变速率 0.01s^{-1} 和 0.001s^{-1} 下,所有试样均显示出良好的可加工性。

图 5-14 所示为 Ti-47.5Al-Cr-V 合金试样在温度(1100℃、1150℃、1200℃、1250℃)和应变速率(0.001s^{-1}、0.01s^{-1}、0.1s^{-1}、1s^{-1})下的高温压缩真应力—应变曲线。从真应力—应变曲线可以看出,在不同热变形参数下的真应力—应变曲线具有相似的结构。在压缩变形进行的初始阶段,在变形试样内部产生了大量的位错造成材料出现加工硬化,使流动应力快速增大;当压缩变形继续进行时,由于动态软化的发生,减弱了加工硬化的效果,流动应力缓慢增加到峰值。随着压缩量的进一步增加,动态软化作用大于硬化的效果,流动应力出现逐渐下降的趋势。动态软化和加工硬化综合效果直接体现在真应力—应变曲线的变化上。在高温、低应变速率下(如 1250℃、0.001s^{-1}),当应变量达到某一值时,流动应力基本保持不变,进入稳态阶段,表明动态软化和加工硬化在该变形条件下达到动态平衡。

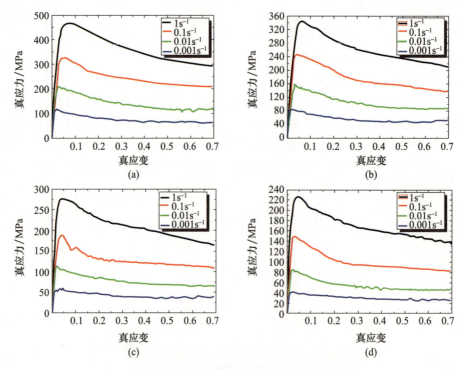

图 5-14 不同温度下热压缩变形的真应力应变曲线
(a)1100℃;(b)1150℃;(c)1200℃;(d)1250℃。

5.3.2 TiAl基合金高温压缩本构方程

为了进一步确定热压缩温度和应变速率对流动应力的影响,根据高温拉伸条件下 Arrhenius 形式本构方程建立 Ti-47.5Al-Cr-V 合金热压缩条件下的本构关系。图 5-15(a)和(b)显示的分别为 $\ln\dot{\varepsilon}$—σ 和 $\ln\dot{\varepsilon}$—$\ln\sigma$ 的关系,根据式(5-3),通过对数据点进行直线拟合,两图拟合直线的斜率相结合可计算得出高温压缩状态下式(5-2)中 α 的数值为 $0.006\mathrm{MPa}^{-1}$。

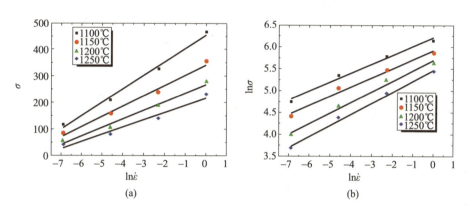

图 5-15 峰值应力和应变速率的关系

已知式(5-4)中 $\{\partial\ln\dot{\varepsilon}/\partial\ln[\sinh(\alpha\sigma)]\}_T$ 和 $\{\partial\ln[\sinh(\alpha\sigma)]/\partial(1/T)\}_{\dot{\varepsilon}}$ 的数值通过对图 5-16(a)和(b)中的 $\partial\ln\dot{\varepsilon}$ 和 $\partial\ln[\sinh(\alpha\sigma)]$ 以及 $\partial\ln[\sinh(\alpha\sigma)]$ 和 $1/T$ 关系数据进行线性拟合得到,之后代入式(5-4)进行计算,得到使用热压缩 TiAl 基合金的激活能 $Q=409\mathrm{kJ/mol}$。

将求得的 α 值和激活能 Q 代入式(5-2),对式(5-2)取对数,得到下式:

$$\ln Z = \ln\dot{\varepsilon} + \frac{4.09\times10^5}{RT} = \ln A + n\ln[\sinh(6\times10^{-3}\sigma)] \qquad (5-7)$$

将不同温度和应变速率下的峰值应力代入式(5-7),得到 $\ln Z$ 和 $\ln[\sinh(6\times10^{-3}\sigma)]$ 的散点图,对所得数据点进行线性拟合(图 5-16(c)),得到 $n=3.02$,$A=1.806\times10^{11}$。因此,Ti-47.5Al-Cr-V 合金热压缩本构方程可以表述为

$$\dot{\varepsilon} = 1.806\times10^{11}[\sinh(6\times10^{-3}\sigma)]^{3.02}\exp\left(-\frac{4.09\times10^5}{RT}\right) \qquad (5-8)$$

流动应力取决于变形温度和变形速率,流动应力随着 Z 值得增大而增大。从图 5-16 中可以看出,本构方程中 Z 和流动应力的相关性系数 $R^2=0.972$,这表明该模型描述 Ti-47.5Al-Cr-V 合金的高温变形行为准确性很高。

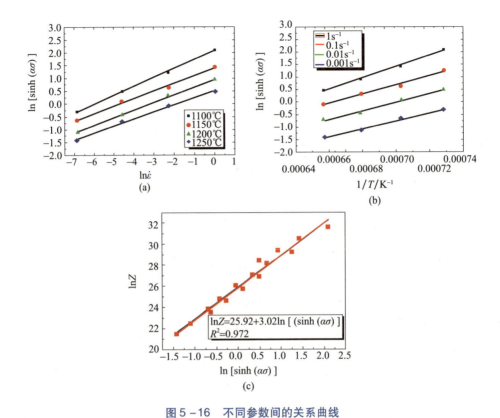

图 5-16 不同参数间的关系曲线

(a)峰值应力与应变速率的双曲正弦关系;(b)峰值应力与温度的关系;
(c)Z 值与峰值应力的关系。

5.3.3 TiAl 基合金组织演变

不同的组织演变机制可用来解释不同区域的能量耗散系数[14],这些机制包括那些对变形有利的(如动态回复、动态再结晶;超塑变形)以及对变形不利的(如空洞、裂纹等)。通常情况下,除了断裂机制,高的能量耗散系数意味着合金好的热加工性,与之相对应的是动态再结晶(30%~50%)以及超塑性(约60%)[15-17]。动态回复和动态再结晶均为有效的软化机制,动态再结晶可有效地保持变形过程中低的流动应力和降低变形产生的加工硬化;另外,动态再结晶也是提高材料热加工性的有效方法。

图 5-17 所示为在 Ti-47.5Al-Cr-V 合金失稳区热压缩试样的金相组织。图 5-17(a)和(b)分别为试样在失稳区域 A($1s^{-1}$、1100℃)和 B($1s^{-1}$、1250℃)变形后的组织。在图 5-17(a)在试样内部有明显的宏观裂纹,在图 5-17(b)中可以观察到与变形方向呈现45°夹角的变形带,变形带表明在高应变速率下试样内部

发生了不均匀变形,该变形带的出现可能与高应变速率下的绝热剪切有关[18]。不均匀变形会引起表面裂纹的出现,因此应避免高应变速率下的变形。

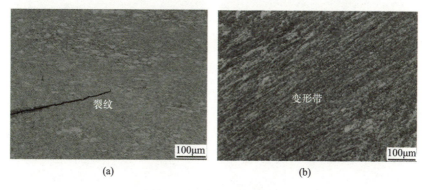

图 5-17 失稳区微观组织
(a)1100℃,1s^{-1};(b)1250℃,1s^{-1}。

稳态区域的试样组织如图 5-17 所示。由于动态再结晶,在 1150℃、0.01s^{-1} 和 1200℃、0.01s^{-1} 条件下得到了细晶组织。在 1250℃、0.01s^{-1} 下,平均晶粒尺寸约为 50μm。图 5-18 显示的是低应变速率(0.001s^{-1})各个温度下试验的微观组织。从这些图中可以看出,随着温度的升高,晶粒尺寸逐渐变大。在低应变速率下,有充足的时间进行动态再结晶,试样可进行完全再结晶,这与高的能量耗散系数(大于35%)相一致。当温度1100℃时,在图 5-18(d)有部分晶粒发生明显的长大,在图 5-18(g)温度1250℃时,晶粒长大的非常明显晶粒尺寸大约 100μm。在1250℃变形时[图 5-18(c)和(g)],金相组织为近片层组织,晶粒长大困难。因此,较大尺寸的晶粒主要是由于 γ/α 相变引起的。

在 1150℃、0.1s^{-1},1200℃、0.01s^{-1} 和 1250℃、0.001s^{-1} 条件下的变形试样的透射照片如图 5-19 所示。图 5-19(a)显示了位错墙和在三叉晶界处新的结晶的晶核,表征了动态再结晶的发生。位错墙是位错缠结造成的,可促进原始晶界膨胀并向锯齿状转变[19]。在图 5-19(b)晶界处观察到动态再结晶的晶核,说明动态再结晶正在发生。另外,虽然在1250℃、0.001s^{-1} 条件下,组织主要为片层组织,晶粒的尺寸很大,但由于高温变形,在片层组织的晶界处仍有动态再结晶晶粒和新的形核出现,如图 5-19(c)所示,在再结晶晶粒附近可观察到片层团。

Ti-45Al-8Nb 合金高温拉伸真应力—应变曲线可以分为 3 个阶段,加工硬化、动态软化和裂纹萌生扩展分别为 3 个阶段的主变形机制。流动应力与温度负相关而与应变速率正相关。在 1050℃、$1×10^{-3}$s^{-1} 拉伸时获得最大延伸率237%,当温度从950℃增大到1050℃时,应变速率敏感性指数 m 从 0.136 增加到 0.31。拉伸试样的断裂机制为空洞演变。

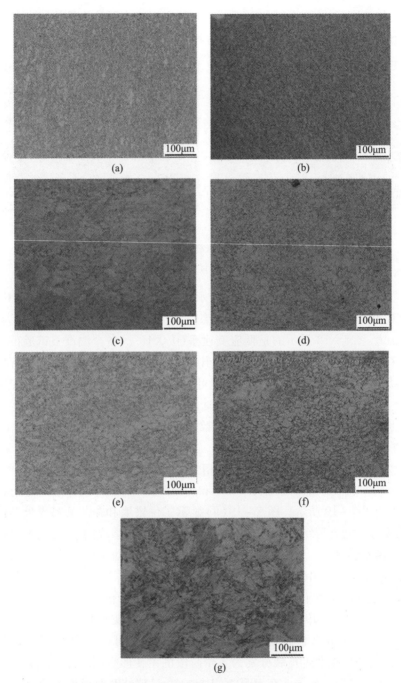

图 5-18 不同变形条件下的金相组织

(a)1150℃,0.01s^{-1};(b)1200℃,0.01s^{-1};(c)1250℃,0.01s^{-1}(domain D);
(d)1100℃,0.001s^{-1};(e)1150℃,0.001s^{-1};(f)1200℃,0.001s^{-1};(g)1250℃,0.001s^{-1}(domain D)。

第 5 章　TiAl 基合金中空结构高温成形/扩散连接复合工艺

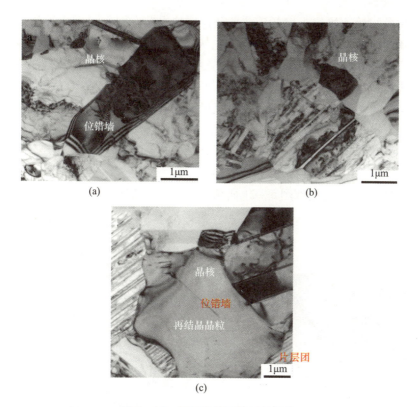

图 5-19　不同条件下的透射照片

(a)1150℃,0.1s^{-1};(b)1200℃,0.01s^{-1};(c)1250℃,0.001s^{-1}。

5.4　TiAl 基合金扩散连接性能

TiAl 基合金自身以及 TiAl 基合金与其他高温材料之间的有效连接可以促进其在高温结构件上的应用。熔焊和钎焊等连接工艺对 TiAl 基合金的连接有很大的影响。TiAl 基合金高的裂纹敏感性和熔焊过程中高的残余应力,易产生微裂纹降低接头的性能,导致采用传统熔焊方法连接 TiAl 合金非常困难。采用钎焊时,在连接界面处不可避免地会形成不同的金属化合物,造成界面性能的不稳定。与这两种方法相比,扩散连接产生冶金熔化焊接缺陷,不会造成组织和相关性能上的巨大改变,另外,接头无残余应力适合热循环敏感材料的连接。扩散连接对于 TiAl 基合金是一种合适的方法。

5.4.1　扩散连接接头形式的选择

目前,对扩散连接接头剪切强度的测试方法分为拉剪强度测试和压剪强度测试。拉剪扩散连接接头以及压剪扩散连接接头示意图和强度测试的示意图如图 5-20 所示。对于拉剪扩散连接接头,为保证在扩散连接部位可以形成良好的搭接以及在拉剪强度测试时拉力与扩散连接面的平行性,需要在两端部位放置与扩散连接板料相同厚度的垫块或母材。拉剪接头通常做成拉伸试样形状,由于 TiAl 基合金的室温脆性,在室温拉伸时试样的装夹极易造成非正常性断裂,使剪切强度的测量误差较大。而对于压剪接头仅需保证连接表面在机械处理后无污染即可,压剪强度测试如图 5-20(b) 所示,不会产生较大的测量误差。因此,本试验接头形式选用压剪扩散连接接头。根据压剪强度测试示意图,设计了本试验压剪强度测试模具,模具示意图如图 5-21 所示。

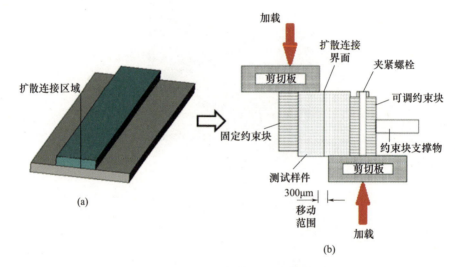

图 5-20 剪切强度测试示意图

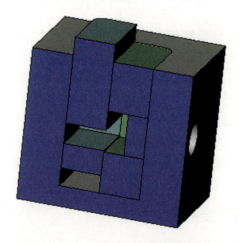

图 5-21 压剪强度测试模具示意图

5.4.2 扩散连接参数对接头界面组织和剪切强度的影响

扩散连接时的连接温度($T/℃$)、连接压力(p/MPa)、连接时间(t/h)、表面粗糙度以及真空度均对扩散连接最终质量有影响。在本次扩散连接试验中,所有扩散连接试样表面均经过相同的机械处理且扩散连接工艺在具有相同真空度的热压烧结炉内进行,因此,表面粗糙度以及和真空度对扩散连接的影响可以忽略。对于本实验连接温度($T/℃$),连接压力(p/MPa),连接时间(t/h)是影响剪切强度和连接界面微观组织的主要因素。

图 5-22 所示为连接压力 20MPa,连接时间分别为 1h、2h 和 3h 下温度对连接界面微观组织的影响。在 1000℃、20MPa、1h 下,从图 5-22(a)可以看出,在连接界面处连接质量并不良好且有一些缝隙存在。而在 1000℃、20MPa、1h 下,图 5-22(b)

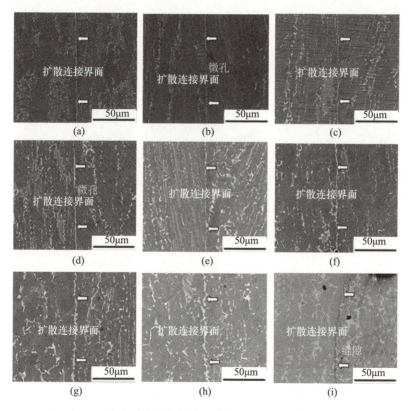

图 5-22 恒压条件下连接界面微观组织

(a)1000℃,20MPa,1h;(b)1000℃,20MPa,2h;(c)1000℃,20MPa,3h;
(d)1050℃,20MPa,1h;(e)1050℃,20MPa,2h;(f)1050℃,20MPa,3h;
(g)1100℃,20MPa,1h;(h)1100℃,20MPa,2h;(i)1100℃,20MPa,3h。

中有一些微观孔洞的存在。随着连接温度的升高,间隙和微观孔洞逐渐消失。当连接温度达到1100℃时,在连接界面处无间隙和空洞出现且界面开始慢慢消失,因此通过提高温度可以增强连接质量。

图 5-23 所示为连接压力 20MPa 条件下不同连接参数下接头的剪切强度,从图 5-23 可以看出,随着温度的升高,剪切强度增大。当温度从 1000℃升高到 1100℃时,不同连接时间下剪切强度增强的幅度是不同的,这个增加幅度随着时间的延长而减小。当连接时间为 1h 时,剪切强度从 244MPa 增加到 365MP;而当连接时间为 3h 时,剪切强度由 375MPa 增加到 447MPa。

图 5-23 不同连接参数下扩散连接界面

(a)1050℃/20MPa/3h;(b)1050℃/30MPa/3h;(c)1100℃/20MPa/2h;
(d)1050℃/30MPa/2h(PBHT);(e)1050℃/30MPa/3h(PBHT);(f)1100℃/20MPa/3h(PBHT)。

扩散系数依赖于扩散温度,扩散系数与扩散温度之间的 Arrhenius 公式如下[20-22]:

$$D = D_0 \exp(-Q/k_B T) \quad (5-9)$$

式中:k_B 为玻耳兹曼常量;T 为扩散温度;D_0 为初始扩散系数;Q 为激活能。

根据式(5-1),扩散系数将随着温度的升高而增大。另外,温度也影响扩散界面区域部位的局部塑性变形。在高温条件下,扩散系数增大,局部塑性变形变得更容易。因而,提高温度可以改善扩散接头连接质量和剪切强度。

在扩散连接试验中,1100℃为最高连接温度,所以 1100℃时的扩散系数最大,元素扩散速度要大于 1000℃和 1050℃时的扩散速度。初始接触区域的剧烈塑性变形可以减少连接界面处的初始孔洞的大小,而扩散能力的增强将有利于孔洞的消失。

同时,高温也可以促进新形成的 α_2 相的长大以及高含量的 Ni 元素向基体的扩散。如图 5-22(a)、(c)所示,在 1100℃ 较低温度下,在界面处产生 Ni 元素的偏聚。随着温度的升高,α_2 相易长大且 Ni 元素扩散速度增加,白线区域变宽,在某些局部位置,基体连接为一体,显示了良好的连接质量。在 1100℃、20MPa、3h 条件下,在界面处出现部分裂纹。如图 5-22(i)所示,连接中间界面发生弯曲,并不是平直,表明在 2h 后的继续加压过程中基体之间产生了相对的滑移。因此,高的连接温度不意味着高的连接质量,扩散连接温度的选择和压力与时间三者要结合在一起。

图 5-23 所示为连接温度 1050℃、连接压力 10MPa 和 30MPa 条件下扩散连接界面的微观组织。将图 5-23(d)~(f)和图 5-24 相结合可以反映 1050℃ 条件下连接时间分别为 1h、2h、3h 下,连接压力对扩散界面微观组织的影响。在连接时间为 1h 时,在扩散界面处有一些未连接区域,如图 5-24(a)所示,在图 5-22(b)、(d)中仍有一些未连接间隙和微观孔洞。在 20MPa 条件下,连接时间为 2h 和 3h 时,在连接界面处无明显的微观孔洞,微观组织无明显的变化。增大连接压力可以减小接触区域的表面不平度,减小扩散界面初始微观孔洞的大小。

图 5-24 所示为在 1050℃ 时不同连接参数下接头的剪切强度柱状图。随着连接压力的增加,接头剪切强度增加。当连接压力由 10MPa 增加到 30MPa,连接时间为 1h 时,剪切强度从 227MPa 增加到 345MPa,连接时间为 3h 时,剪切强度由 283MPa 增加到 426MPa。因此,连接时间对剪切强度的提高影响较小,随着连接时间的增加,连接压力对剪切强度的增加改变较小。在连接压力为 30MPa 时,连接时间 1h 或 2h 条件下得到的接头的剪切强度要分别要高于连接压力 10MPa 时 2h 或 3h 的连接强度。

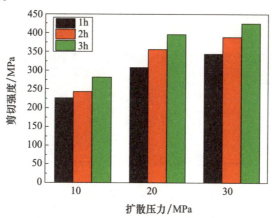

图 5-24　1050℃ 时不同连接参数下接头的剪切强度

连接压力可以增强界面处的局部塑性变形和减少微观孔洞,促进扩散以及微孔的闭合。金属或合金的扩散连接工艺可以归纳为三种机制[23-25]:塑性变形、扩散机制和幂指数蠕变机制。局部塑性变形是扩散连接工艺的第一阶段,对于控制连接质量很重要。图 5-23 和图 5-24 相结合同样也可以反映连接时间对连接界面微观组织的影响。在部分连接参数下,连接间隙和孔洞是明显存在的。在连接温度为 1050℃时,随着扩散连接时间的增加,扩散界面处的明亮线在某些部位变得不连续,开始有沿着晶粒边界的趋势。

从不同条件下扩散接头的剪切强度柱状图中同样可以看出:在连接压力和连接温度分别为 20MPa 和 1050℃时,扩散连接时间对连接接头剪切强度的影响。在图 5-24 中,当连接压力 20MPa 时,伴随着连接时间从 1h 增加到 3h,剪切强度增加的幅度随着连接温度的升高而降低。扩散连接时间影响着扩散连接工艺,且连接时间要与连接温度和连接压力相结合。在扩散连接工艺中,延长连接时间可以促进元素扩散使基体之间的扩散更加充分,这将增加接头强度。对于连接工艺,连接温度和连接压力越大,完全扩散所需要的连接时间越短。当连接时间充足时,扩散可充分进行获得均匀组织的接头。但是,当扩散连接时间太长时,热暴露将造成连接界面和基体的晶粒长大;当连接时间太短时,使扩散不充分,连接部位的连接率和接头强度降低。

5.4.3 热处理对微观组织和剪切强度的影响

图 5-25 为焊后热处理得到的连接界面的微观组织。经过焊后热处理,接头组织为具有大尺寸晶粒的全片层组织。与初始的细晶组织相比,全片层组织具有更好的抗蠕变和抗裂纹扩展能力。由于在 1360℃条件下热处理,高的相互扩散能力和热处理过程中的组织转变,使原本清晰可见的连接界面已完全消失,相互扩散连接的两个基体成为一个整体。

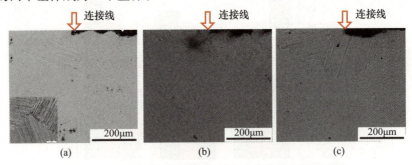

图 5-25　焊后热处理得到的不同参数下接头微观组织
(a)1050℃/10MPa/2h;(b)1050℃/20MPa/2h;(c)1050℃/30MPa/2h。

5.4.4 断口形貌

图 5-26 为扩散连接后的接头强度与焊后热处理的接头强度进行的对比分

析,可以看出焊后热处理能够显著地提高接头的强度。经过焊后热处理,1050℃下获得所有接头的强度均超过450MPa 在1050℃、10MPa、1h 条件下获得的接头的强度,热处理后接头强度达到原始接头强度的2倍。随着扩散连接时间和连接压力的增加,热处理对强度的增强作用有所减弱。在1050℃、10MPa、1h 条件下获得的连接接头,剪切强度从227MPa 增加到475MPa;在1050℃、30MPa、3h 条件下的连接接头,其剪切强度从426MPa 增加到674MPa。因而,扩散连接得到高强度的初始接头在经过热处理之后,接头的强度更高,而初始接头强度越高,热处理后接头强度提高的百分比就越小。另外,连接界面的组织在热处理后变为全片层组织且原始连接界面消失。在图5-26中,不同接头的组织差别不大,但连接接头的强度在1050℃、20MPa 条件下1h 的489MPa 变化为3h 的627MPa。

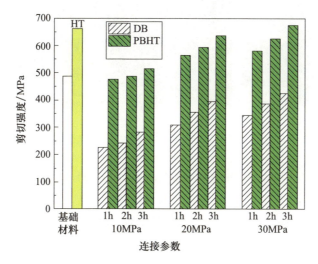

图 5-26 1050℃时获得的原始接头剪切强度和接头焊后热处理后的剪切强度

经剪切强度测试,原始材料的室温剪切强度为486MPa,扩散连接得到的接头的最大剪切强度为447MPa,达到基体强度的90%。而对于进行热处理后的基体,其剪切强度为665MPa;而扩散连接的试样经相同的热处理后,1050℃、30MPa、3h 条件下获得连接接头的最大剪切强度达到了基体的强度。

图5-27 所示为室温条件下连接接头的断口形貌,所有试样的断裂主要在连接界面部位。图5-27(a)~(c)为未热处理的接头断口的扫描形貌,图5-27(a)(b)为1050℃下的断口形貌。断口表面比较平整,基本上沿着基体的原始表面发生断裂;但在端口表面基体上有裂纹出现。图5-27(c)为1100℃、20MPa、2h 条件下接头剪切断裂后的断口,连接接头具有比前两者(如图5-27(a)(b)所示)不同的断裂形式,断口表面不再比较平整,出现沿晶断裂的现象。焊后热处理接头的断

口如图 5-27(d)~(e)所示,断裂形式明显为穿晶断裂,从断口形貌也可以看出断口处显示的组织全片层组织。

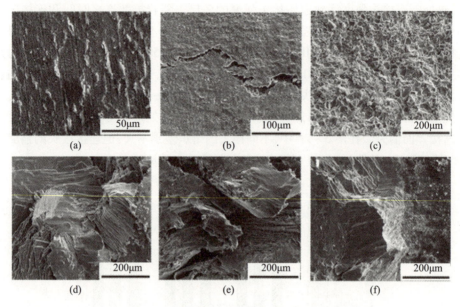

图 5-27　不同条件下断裂接头的断面扫描

(a)1050℃,20MPa,3h;(b)1050℃,30MPa,3h;(c)1100℃,20MPa,2h;
(d)1050℃,30MPa,2h(PBHT);(e)1050℃,30MPa,3h(PBHT);(f)1100℃,20MPa,3h。

5.5　TiAl 基合金三层中空结构件热弯曲/扩散连接工艺

通过真空扩散连接工艺对挤压态 Ti-47.5Al-Cr-V 合金的扩散连接工艺进行了研究,并分析了连接温度、连接压力、连接时间以及焊后热处理对界面微观组织和力学性能的影响;然后进行了 Ti-47.5Al-Cr-V 合金的高温拉伸试验和高温弯曲试验,分析了变形参数对合金拉伸性能和弯曲极限的影响,并结合高温变形性能和扩散连接性能,进行了 Ti-47.5Al-Cr-V 合金三层波纹结构的热弯曲/扩散连接试验。

5.5.1　高温弯曲极限

对于波纹芯板的成形,主要变形方式为弯曲变形,需要对 Ti-47.5Al-Cr-V 合金的弯曲成形极限进行研究,确保材料弯曲过程在圆角部位不产生宏观、微观裂纹等缺陷。弯曲试验分别在 950℃、1000℃ 和 1050℃ 条件下进行,弯曲变形选择 90°V 形弯曲,弯曲凸模圆角 R 为 0mm、0.5mm、1mm,上压头下降速度为 1mm/min。

Ti-47.5Al-Cr-V合金不同的棒材切片经打磨后厚度约为1mm,不同温度和R下得到的V形弯曲样件如图5-28所示。

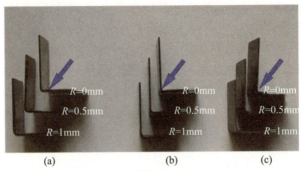

图5-28 不同温度、不同凸模圆角的90°V形弯曲样件(R为凸模圆角半径)
(a)950℃;(b)1000℃;(c)1050℃。

从图5-29中可以看出,在3个温度下均能实现良好的弯曲变形,当弯曲凸模为直角过渡时,在950℃条件下得到的试样弯曲效果与1000℃和1050℃温度下的弯曲相比较差。对于本次的弯曲变形,在高温条件下的塑性完全可以满足变形1mm的Ti-47.5Al-Cr-V合金板实现圆角R为1mm、0.5mm的弯曲,甚至弯曲凸模直角时,成形的样件表面也无宏观裂纹。图5-29所示为不同温度下凸模直角过渡时的弯曲圆角外边缘靠近凹模侧的微观组织,箭头所指方向为弯曲外表面侧。在不同温度下进行90°V形弯曲试验,宏观上弯曲件表面无宏观裂纹等影响表面质量的缺陷,微观上在发生拉伸变形的圆角外侧部位无微观裂纹等缺陷,说明该TiAl基合金在950~1050℃可进行良好的弯曲变形,其90°V形弯曲的最小弯曲半径可等于使用板料的板厚。

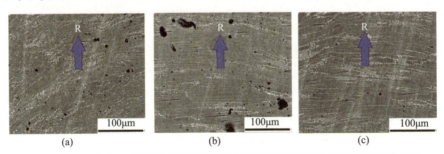

图5-29 不同温度下凸模90°V形弯曲时的弯曲圆角处边缘靠近凹模的组织
(a)950℃;(b)1000℃;(c)1050℃。

5.5.2 波纹芯板热成形

Ti-47.5Al-Cr-V合金的波纹芯板热弯曲试验在真空热压烧结炉内进行,

图 5-30(a)为成形模具的示意图,采用石墨模具,石墨模具本身可以起到减小变形中摩擦力的作用;另外,在高温条件下仍能保持较高的强度,形状尺寸稳定性好。芯板成形模具的凸模和凹模成形圆角 R 均为 1mm,对 Ti-47.5Al-Cr-V 合金弯曲成形极限的研究以及 TiAl 基合金的成形温度通常在 1000℃ 左右[26],在温度 1000℃ 和 1050℃,应变速率 $0.01s^{-1}$ 以下时,延伸率最小为 80%,可判断 Ti-47.5Al-Cr-V 合金在同样条件下具有较好的塑性。因而主要选择了 1000℃ 和 1050℃ 作为波纹芯板的成形温度,上模下降速度为 1mm/min。图 5-30(b)为波纹芯板热弯曲成形最终状态的示意图,待热弯曲变形过程结束后,维持温度不变进行 10min 左右的保压。

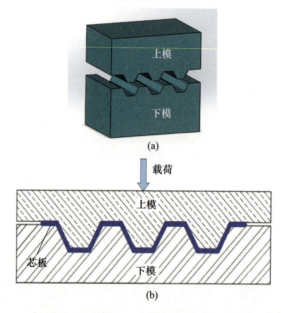

图 5-30 波纹件芯板热弯曲示意图
(a)成形模具;(b)最终成形状态。

图 5-31(a)(b)分别为 1000℃ 和 1050℃ 下成形的波纹芯板。由图可以看出,1000℃ 下成形的构件表面的平直度和圆角的成形情况都要低于 1050℃ 下成形的构件,1050℃ 时的变形抗力要小于 1000℃ 时的变形抗力,提高成形温度就提高了芯板构件的成形质量。由于芯板的成形过程是在真空条件下完成的,在图 5-31 中的波纹芯板表面无明显的氧化皮出现。

对图 5-31 所示的两个温度下得到的芯层波纹板不同部位厚度进行测量,成形前切片的厚度为 0.7mm,成形后中间成形部位的厚度与两侧未变形部位厚度基本一致,仍为 0.7mm,在成形圆角处厚度也不明显减薄,为 0.68mm。原始切片的长度为

85.5mm，对应图 5-31 下侧边线，成形后的长度为 66.5mm，成形前后芯板在长度方向上缩短了 19mm。结构件厚度为成形后的芯板厚度在随后的扩散连接过程中基本不会发生改变，即热弯曲成形后得到的芯板与最终三层构件的芯板尺寸基本一致。

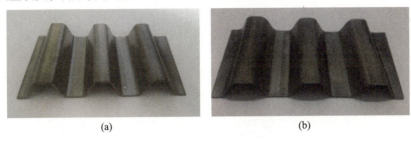

图 5-31　成形波纹件芯板
(a) 温度为 1000℃；(b) 温度为 1050℃。

5.5.3　波纹芯板与面板扩散连接

Ti-47.5Al-Cr-V 合金芯板在真空条件下成形，但由于与石墨接触以及在取件过程中难以避免污染，芯板在进行扩散连接之前仍需要进行一定的机械处理。根据扩散连接界面微观组织和连接接头的剪切强度，选择 1050℃、30MPa、2h 作为扩散连接参数来成形三层波纹结构件，此时接头剪切强度为 395MPa，可达到基体强度的 80%，选择该扩散连接参数，可以保证在接头强度较高的前提下扩散连接温度偏低、连接时间偏短。三层结构波纹件扩散连接示意图如图 5-32 所示。对于芯板与面板间的扩散连接，为了保证 30MPa 的扩散连接压力，需要施加较大的载荷，该载荷可能要超过芯板的承载能力，直接加载将造成芯板的变形，影响最终三层波纹结构件的成形。在芯板和面板之间需放置垫块，以保证芯板 30MPa 的扩散连接压力可施加到扩散连接部位，芯板非扩散部位不作为主要的承力部位，垫块材料同样选择石墨。

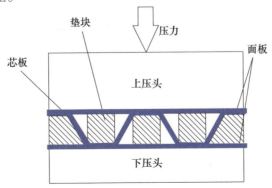

图 5-32　三层结构波纹件扩散连接示意图

经过芯板与两层面板间扩散连接试验,得到了图 5-33 所示的三层波纹结构件。从图中可以看出,成形件的质量比较良好,说明采用热弯曲、扩散连接的方法成形三层波纹结构件是合适的。

图 5-33　热冲压/连接试验三层结构波纹件

5.5.4　三层结构件力学性能

通过热弯曲、扩散连接得到的三层波纹结构件在压缩状态下的力学性能测试(图 5-34),压缩时压下速度为 0.5mm/min,测试在室温下进行。三层波纹件构件的抗压强度曲线及变形后的实物如图 5-35 所示。

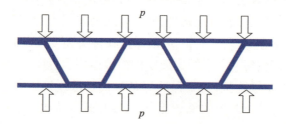

图 5-34　三层波纹结构件压缩测试示意图

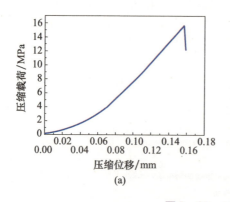
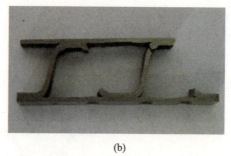

图 5-35　三层波纹结构件

(a)压缩强度;(b)测试后实物图。

从图 5-35(a)中可以看出:对于 TiAl 基合金波纹结构件,由于材料本身的室温脆性,结构件能够允许的变形量很小,当压缩位移为 0.15~0.16mm(结构件总高约为 9mm)时,结构件失效,在波纹芯板的非连接部位处产生脆性断裂,如图 5-35(b)所示,抗压强度呈断崖式下降。压缩面积按面板与压头的最大接触面积进行计算,得到的抗压强度为平均抗压强度,结构件的最大抗压强度为 15.7MPa,在达到最大载荷之前,压缩载荷呈现出线性增加的趋势。

通过 Ti-47.5Al-Cr-V 合金三层波纹结构的热弯曲、扩散连接试验,可以得到以下结论:

随着连接温度、连接时间和连接压力的增加,扩散连接接头的剪切强度增加;在 1360℃、0.5h 条件下进行焊后热处理,可以明显提高焊接接头的剪切强度和改变接头的微观组织。对于本试验的 TiAl 基合金,合适的连接温度 1050~1100℃、连接压力 20~30MPa、连接时间 2~3h。

对于挤压态的 Ti-47.5Al-Cr-V 合金在 950℃条件下即可实现很小圆角半径的 90°V 形弯曲,当凸模直角过渡($R=0$mm)时,仍可实现 1mm TiAl 基合金薄板的良好弯曲变形,弯曲部位在宏观和微观上均无裂纹等缺陷。

1050℃条件下获得热弯曲 Ti-47.5Al-Cr-V 合金波纹芯板的成形质量要优于 1000℃条件下的成形质量,在 1050℃、30MPa、2h 进行了三层结构件的扩散连接试验,成功制得 Ti-47.5Al-Cr-V 合金三层波纹构件,结构件的最大抗压强度为 15.7MPa。

参考文献

[1] Huang C H. Structural intermetallics[C]. In: Dariola R, Lewandowsky J J, Liu C T, Martin P L, Miracle D B and Nathal M V, eds. TMS. PA. Warrendale, 1993. 299-305.

[2] Qin C, Yao Z K, Li Y Z, et al. Effect of hot working on microstructure and mechanical properties of TC11/Ti$_2$AlNb dual-alloy joint welded by electron beam welding process[J]. Transactions of Nonferrous Metals Society of China, 2014, 24(11): 3500-3508.

[3] W. J Z, S. C D. The controlling creep processes in TiAl alloys at low and high stresses[J]. Intermetallics, 2002, 10(6).

[4] Chan K S, Kim Y W. Influence of microstructure on crack-tip micromechanics and fracture behaviors of a two-phase TiAl alloy[J]. Metallurgical Transactions, 1992, (23)A: 1663-1677.

[5] 张春萍. γ-TiAl 基合金的脉冲电流辅助烧结及组织性能研究[D]. 哈尔滨工业大学, 2009.

[6] Deng J, Lin Y C, Li S S, et al. Hot tensile deformation and fracture behaviors of AZ31 magnesium alloy[J]. Materials and Design, 2013, 49: 209-219.

[7] Lin Y C, Deng J, Jiang Y Q, et al. Effects ofinitial δ phase on hot tensile deformation behaviors and fracture characteristics of a typical Ni – based superalloy[J]. Materials Science and Engineering A, 2014, 598: 251 – 262.

[8] Lin Y C, Deng J, Jiang Y Q, et al. Effects ofinitial δ phase on hot tensile deformation behaviors and fracture characteristics of a typical Ni – based superalloy[J]. Materials Science and Engineering A, 2014, 598: 251 – 262.

[9] Liu B, Liu Y, Zhang W, et al. Hot deformation behavior of TiAl alloys prepared by blended elemental powders[J]. Intermetallics, 2011, 19: 154 – 159.

[10] LIANG C, XUE X, TANG B, et al. Flow characteristics and constitutive modeling for elevated temperature deformation of a high Nb containing TiAl alloy[J]. Intermetallics, 2014, 49(1): 23 – 28.

[11] Li J B, Liu Y, Liu B, et al. High temperature deformation behavior of near γ – phase high Nb – containing TiAl alloy[J]. Intermetallics, 2014, 52: 49 – 56.

[12] Chen Y Y, Li B H, Kong F T. Effects of minor yttrium addition on hot deformability of lamellar Ti – 45Al – 5Nb alloy[J]. Transactions of Nonferrous Metals Society of China, 2007, 17: 58 – 63.

[13] CLEMENS H, CHLADIL H F, WALLGRAM W, et al. In and ex situ investigations of the β – phase in a Nb and Mo containing γ – TiAl based alloy[J]. Intermetallics, 2008, 16(6): 827 – 833.

[14] Srinivasan N, Prasad Y. Microstructural control in hot working of IN – 718 superalloy using processing map[J]. Metallurgical and Materials Transactions A, 1994, 25: 2275 – 2284.

[15] Chiba A, Lee S H. Construction of processing map for biomedical Co – 28Cr – 6Mo – 0.16N alloy by studying its hot deformation behavior using compression tests[J]. Materials Science and Engineering A, 2009, 513 – 514: 286 – 293.

[16] SIVAKESAVAM O, RAO I S, PRASAD Y. Processing map for hot working of as cast magnesium [J]. Materials Science & Technology, 1993, 9(9): 805 – 810.

[17] SRINIVASAN N, PRASAD Y, RAO P R. Hot deformation behaviour of Mg – 3Al alloy—A study using processing map[J]. Materials Science & Engineering A, 2008, 476(1 – 2): 146 – 156.

[18] Yang F, Kong F T, Chen Y Y, et al. Hot workability of as – cast Ti – 45A – 5.4V – 3.6Nb – 0.3Y alloy[J]. Journal of Alloys and Compounds, 2014, 589: 609 – 614.

[19] Li D, Guo Q, Guo S, et al. The microstructure evolution and nucleation mechanisms of dynamic recrystallization in hot – deformed Inconel 625 superalloy [J]. Materials and Design, 2011, 32(2): 696 – 705.

[20] Mehl R F. Rates of diffusion in solid alloys[J]. Journal of Applied Physics, 1937, 8: 174 – 185.

[21] YUAN Y, GUAN Y, LI D, et al. Investigation of diffusion behavior in Cu – Sn solid state diffusion couples[J]. Journal of Alloys & Compounds, 2016, 661: 282 – 293.

[22] Derby B, Wallach E R. Theoretical model for diffusion bonding[J]. Metal Science, 1982, 16: 49 – 56.

[23] PILLING J, LIVESEY D W, HAWKYARD J B, et al. Solid state bonding in superplastic Ti-6Al-4V[J]. Metal Science Journal, 2013,18(3): 117-122.

[24] LI H, ZHANG C, LIU H B, et al. Bonding interface characteristic and shear strength of diffusion bonded Ti-17 titanium alloy[J]. Transactions of Nonferrous Metals Society of China, 2015,25(1): 80-87.

[25] Beschliesser M, Clemens H, Kestler H, et al. Phase stability of a γ-TiAl based alloyupon annealing: comparison between experiment and thermodynamic calculations[J]. Scripta Materialia, 2003, 49: 279-284.

[26] CLEMENS H, KESTLER H. Processing and Applications of Intermetallic γ-TiAl-Based Alloys[J]. Advanced Engineering Materials, 2000,2(9): 551-570.

Chapter 6

第 6 章

Ti–43Al–9V–1Y 合金中空结构预置空位拉制成形

随着航空航天技术的发展,更快的飞行速度以及更远的飞行距离已成为技术发展的需要,这就要求材料的耐高温性能优良,材料轻质化以及结构轻量化。TiAl基合金具有低相对密度、良好的高温力学性能和较好的抗高温氧化等优点,是一种理想的有待开发的航空航天高温结构材料。

本章采用预置空位板料拉制成形方法成形平面、曲面蜂窝结构,对于平面、曲面拉制成形板料,采用模拟结果优化后的空位分布进行设计。由于采用热压烧结得到的 Ti–43Al–9V–1Y 合金板料直径 80mm,将平面、曲面预置空位尺寸进行等比例缩小,之后进行平面、曲面拉制成形试验。

6.1 Ti–43Al–9V–1Y 合金材料介绍及制备

采用粉末冶金方法制备 TiAl 基合金不仅可以避免铸造冶金过程中的合金元素宏观偏析,组织粗大不均匀,缩孔等缺陷,还可以细化晶粒,方便加入合金元素,微观组织可控等,是制备高性能 TiAl 基合金最有效的方法。根据使用原料粉末的不同,粉末冶金可分为元素粉末冶金和预合金粉末冶金,两种方法各有优、缺点。元素粉末冶金制备 TiAl 基合金成本低,易于添加各种元素实现合金化;但是氧含量和杂质含量较高,严重恶化 TiAl 基合金性能。预合金粉末制备 TiAl 基合金具有成分均匀,组织细小,氧及杂质含量低,力学性能优异等优点;但预合金粉末制备难度大成本高,且粉末过于硬脆成形性差。因此,获得高品质的 TiAl 预合金粉是制备 TiAl 基合金的基础和关键。

采用预合金粉末热压烧结法制备全致密的 Ti–43Al–9V–1Y 合金块体材料,在烧结过程中,预合金粉末内将发生元素的扩散以及相的形成与转变,最终获得组织和成分均匀的致密块体材料。

采用 5083 铝合金对预置空位板料拉制成形过程进行验证性试验。

表 6-1 所列为 5083 铝合金化学成分,表 6-2 所列为 5083 铝合金力学性能。

表 6-1 5083 铝合金的化学成分

成分	Mg	Mn	Cu	Si	Fe	Zn	Al
质量分数/%	4.7	0.86	0.04	0.09	0.21	0.05	Bal

表 6-2 5083 铝合金力学性能

抗拉强度/MPa	屈服强度/MPa	弹性模量/MPa	室温延伸率/%	400℃延伸率/%
270	110	73000	27	118

热压烧结试验在 ZYD-160-100 烧结炉上进行,真空度为 1×10^{-3} Pa,烧结温度为 1150℃,烧结压力为 30MPa,保温时间为 2h。

6.2 热压烧结 Ti-43Al-9V-1Y 合金组织及超塑性能

6.2.1 Ti-43Al-9V-1Y 合金微观组织分析

高温拉伸试验及预置空位板料蜂窝结构平面/曲面拉制成形试验在 Instron 电子万能材料拉伸试验机上完成如图 6-1、图 6-2 所示为高温拉伸试样尺寸。试样采用线切割方法切取,试样表面,侧面及圆角处用砂纸逐级磨到 800#,以防止线切

图 6-1 电子万能材料拉伸试验机

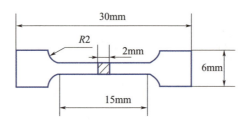

图6-2 Ti-43Al-9V-1Y合金高温拉伸试样

割缺陷造成试样过早断裂。试验参数：应变速率分别为 $0.01s^{-1}$、$0.005s^{-1}$、$0.0025s^{-1}$、$0.001s^{-1}$，拉伸试验温度分别为850℃、900℃、930℃、960℃、990℃。当加热温度达到设定温度时，将拉伸试样放入拉伸夹具中，设定保温时间为5min，保证试样内外温度一致。

预置空位板料蜂窝结构平面、曲面拉制成形试验通过自制模具固定在拉伸试验机夹头两端，将模具和板料连接固定后关闭炉门加热。由于Ti-43Al-9V-1Y合金膨胀系数与模具膨胀系数不同，所以要不断调节拉伸机横梁位置，保证板料在到达成形温度前受到的拉压力为零。预制空位板料成形温度为990℃，应变速率为 $0.001s^{-1}$。当加热温度达到设定温度，保温5min，保证板料内外温度一致。

图6-3在热压烧结温度为1150℃，压力为30MPa，保温时间为2h条件下烧结制备的Ti-43Al-9V-1Y(原子分数)合金的微观组织。由图6-3(a)可以明显看出，合金内部完整的预合金粉末颗粒的微观组织，颗粒组织较粗大，可以推断出粉末颗粒较大。由图6-3(b)可以明显看出，Ti-43Al-9V-1Y合金微观组织不均匀，存在着细小均匀的区域为小粉末颗粒微观组织，而组织较大且混乱的为大粉末颗粒微观组织。

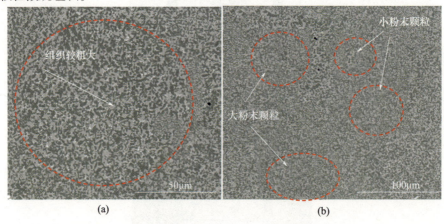

图6-3 Ti-43Al-9V-1Y合金微观组织
(a)含一个粉末颗粒；(b)含多个粉末颗粒。

图 6-4 所示为 Ti-43Al-9V-1Y 合金 XRD 图谱,该合金由 γ 相、β/B2 相,以及 Y 与 Al 形成的 YAl_2 富稀土相组成。

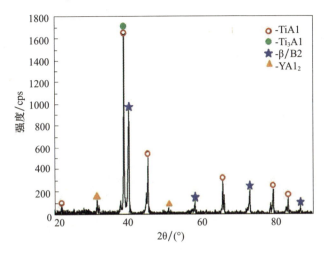

图 6-4　Ti-43Al-9V-1Y 合金 XRD 图谱

图 6-5 所示为 Ti-43Al-9V-1Y 合金的微观组织,在背散射模式下,可以看出合金中不同相以块状形式存在。表 6-3 所列为图中不同位置的化学成分,其中灰色相与黑色相交替分布,所占体积分数大致相同,相尺寸大致 5μm。白色相所占比例较少,以灰色相(B 处)大致成分为 47.91Ti、38.99Al、12.24V、0.86Y,此相为 β/B2 相,可以看出在 β/B2 相中含有 Al 元素较少,V 元素较多。V 元素作为 β/B2 相稳定元素,能够扩展 β/fB2 相区,促进 β/B2 相的形成。黑色相(C 处)成分为 47.82Ti、43.24Al、8.16V、0.78Y,此相为 γ 相。

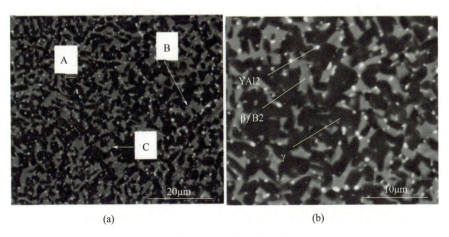

图 6-5　1150℃保温 2h 制备的合金的显微组织

表6-3 图6-5中不同位置的化学成分/%(原子分数)

位置	Ti	Al	V	Y
A	24.47	57.48	2.56	15.49
B	47.91	38.99	12.24	0.86
C	47.82	43.24	8.16	0.78

图6-6所示为42~45Al Ti-Al-V三元系垂直截面。随着Al元素增加,Ti-Al-V相转变线向左偏移。根据合金成分,在逐渐降温过程中可能出现的凝固过程为 L→β→α→α+γ→α+β+γ→β/B2+γ 或者 L→β→β+α→α+β+γ→β/B2+γ。Ti-43Al-9V-1Y合金烧结温度为1150℃,处于相图的三相区内,β+α($α_2$)+γ 随着温度的降低,形成具有β+α→α→β+γ转变路径的独特组成范围,使得生成具有细小β相的完全层状微观组织。

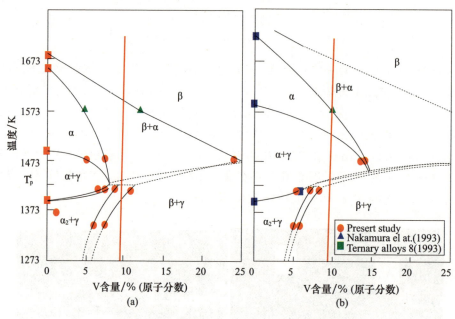

图6-6 Ti-Al-V三元系垂直截面
(a)42Al(原子分数);(b)45Al(原子分数)。

6.2.2 Ti-43Al-9V-1Y合金高温拉伸性能

图6-7为高温拉伸断裂后试样,图6-7(a)为试样在930℃,应变速率 $0.01s^{-1}$、$0.005s^{-1}$、$0.0025s^{-1}$、$0.001s^{-1}$ 条件下拉伸断裂后的宏观形貌,由图可以

发现,随着应变速率的减小,试样的延伸率明显增加。发生断裂处基本在试样中间位置,没有明显的颈缩,断裂后试样的宽度基本相同。将不同应变速率试样进行对比,发现:应变速率越小,试样宽度越小,变形过程中试样长度的变化由试样宽度整体缩减完成。图6-7(b)为试样在应变速率为 0.001s^{-1},温度为 850℃、900℃、930℃、960℃、990℃条件下发生断裂,随着温度的升高,试样断裂延伸率明显增大,990℃时提升最明显,与不同应变速率条件下规律相同,试样断裂时没有明显的颈缩现象,延伸率的增加主要由试样宽度整体缩减完成。

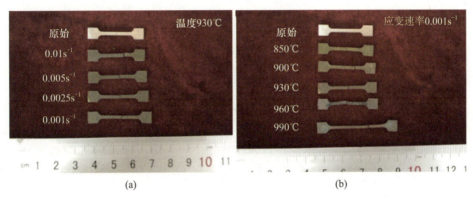

图6-7 Ti-43Al-9V-1Y合金不同速率不同温度高温拉伸试样
(a)温度930℃下不同应变速率;(b)应变速率 0.001s^{-1}下不同温度。

图6-8所示为 Ti-43Al-9V-1Y 合金不同应变速率,不同温度下工程应力-应变曲线。由图可以看出,Ti-43Al-9V-1Y 合金的流动应力对变形温度和应变速率均很敏感,在同一温度条件下,随着应变速率降低,流动应力变小,延伸率增加。在同一应变速率下,随着温度降低,流动应力变大,延伸率降低。所有的工程应力-应变曲线呈现相似的结构,并分为两个阶段:第一阶段在曲线峰值出现之前,它包括屈服之前的弹性变形阶段和流动应力从屈服增加到峰值应力的塑性变形阶段;第二阶段为试样整体发生塑性变形,应力从峰值应力一直减少到试样断裂。如图6-8(a)所示,在930℃,不同应变速率下的工程应力—应变曲线,四条曲线的峰值应变 ε 均在5%的位置,但是峰值大小从 275MPa 减小到 125MPa。曲线在第二阶段随着应变速率降低,应力下降越缓慢,试样延伸率越高,在930℃,应变速率 0.001s^{-1} 条件下,试样延伸率达到29%。图6-8(b)为试样在应变速率 0.001s^{-1} 条件下,不同温度工程应力应变曲线,可以发现 Ti-43Al-9V-1Y 合金变形性能受到温度影响比较大。在850℃时,试样抗拉强度为 435MPa,延伸率不到10%,在900℃、930℃、960℃时抗拉强度下降,延伸率有所提升。而在990℃时,试样的抗拉强度只有 80MPa,延伸率达到100%。

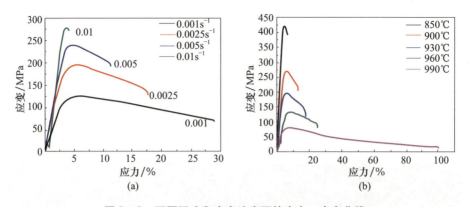

图6-8 不同温度和应变速率下的应力—应变曲线

(a)温度930℃下不同应变速率;(b)应变速率0.001s^{-1}下不同温度。

断口如图6-9为Ti-43Al-9V-1Y金高温拉伸断裂后的微观组织,与原始组织相比,高温条件下变形后的组织发生了明显的改变。试样内出现了大量的裂纹源,图中A和B箭头所标示的位置为初始裂纹萌生处,主要在γ相与β/B2相之间位置。随着裂纹的扩展,有些裂纹穿过γ相断裂。图6-9(a)~(b)为在930℃,应变速率0.01s^{-1}、0.005s^{-1}、0.0025s^{-1}、0.001s^{-1}条件下高温拉伸试样断口,图6-9(a)和(b)中箭头所指的位置有明显的颗粒状结构,颗粒表面比较光滑,粒径大小为40~60μm,推断是热压烧结所用的粉末颗粒。并且通过微观组织断裂位置在γ相和β/B2相之间可知,断裂是原始粉末颗粒边界缺陷导致的。其原因如下:

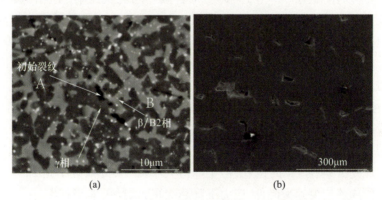

图6-9 Ti-43Al-9V-1Y合金高温拉伸断裂后的微观组织

(a)背散射;(b)二次电子。

热压烧结过程是粉末之间相互反应、扩散的过程,粉末粒径大小不同,导致粉末之间接触面积不同,如果此时热压烧结温度较低,或者加载压力过小,粉末之间扩散速度较慢,在原始粉末边界处就存在一定的冶金缺陷,这些缺陷导致该处的高温强度较低,在高温单向拉伸时界面最先开裂。如果此时变形温度较低,塑性较差,那么此处作为裂纹源发生断裂。

研究可知,烧结粉末粒径差异导致粉末内部组织存在差异,粒径小的粉末组织比较细小,粒径大的粉末组织比较粗大,所以烧结后的 Ti-43Al-9V-1Y 合金内部组织分散不均匀。在高温拉伸时,细晶区的晶粒较小,变形抗力低,更容易发生塑性变形,而粗晶区变形抗力较大,较难发生塑性变形,这导致塑性变形的不均匀性。

作为高温变形软化机制,动态回复和动态再结晶发生的难易程度受晶粒尺寸的影响,具有细小晶粒的组织更有利于动态回复和动态再结晶的生成,当动态再结晶发生时,晶粒尺寸得到细化,进一步降低了材料高温下的变形抗力。由于粗晶区发生动态再结晶比较困难,以孪生变形为主,动态再结晶体积分数较小,这种动态再结晶体积分数的差异加大了两边组织之间变形抗力的差异,导致在该处应力集中更加明显。

图 6-10 中在 930℃、不同应变速率下,高温拉伸断口中颗粒数量分布不均,随着应变速率减小,颗粒的数量越多;图 6-10(c) 在 $0.0025s^{-1}$ 条件下,断口表面有一半被颗粒覆盖;图 6-10(d) 在 $0.001s^{-1}$ 条件下,断口表面都由颗粒覆盖。由 Ti-43Al-9V-1Y 合金高温拉伸曲线可知,应变速率越大,合金塑性越差。在变形过程中,粗细粉末的变形不均匀性在合金内部产生初始裂纹源,由于应变速率较快,裂纹两侧组织来不及动态再结晶进行软化,变形不协调性依旧存在,所以裂纹源成为裂纹萌发处,并由此发生断裂。当应变速率较小时,随着裂纹源产生,周围组织进行动态回复和动态再结晶协调变形,使变形转移到其他位置。随着 Ti-43Al-9V-1Y(原子分数)合金拉伸变形,合金内部充满裂纹源,无法再协调变形,最终发生断裂,由此可以发现断裂后的断口表面布满了粉末颗粒。

通过热压烧结方法来制备 Ti-43Al-9V-1Y 合金,首先对气雾化法制备的 Ti-43Al-9V-1Y 预合金粉末粒度分布,显微组织等进行分析,得出粉末粒径对于合金组织的影响。之后对烧结得到的 Ti-43Al-9V-1Y 合金微观组织、力学性能及断口进行研究,得出了烧结态合金在高温拉伸变形时的断裂机制。得到以下结论:

Ti-43Al-9V-1Y 预合金粉末粒径为 $40\mu m \sim 110\mu m$,呈正态分布。不同粒径粉末微观组织不同,粒径较小的粉末,过冷度较大,形核速率较快,微观组织晶粒细小。中等粒径的粉末,内部组织主要由细晶长大形成胞晶为主。而粒径较大的粉末内部存在着表层的细晶区,中间柱状晶区以及内部的等轴晶区。

Ti-43Al-9V-1Y 合金烧结温度为 1150℃,烧结最大压力为 30MPa,保温时间 2h,得到 $\phi80mm \times 20mm$ 的合金坯料。对合金组织进行观察,发现合金组织主要

包含 YAl_2 相,β/B2 相和 γ 相。由于烧结温度在合金的三相区内,β+α($α_2$)+γ 随着温度的降低,形成具有 β+α→α→β+γ 转变路径的独特组成范围,生成具有细小 β 相的完全层状微观组织[5]。

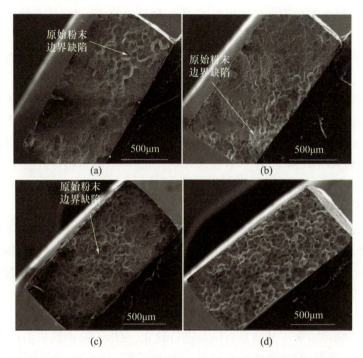

图 6-10 温度 930℃下不同应变速率高温拉伸断裂后的断口

(a)应变速率为 $0.01s^{-1}$;(b)应变速率为 $0.005s^{-1}$;
(c)应变速率为 $0.0025s^{-1}$;(d)应变速率为 $0.001s^{-1}$。

对 Ti-43Al-9V-1Y(原子分数)合金进行高温拉伸试验,发现合金对于变形温度及应变速率都比较敏感。随着应变速率的降低,延伸率逐渐升高,在 930℃,应变速率 $0.001s^{-1}$ 条件下,工程应变达到 28%。而在应变速率不变的条件下,当温度升高到 990℃时,工程应变提高至 100%。

对高温拉伸断口进行观察,断裂的主要原因是原始粉末边界缺陷,烧结温度较低、加载力较小以及粉末颗粒大小不均导致粉末相互扩散界面之间强度较低,变形过程很容易产生裂纹源。当应变速率较大时,来不及协调变形,裂纹源扩展成裂纹,导致断裂。当应变速率较小时,合金内部通过动态回复和动态再结晶过程,对裂纹源附近组织进行细化,并且协调裂纹源两端的变形性能,使其不会马上发生断裂。而高温拉伸试样变形量较大时,无法进行协调变形,裂纹源扩展形成裂纹,观察断口表面布满颗粒状结构。

6.3　平面网格状板料拉制成形特征数值模拟及分析

通过 ANSYS 软件对不同空位尺寸板料的变形过程进行有限元分析,探究拉制成形过程中空位尺寸和分布对板料整体形状变化的影响规律。结果显示:随着空位长度的增加,变形后空位形状更加均匀,最大拉应变位置由空位交叉处转移到空位圆角处,拉制成形性能更加优良;随着宽度的增加,变形后空位形状逐渐趋于圆形,且蜂窝单元变形趋于不均匀化,并确定了预置空位最佳长宽比为 7.5。在此基础上,进行 5083 铝合金拉制成形验证性试验,发现在板料上端空位圆角处拉应变最大,并且发生开裂。通过优化板料外边缘,增加圆弧,能有效地避免空位圆角处开裂,增加板料拉制成形伸长量。曲面蜂窝结构拉制成形数值模拟及验证性试验显示,采用正方形板料能解决变形过程板料横向和纵向变形不均的问题,以便获得更好的成形效果。

6.3.1　平面板料预置空位设计

采用拉制成形方法成形蜂窝结构需要在板料上预置排列空位,成形过程中在拉制力作用下使板料中每个预置空位产生有限应变,板料通过局部的空位小变形获得整体宏观大变形,因此空位形状(圆角、长宽比)和空位分布(左右间距、上下间距)对蜂窝结构板料的变形特征及成形规律都有很大的影响。

图 6 – 11(a) 为预置空位后的板料图,板料变形位置主要在变形区,两端用于夹持,变形过程左端固定,右端加载变形。取板料上的一个蜂窝小单元,改变蜂窝小单元内空位的尺寸,在保证板料变形区长度,空位间距不变的条件下,将空位尺寸用于整个板料。之后对预制空位板料拉制成形过程模拟,分析空位长宽比对于整个板料变形的影响。变形过程中当预制空位板料在 X 轴方向拉应变达到 0.5 时,通过比较变形后板料蜂窝结构形状以及板料沿 X 轴方向伸长量,选出预置空位板料最佳空位长宽比。同时分析变形后空位形状变化、空位分布、整个板料变形过程、最大拉压应变产生位置及原因。如图 6 – 11(b) 所示,设蜂窝小单元中空位长为 b,宽为 a,板料厚度为 4mm。

(1) $a = 2\text{mm}, b = 5\text{mm}$。

图 6 – 12 所示为沿 X 轴方向拉应变为 0.5 时预置空位板料的模拟结果,变形后变形区内板料处于压缩变形状态。沿板料长度方向,变形区中间呈现绿色,向左右两端颜色递减并逐渐呈现淡蓝色,说明变形主要集中在变形区中间位置,并且由中间向两端变形量逐渐减少,变形量最大的位置在变形区中间空位交叉处。变形后的板料变形区左右两端颜色对称,变形量相对相同。变形区中间的空位形状由

原来带圆角的矩形变为近似圆形,靠近板料左右两端的形状近似椭圆形,形状不均匀。空位上下圆角处呈现淡绿色,而空位圆角周围呈现深绿色,说明预置空位板料形状的变化不仅发生在空位的圆角位置,而且空位之间的板料发生了伸长变形。当沿 X 轴方向应变为 0.5 时,板料变形长度为 16mm,伸长量仅为 26%,整体变形量较小。变形后全部空位面积相对于整个板料来说所占的比例比较小,说明采用较小的长宽比,成形后整体结构刚度减小较少同时也无法达到减重的目的。板料变形后模具夹持处变化量比较小,变形主要集中在变形区。

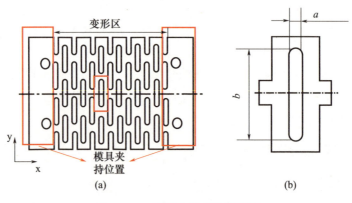

图 6-11 预置空位后的板料图

(a)板料图;(b)蜂窝小单元结构。

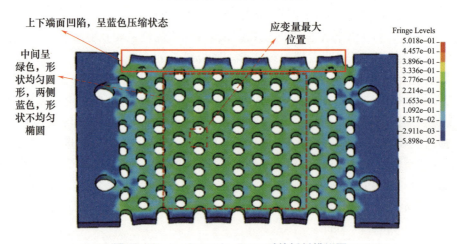

图 6-12 $a=2$mm, $b=5$mm 时的板料模拟图

(2) $a=2$mm, $b=10$mm。

图 6-13 所示为空位长度 10mm 时变形后的预置空位板料模拟图,变形后,板料变形区上下两端依旧向内凹陷并呈现蓝色,靠近边缘区呈深蓝色处于压缩变形。

与空位长度 5mm 相比,受压应变面积减少,但是最大压应变值大于前一种情况。沿着板料长度方向颜色分布比较均匀,空位的上下圆角处呈现蓝色,空位交叉位置为绿色和淡黄色。变形后板料空位的形状由原来带圆角的矩形最终变为近似椭圆形,分布比较均匀。拉应变最大的位置在空位之间交叉处,说明在变形过程空位交叉位置产生很大变形量,与前一种情况相同。当沿 X 轴方向应变量为 0.5 时,板料变形长度为 34mm,与空位长度 5mm 相比板料伸长量提高 29%。

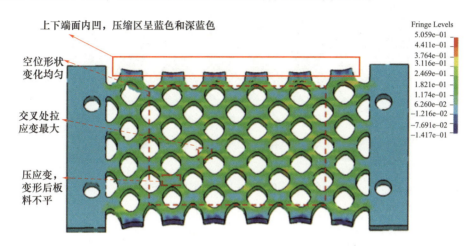

图 6-13　$a=2$mm,$b=10$mm 时的板料模拟图

(3) $a=2$mm,$b=15$mm。

图 6-14 所示为空位长度 15mm 时变形后的预制空位板料模拟图,板料变形区中间位置内凹,但好于前两种情况。变形区上下的端面受压面积减少,压应变主要集中在空位圆角外边缘位置,并且压应变值高于前两种情况。变形区空位形状最终变为近似菱形,板料左、右两端空位略微弯曲,形状分布比较均匀。空位的上下端呈现蓝色,交叉位置为绿色,压应变和拉应变交替。拉应变最大位置在空位圆角处,说明预制空位板料变形主要由空位圆角处变形完成,相较于前两种情况,板料变形特征发生变化。当最大拉应变为 0.5 时,板料沿 X 轴方向变形长度为 43mm,板料伸长量达到 71%,这种空位尺寸设计较前两种更加合理。

(4) $a=2$mm,$b=20$mm。

如图 6-15 所示,当空位长度为 20mm 时,预置空位板料变形后空位形状最终变为近似正方形,变形区中间位置空位形状分布较均匀,成形效果较好。压应变最大位置由前一种情况的空位圆角处转移到空位之间连接的位置,最大值为 -0.13。拉应变最大位置在空位圆角处,与前一种情况相同,说明随着空位长度的增加,板料变形位置逐渐集中到空位的圆角处,空位侧壁变形量较小,所以成形后形状比较规则。当沿 X 方向应变为 0.5 时,板料沿 X 轴方向变形长度为 67mm,远大于前几种情况。但是,在保证板料宽度和空位间距不变的条件下,板料变形区上下端有很大区域没有参与变形,并且空位相连位置压应变较大,相较于其他位置减薄严重,很容易发生断裂。

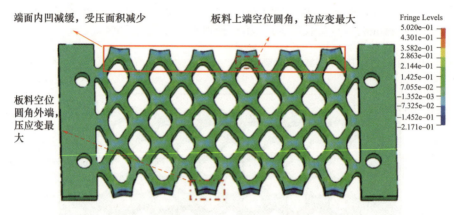

图 6-14　$a=2\text{mm},b=15\text{mm}$ 时的板料模拟图

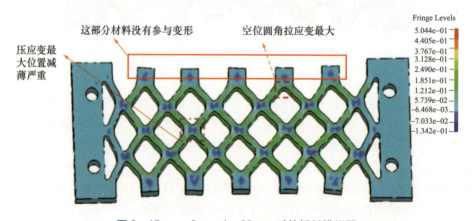

图 6-15　$a=2\text{mm},b=20\text{mm}$ 时的板料模拟图

综上所述,预置空位板料变形结束后,板料变形区上下端面向内凹陷,并且以压应变为主。板料变形过程中不同位置受拉压应变不均,导致变形后板料表面凸凹不平。最大拉应变位置由空位交叉处转移到空位圆角处,说明空位长度较短时,板料形状的变化主要是靠板料伸长变形完成的,随着空位长度增长,板料形状变化是由空位形状变化完成的。当板料沿 X 轴方向拉应变为 0.5 时,板料沿 X 轴方向伸长量随着空位长度的增加而增大,最大达到 67mm。但是,在保证板料宽度和空位上下间距不变的条件下,板料变形区上下端有很大区域没有参与变形,所以空位

最佳长度比为15mm,长宽比为7.5。

(5) $a=1\text{mm}, b=15\text{mm}$。

图6-16所示为空位宽度 $a=1$ 时变形后的预制空位板料模拟图,板料变形区呈现淡蓝色,整体变形量都比较小,空位与空位连接位置为深蓝色,处于压缩状态。板料变形后的空位形状近似菱形,张开角度较小,形状分布比较均匀。由于空位的宽度较小,变形过程中空位交叉处基本没发生变形。当沿 X 轴应变为0.5时,板料沿 X 轴方向变形长度为31mm,空位交叉处较厚,变形困难,应变集中比较明显,导致沿 X 轴方向位移较小。

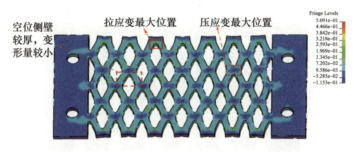

图6-16　$a=3\text{mm}, b=15\text{mm}$ 时的板料模拟图

(6) $a=2\text{mm}, b=15\text{mm}$。

如图6-17所示,与前一种情况相比,板料变形后变形区呈现绿色和淡蓝色,说明预置空位板料变形过程中变形区整体都发生了明显变形。变形后的空位形状近似菱形,张角较大,由于空位交叉处发生变形,相较于前一种情况空位交叉处略微弯曲。当板料沿 X 轴拉应变为0.5时,板料沿 X 轴方向变形长度为43mm。由于变形区的板料整体参与变形,空位形状分布较均匀,应变集中现象减少,预制空位板料变形好于前一种情况。最大压应变由前一种情况的 -0.115 变为 -0.217,最大压应变位置由前一种情况的空位连接处转变到板料上下端空位圆角处。

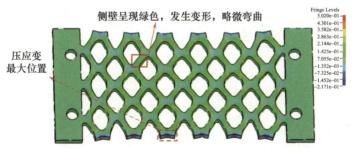

图6-17　$a=2\text{mm}, b=15\text{mm}$ 时的板料模拟图

(7) $a=3\text{mm}, b=15\text{mm}$。

图 6-18 所示为空位宽度 3mm 变形后的预制空位板料模拟图，变形区颜色分布不均，左半部分呈蓝绿交替，空位变形量较大，右半部分为蓝色，空位变形量较小，板料变形后应变最大位置在变形区左部分空位圆角处。对比前两种情况，随着空位宽度增加，变形后空位形状越来越不规则，趋近于椭圆形。当沿 X 轴拉应变为 0.5 时，板料沿 X 轴方向变形长度为 24mm，小于前两种情况。空位宽度增加，空位交叉处发生弯曲变形，对板料最终成形性有较大的影响。

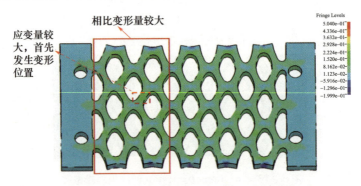

图 6-18 $a=3\text{mm}, b=15\text{mm}$ 时的板料模拟图

(8) $a=4\text{mm}, b=15\text{mm}$。

图 6-19 所示的板料变形区呈现蓝绿色，空位交叉处发生了较大的弯曲变形，变形后的空位形状近似圆形，应变最大的位置依旧在空位圆角处。整个板料变形的过程先是空位交叉处受力弯曲，带动空位圆角处发生变形，最后变形集中在空位圆角处。当沿 X 轴方向拉应变为 0.5 时，板料沿 X 轴方向变形长度为 29mm，在保证整个板料变形区长度不变的条件下，随着空位的宽度增加，空位的数量随之减少，板料变形能达到的最大伸长量也减少。

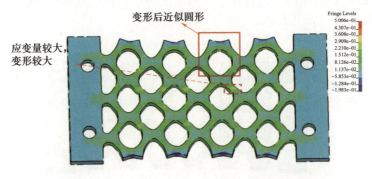

图 6-19 $a=4\text{mm}, b=15\text{mm}$ 时的板料模拟图

因此，在空位长度不变的条件下，随着空位宽度增加空位形状变化由菱形—近似菱形—椭圆形—近似圆形，而且变形区内空位形状分布越来越不均匀。当沿 X 方向拉应变为 0.5 时，随着空位宽度的增加，板料沿 X 轴方向变形长度先增加后减少，空位宽度为 2mm 时板料变形长度最大达到 43mm。

综上所述考虑预置空位板料变形后空位形状变化以及板料沿 X 轴方向变形长度，最终得出空位最佳设计为空位宽度 2mm，空位长度为 15mm，空位长宽比为 7.5。依照如上分析设计的预置空位板料如图 6 – 20 所示。

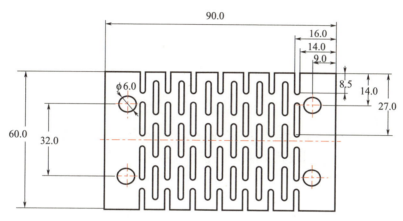

图 6 – 20　预置空位板料设计（单位：mm）

为了提高 5083 铝合金延伸率，采用 400℃ 条件下对预置空位板料进行拉制成形试验。由于高温拉伸机试样尺寸受限，所以把板料尺寸缩小至原尺寸的 2/3，如图 6 – 21(a) 所示。图 6 – 21(b)(c) 为成形模具，在 400℃ 时板料很难夹持，所以板料连接方式采用挂式连接。实验模具在 400℃ 要具备一定强度，材料选用 321 不锈钢。由于高温时预置空位板料以及模具都会发生膨胀，因此板料销钉孔设置成椭圆形，保证升温及变形卸载后板料有一定的活动空间，避免收缩过程被拉断。

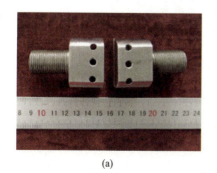

(a)

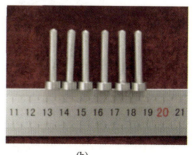

(b)

(c)

图 6-21 平面拉制成形模具

(a)夹头;(b)销钉;(c)整体装配模具。

6.3.2 平面网格状板料拉制成形数值模拟

将图 6-20 所示的二维图用 SolidWorks 软件绘制板料三维图,如图 6-22 通过 ANSYS 模块导入板料模拟文件,材料模型为双线性各向同性硬化模型。初始条件设置为板料左端固定,右端加载,最终位移为 80mm。图 6-22(b)所示为板料变形过程模拟结果,板料在变形过程中变形区上下的端面逐渐向内凹陷,变形结束时上下的端面由原来的直线变为弧线。这是由于板料在横向受拉应力变形的过程中,在纵向上受到压应力,变形过程变形区受板料两端的约束作用,越靠近中间约束越小,受压应力影响越大,纵向压缩量越大。

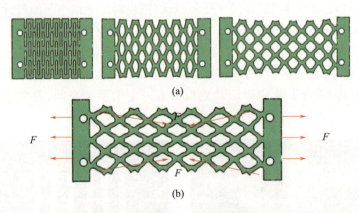

图 6-22 预置空位板料变形过程模拟图

图 6-23(a)在靠近板料左右两端的空位圆角处各取一个小单元,A 单元编号为 166677,B 单元编号为 115432,由于设置的材料模型为双线性各向同性硬化模型,屈服强度不受应变速率的影响,为了提高模拟效率,设置的模拟时间为 5s。

图6-23(b)为A、B两单元时间-应变曲线,A曲线最先开始运动,B曲线在0.3s开始运动,在0~0.7范围内,A曲线增长较慢,而B曲线增长较快,在0.7s两条曲线第一次相交,相交后B曲线增长趋势减缓,而A曲线增长较快,两条曲线在2s第二次相交,A曲线超过B曲线后增长减缓被B曲线追上,两条曲线在3.2s第三次相遇,最终B曲线领先到最后。

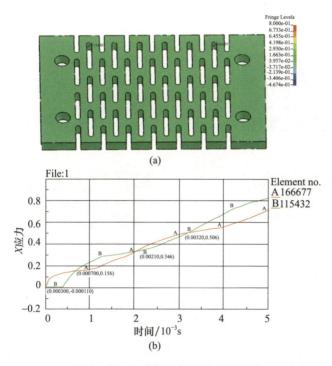

图6-23 预置空位板料及变形曲线

(a)预置空位板料模拟图;(b)板料变形过程时间—位移曲线。

由曲线可以得出板料变形的整个过程,由于板料是在右侧加载,因此右侧先变形,即A单元最开始发生较小的变形,逐渐传递到单元B,此时相当于从左端开始加载,所以B处的变形量超过最开始A处的变形量,变形过程又从B传递到A的方向,当A与B变形量相同时,两条曲线相交后,A处变形量增大,变形又从A传递到B。

整个变形过程是材料加工硬化、屈服强度增高导致的。A处发生变形后导致加工硬化,屈服强度增高,变形就从一个空位传递到下一个空位,逐渐传递到B处。当B处变形后此时相当于板料从左端开始加载,所以B处变形量超过前面空位变形量,导致加工硬化强度超过前面空位,变形就又从B处向A方向传递。

图6-24所示为板料拉制变形过程中应力分布图,图6-24(a)为板料变形前

的状态,图6-24(b)为变形第一步,板料整体受力,由原来深蓝色变成浅蓝色,板料右端呈现蓝色绿色交替,为受力最大位置,变形从此处开始,图6-24(e)为变形后板料应力应变分布,调整板料应力最大最小值标度,使板料颜色分布更加明显,图中共红、黄、绿、蓝四种颜色,在空位圆角处主要呈现红色,受到拉应力最大;在空位交叉处呈现黄色,受到的拉应力小于圆角处;在板料上下端空位圆角外侧呈现蓝色,变形过程中受到压应力作用。

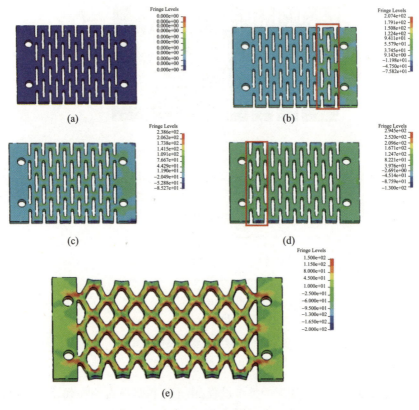

图6-24 板料拉制成形后应力分布

(a)预置空位板料模拟图;(b)变形1步板料应力分布;
(c)变形5步板料应力分布;(d)变形6步板料应力分布;
(e)变形结束板料应力分布。

图6-25所示为板料拉制成形后应变分布。在变形过程中,板料上下端面以及板料中间空位连接处受压应变,空位交叉处以及圆角处受拉应变,与如图6-25板料所受的应力分布相对应。由于板料平面方向上拉压应变分布不均,因此变形后板料平面凹凸不平。由图可知,拉应变最大值为0.35,为36151号单元,在板料上端空位圆角处。此处为变形过程中薄弱点,可能最先发生断裂。压应变最大值为-0.207,

为 25531 号单元,在板料上端与圆角处相对应。压应变的存在一方面会导致板料上端材料断裂,另一方面会促进材料向圆角处的流动。

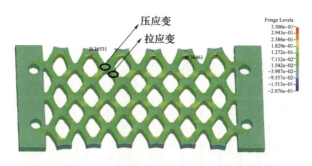

图 6-25　板料拉制成形后应变分布

如图 6-26 所示,取板料的一个蜂窝单元,分析拉应变和压应变最大点为什么都集中在板料上端空位处。A 处为压应变,变形过程中材料向中间流动导致整个空位外边缘变厚,由于上端空位相对于中间处的空位在圆角上处缺少约束,不能协调变形。所以 C 处的材料受 A 处压缩作用中只能向空位圆角处流动,加剧了空位圆角处的变形。B 处为拉应变,在变形过程中,中间材料向两侧移动,而顶端和低端的材料向中间移动,由于 C 处材料的流动,使得 B 处不仅要在空位横向上发生变形,纵向上也发生变形,导致变形集中,应变量最大。

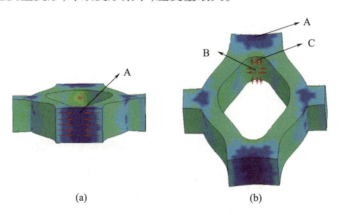

(a)　　　　　　　　　　(b)

图 6-26　蜂窝单元变形过程应变分布
(a)蜂窝单元压应变分布;(b)蜂窝单元拉应变分布。

6.3.3　平面拉制成形过程验证性分析

为了初步验证数值模拟结果的准确性,采用 5083 铝合金进行了预制空位板料拉制成形试验。图6-27(a)为试验用的预置空位板料,图6-27(b)为试验所需模具。采用水切割方法对5083铝合金板预置空位进行切割,切割后的板料上下面及侧面进行打磨,避免毛刺影响预置空位板料拉制成形结果。板料成形模具为45#(号)钢,两块夹板固定板料和拉头,拉头夹持在拉伸机两端。

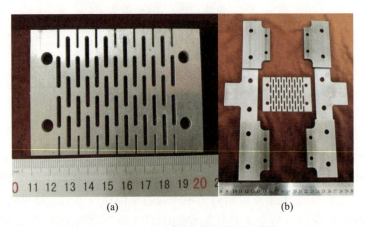

(a) (b)

图6-27　5083预置空位板料及模具

(a)预置空位板料;(b)变形夹具。

图6-28为预置空位板料在室温拉制成形的蜂窝结构,空位的变化量很小,形状近似菱形且变化不均匀,板料两端变形量较小,中间变形量较大。板料发生断裂的位置在板料上端圆角处,由于板料上下端面缺少约束,变形主要集中在空位圆角处,与模拟结果相同,此处为应力—应变最大位置。变形后的板料表面凹凸不平,空位连接出处低,空位交叉处位置较高并且发生扭转变形。板料变形区由最初61mm,变形后达到87mm,伸长率为42%。

图6-28　预置空位板料成形

6.3.4　平面网格状板料预置空位优化设计

板料上空位形状和分布会直接影响板料蜂窝结构的变形特征及成形规律,因此研究预置空位形状和分布对板料蜂窝结构和变形规律的影响是采用拉制成形方法成形蜂窝结构的关键一步。在保证变形区长度以及空位间距不变的条件下,通过改变空位长度和宽度分析空位长宽比对板料变形后蜂窝结构的影响。针对模拟结果的准确性,采用5083铝合金对平面、曲面预置空位板料拉制成形进行验证性试验,分析模拟与试验差异产生原因,优化改进预置空位拉制成形工艺。

平面蜂窝结构针对预置空位板料上端空位圆角处缺少约束,板料拉制成形过程中加剧空位圆角处的变形的问题,如图 6-29 进行预置空位优化设计,在板料上端增加高度为 1mm 的圆弧。图 6-30 为空位优化后板料拉制成形模拟结果,在板料右端变形速度及位移相同的条件下,预置空位板料变形后,板料表面仍然是拉应变和压应变交替分布,最大拉应变位置在上端空位圆角处(4572 单元),但最大拉应变值由原来的 0.47 变为 0.3。最大压应变位置由原来的板料变形区上端变为板料中间空位交叉处(6993 单元),且最大压应变由原来的 -0.207 变为 -0.11。增加圆弧后可以有效地降低板料变形过程中变形区上端材料向空位圆角处的流动,减少应力应变集中,有助于板料整体变形。

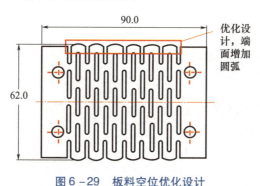

图 6-29　板料空位优化设计

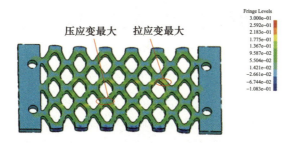

图 6-30　优化后预置空位板料应变分布

图 6-31 为对空位优化设计后拉制成形的蜂窝结构,空位整体形状变化不大,板料两端空位变形量较小,中间变形量较大。与前一种情况相比,板料变形区伸长量由原来 87mm 变成 93mm,延伸率提高 10%。成形后板料上下的端面空位圆角内凹现象缓解,并且断裂位置转移到变形区空位交叉处,与前面模拟结果相同,此处拉应变最大。

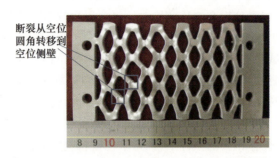

图 6-31　优化后平面预置空位板料成形

图 6-32 为缩小尺寸后原始板料,室温拉制成形板料,400℃拉制成形板料。室温拉制时板料在变形过程中变形区上下端面向内部凹陷,板料中间位置空位变形比较均匀,左右两端空位略微倾斜,发生断裂的位置在空位交叉处。变形后板料表面凹凸不平,变形过程中板料表面拉应变和压应变分布不均,变形区长度由原来的 42mm 变为 64mm,延伸率为 52.3%。

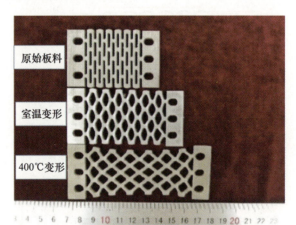

图 6-32　铝合金平面拉制蜂窝板料

400℃板料变形过程与室温变形过程有着很大的差异,板料两端空位形状近似正方形,变形区中间位置空位形状呈现横向菱形,预制空位板料变形过程中空位形状由纵向菱形→正方形→横向菱形。板料最终形状与图 6-30 所示的模拟结果类似,不同点在于,板料优化设计后在变形区上下的端面增加圆弧,成形后变形区上下端空位圆角处没有出现内凹现象,避免了空位圆角处断裂。板料变形区长度由原来的 42mm 变为 80mm,伸长量为 90%。与室温变形相比不仅空位形状均匀、规则,而且预制空位板料伸长量提高很多。

6.4 曲面预置空位网格状板料拉制成形特征数值模拟

6.4.1 曲面预置空位蜂窝状板料拉制成形数值模拟

通过 ANSYS 软件对平面、曲面拉制成形过程进行模拟,通过 5083 铝合金板料对模拟结果进行了验证,并对平面、曲面拉制成形过程进行了优化模拟。

图 6-33 为预置空位拉制成形的曲面蜂窝结构应变分布,板料尺寸为平面预置空位板料尺寸等比例扩大。板料长为 211mm、宽为 92mm、厚度为 4mm,球的直径为 60mm,冲压的深度为 40mm。模拟过程设置为板料的四周固定不动,球的中心在板料中心的正上方,冲头向下移动,与板料接触后变形。由模拟结果可以看出,成形后的板料最顶端呈现红色,此处应变量最大,变形比较明显。板料沿着横向和纵向变形量有很大的差别,沿着板料横向,板料形状变化主要靠空位的变形完成,类似于平面预置空位板料拉制成形过程,变形抗力较小。而沿着板料纵向,由于板料四周固定,因此板料形状变化主要靠空位弯曲变形及板料伸长变形完成,变形抗力较大。板料变形过程横向和纵向变形抗力存在差异,导致成形后的曲面蜂窝结构存在变形不均匀、厚度差异等问题。

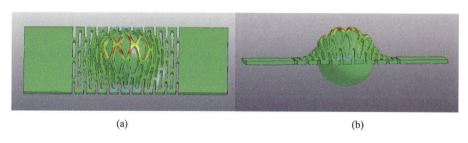

(a)   (b)

图 6-33 曲面蜂窝结构应变分布
(a)正视图;(b)俯视图。

6.4.2 曲面预置空位拉制成形过程验证性分析

5083 铝合金曲面预置空位曲面拉制成形过程验证性分析,图 6-4(a)为曲面蜂窝结构拉制成形模具剖面图。图 6-34(b)为固定在拉力机上试验前的示意图

（试验参数：冲头的速度为0.54mm/s，冲头下降深度为40mm）。图6-34（c）为预置空位板料成形后的曲面蜂窝结构，当冲头与板料刚刚接触变形时，所需成形力比较小，由于空位沿板料横向所需变形力较小，板料变形主要由空位形状变化完成。当冲头下压一定深度时，变形由空位横向扩展和纵向弯曲共同完成。板料沿横向和纵向变形量不均，导致板料两端材料挤在一起，成形力逐渐增大，最终材料无法继续向模具内流动，只能成形出有限深度的曲面结构零件。

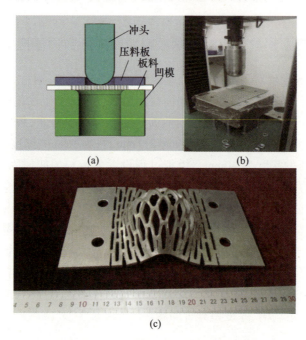

图6-34　曲面板料成形模具及试验
(a)三维模具剖面视图；(b)成形模具；(c)曲面板料蜂窝结构。

6.4.3　曲面网格预置空位状板料优化设计

针对预置空位板料拉制成形曲面蜂窝结构过程中板料沿着横向与纵向的变形存在差异性，可以采用如图6-35所示的板料优化设计，预置空位板料采用正方形板料，空位位置沿着正方形板料对角线对称分布，冲头在板料正中心位置，可以避免在变形过程中沿板料横向和纵向变形抗力不同的问题。

图6-36为优化后的预置空位板料拉制成形曲面蜂窝结构应变分布，成形后的板料形状近似锥形，中心位置变形量最大，同时越靠近中心位置空位的变形量越大，空位形状近似椭圆形。通过模拟结果得出整个板料的变形过程，当冲头与板料接触并且逐渐下压时，板料受压失稳，整体向下弯曲变形，这个过程相当于板料胀

形过程。随着下压一定的深度,板料胀形变形需要的力增加,而相较于板料伸长变形,空位产生变形更容易,随后变形主要依靠空位形状发生变化完成。中心位置空位变形量最大,并且离中心位置越远,空位变形量越小。

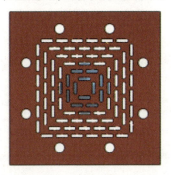

图6-35 优化后曲面预置空位板料图

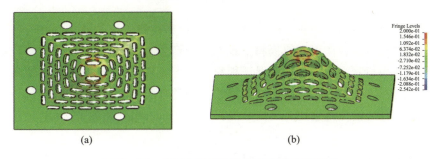

图6-36 曲面板料蜂窝结构应变分布模拟图
(a)俯视图;(b)正视图。

图6-37为预置空位板料拉制成形曲面蜂窝结构过程沿 Z 轴方向应变分布,可以发现曲面蜂窝结构成形过程中,板料中心位置沿 Z 轴方向受到压应变,而靠近中心位置的空位在板料对角线上承受的是拉应变。由于在同一方向上两种不同应变状态将产生较大的剪切力,所以板料成形很容易在对角线方向产生断裂。

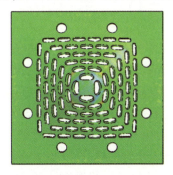

图6-37 曲面蜂窝预置空位板料 Z 轴方向应变分布

图 6-38 为预置空位板料优化后拉制成形的曲面蜂窝结构,变形后板料形状比较对称,空位分布比较均匀,越靠近板料中心位置,空位变形量越大,这与模拟结果相同。预制空位板料变形过程中最大拉应变为 0.2 时,板料变形深度达到 44mm,板料没有发生开裂。采用这种优化设计可以成形形状分布较好的曲面蜂窝结构。

图 6-38 曲面蜂窝结构成形

这种制造蜂窝结构的新方法,即预置空位板料拉制成形平面、曲面蜂窝结构,在高温条件及拉制力作用下使板料上预置空位产生有限应变,从而通过空位局部小变形获得板料宏观大变形。在保证板料变形区长度,以及空位间距不变的条件下,随着空位长度的增加,变形后空位形状分布越来与均匀,最大拉应变位置由空位交叉处转移到空位圆角处。最佳空位长度为 15mm,最佳宽度为 2mm,最佳长宽比为 7.5。

通过对曲面蜂窝结构拉制成形过程进行模拟,发现预置空位板料拉制成形过程中,沿板料横向变形主要靠空位的形状变化完成,沿板料纵向变形主要靠板料的伸长变形完成,变形不均匀。对曲面板料预置空位分布进行优化,采用正方形对称结构,有效地避免了板料横向和纵向变形不均的问题,用 5083 铝合金进行成形试验,在冲头下降 44mm 条件下,成形效果比较好,没有发生开裂。

6.5 Ti-43Al-9V-1Y 合金网格状结构预置空位拉制成形

在温度为 990℃,应变速率为 $10^{-3}s^{-1}$ 条件下进行 Ti-43Al-9V-1Y 合金平面蜂窝结构拉制成形试验,板料伸长率达到 112%。合金在该温度及应变速率下塑性较好,整个板料的宏观变形是由各个空位小变形累积形成的,拉制成形的零件中没有产生裂纹。同样的变形条件下进行的 Ti-43Al-9V-1Y(原子分数)合金曲面蜂窝结构拉制成形试验结果表明,曲面蜂窝结构成形良好,成形深度达到 14mm。最后采用 TiCuNi 钎料对 Ti-43Al-9V-1Y(原子分数)合金平面拉制成形的蜂窝结构板料进行钎焊,得到的焊缝界面较好,没有明显缺陷。

6.5.1 平面网格结构预置空位拉制成形

TiAl 基合金轻量化蜂窝结构通常采用超塑成形、扩散连接和齿轮辊压+焊接成形,而对于难变形的 TiAl 基合金而言,采用传统的超塑成形、扩散连接或齿轮辊压+焊接成形蜂窝状结构的难度较大。本节采用预置空位板料拉制成形方法成形平面、曲面蜂窝结构,对于平面、曲面拉制成形板料采用模拟结果优化后的空位分布设计。平面预置空位拉制成形蜂窝结构后,对模拟结果中应变较大位置进行显微组织观察,分析原始粉末边界缺陷对成形后板料的影响。最后用钎焊的方法在制得的平面蜂窝结构上下表面焊上 Ti-43Al-9V-1Y 合金板,得到立式蜂窝轻量化结构。

根据 Ti-43Al-9V-1Y 高温拉伸应力应变曲线分析可知,板料拉伸温度过低,拉伸速度过快,Ti-43Al-9V-1Y 合金板料塑性较差,并且受到原始粉末边界缺陷的影响,容易发生断裂,很难拉制成蜂窝状结构。所以设置预置空位拉制成形温度为 990℃,应变速率为 $0.001s^{-1}$,之后对拉制到不同长度板料微观组织进行分析。图 6-39 为平面预置空位拉制成形板料及拉制过程使用模具,因为在高温变形过程中很难使用夹持模具进行变形,所以选择销钉挂式进行拉制成形试验。模具材料为 321 不锈钢,由于高温时板料以及模具都会发生膨胀,成形后板料降温又会发生收缩,所以板料销钉孔设置成椭圆形,避免在收缩过程中被拉断。

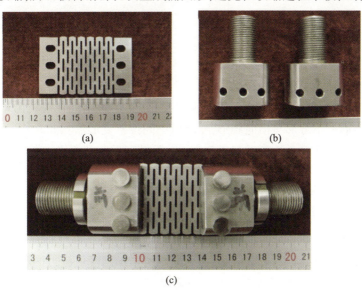

图 6-39 平面拉制成形板料及模具
(a)Ti-43Al-9V-1Y(原子分数)合金板料;(b)夹头;(c)装配完整模具。

图 6-40 为 990℃时板料拉制到不同长度在炉中冷却图片，试验过程中，由于随着温度升高，模具以及板料都会膨胀，因此要一直调节拉伸机加载力的数值，保持在 0N 左右，避免在加热过程中，板料塑性较差被压断。同样，在开炉冷却过程中，温度降低，板料收缩，加载力会不断升高，所以要一直调节拉伸机加载力，避免拉力过大，板料被拉断。

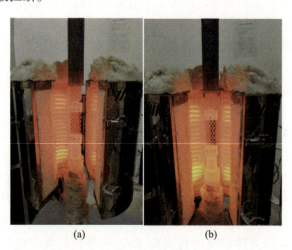

图 6-40 不同拉制长度板料在炉中冷却
(a) 拉制长度为 80mm；(b) 拉制长度为 89mm。

图 6-41(a) 为在 990℃成形不同长度后的板料，成形后的 A 板料上下端面稍凹，变形区中间部位变形比较均匀，空位近似呈正方形，变形区两端空位变形不充分，并且发生倾斜。板料变形区长度由 42mm 变成 80mm，预置空位板料伸长率达 90%，并且变形后板料并没有发生开裂。

成形后的 B 板料上下端面凹现象明显增加，空位形状变化过程为带圆角的矩形—纵向菱形—正方形—横向菱形，变形区中间位置菱形形状非常均匀，只有靠近板料两侧的空位变形不均匀并且发生倾斜，板料表面凹凸不平。板料变形区长度由 42mm 变成 89mm，伸长率达 112%，并且变形后板料并没有发生开裂。板料最终变形形状与 400℃时 5083 铝合金变形形状相同。

图 6-41(b) 为在 990℃板料拉制 89mm 时成形过程的力—位移曲线。板料变形曲线分为三个阶段：第一阶段为加载力升高过程，与高温拉伸曲线第一阶段类似，也包括弹性变形阶段和流动应力从屈服强度增加到峰值应力的塑性变形阶段，最高点加载力大约 275N；第二阶段是力降低的过程，随着板料变形，力缓慢的降低，由 275N 降到 250N；第三个阶段是随着位移的增加，力又开始增加并且超过了变形最开始的峰值。

第6章 Ti-43Al-9V-1Y合金中空结构预置空位拉制成形

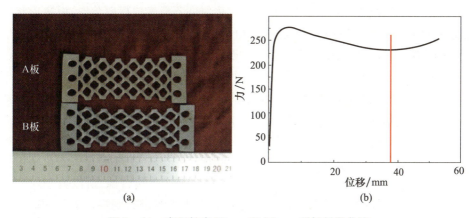

图6-41 变形长度80mm和89mm后板料及曲线
(a)成形后不同长度板料;(b)变形过程力与位移曲线。

为了分析出现这种现象的原因,图6-42在模拟板料右侧即力加载位置取一点,绘制这一点的应力—时间曲线,可以发现曲线在开始加载过程应力波动较大,后逐渐趋于稳定,并且应力在3.4s后明显增加,与990℃板料变形加载曲线相似,截取在时间在3.4s时板料形状,近似于正方形,与变形长度80mm板料形状相同。在接下来的变形中,板料会从正方形变为横向菱形,因此可以推测板料空位形状是加载曲线升高的原因。图6-42(b)为板料变形后应力分布图,从中可以发现板料空位圆角处,空位交叉处位置呈现红色,其他位置呈现绿色。板料最初变形过程是由空

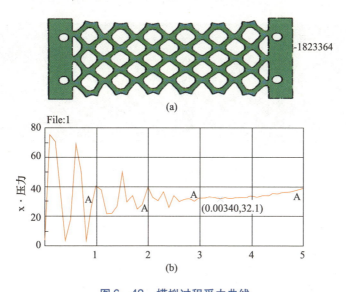

图6-42 模拟过程受力曲线
(a)板料成形模拟;(b)应力—时间曲线。

位形状变化完成,随着变形的进行,空位形状由纵向菱形变成横向菱形,板料形状的变化主要由空位交叉处伸长变形完成。由于空位交叉处伸长需要的力大于空位形状变形所需要的力,因此在空位形状变成近似正方形后,力与位移曲线逐渐升高。

下面对成形后板料进行了微观组织观察,图 6-43 为在 990℃、应变速率 $0.001s^{-1}$ 条件下拉制成形得到的平面蜂窝结构板料,图 6-44(a) 为变形区伸长量为 80mm 时的板料,图 6-44(b) 为变形区伸长量为 98mm 时的板料,板料伸长率为 112%。变形后的板料成形效果较好,没有开裂。由模拟结果可知,板料拉制过程中空位圆角处受到拉应变较大,空位连接处受压应变比较大,平面预置空位板料拉制成形过程中发生断裂时原始粉末边界缺陷处容易产生裂纹源,所以分别对变形 80mm、98mm 板料的空位圆角处和空位连接处微观组织进行观察。变形 80mm 板料的空位连接处和空位圆角处分别对应 1 号和 2 号,变形 98mm 板料的空位连接处和空位圆角处分别对应 3 号和 4 号。

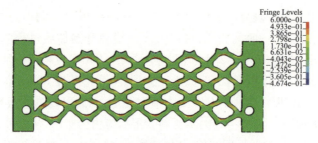

图 6-43 板料成形后应力分布

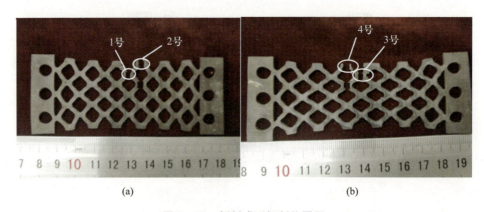

图 6-44 板料成形切割位置图

(a) 变形长度 80mm;(b) 变形长度 98mm。

图 6-45(a)~(d) 分别为拉制成形 80mm 板料和 98mm 板料的空位连接处和空位圆角处。由图可以发现,变形后的板料微观组织并没有原始粉末边界缺陷导致的裂纹源。板料拉制成形过程实际上是由空位的小变形累积成的整个板料的大变形,

局部的应变量较小,并且在 990℃ 时,应变速率 0.001s^{-1} 条件下 Ti-43Al-9V-1Y (原子分数) 合金塑性较好,延伸率可以达到 100%。板料在拉制成形过程中 2 号和 4 号处主要是对空位变形传递力的作用,变形量较小,在图 6-45(a) 和 (c) 中可以发现微观组织中相分布比较均匀,γ 相和 β/B2 相大小差异不大。而在图 6-45(b) 和 (d) 中可以发现相分布很不均匀,图中 A 位置 β/B2 相和 γ 相都比较大,分布比较疏散,B 位置 β/B2 相和 γ 相比较细小,分布比较紧密。在板料上端空位圆角处,即 1 号和 3 号位置,一面受到较大的压应变,另一面受到较大拉应变,正是受到拉应变和压应变不均导致微观组织分布不均匀。

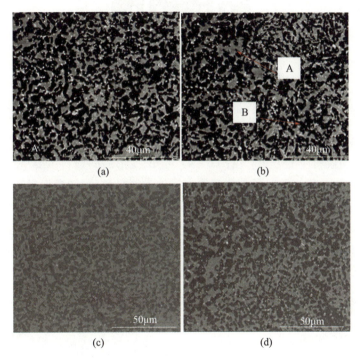

图 6-45 板料拉制成形后不同位置组织
(a) 1 号位置;(b) 2 号位置;(c) 3 号位置;(d) 4 号位置。

6.5.2 曲面网格结构预置空位拉制成形

由预置空位板料拉制成形曲面蜂窝结构变形模拟结果以及 5083 铝合金试验结果可知,采用正方形板料可以避免曲面蜂窝结构变形过程沿板料横向和纵向变形不均的问题。针对板料成形曲面蜂窝结构时容易在空位分布对角线方向产生开裂问题,图 6-46 为 Ti-43Al-9V-1Y 合金曲面板料空位设计,通过改变空位位置分布,使沿板料对角线方向空位间距不同,越靠近板料中心位置,受剪切力越大,空位间距越宽,远离中心位置空位间距越小。由于预合金粉末热压烧结得到的 Ti-43Al-9V-1Y 合金坯料直径为 80mm,为了节约材料并且方便板料变形过程固定,板料形状由原来正方形变成圆形,正方形外侧采用对称的四个销钉固定。由于成形设备尺寸限制,所以板料的直径为 52mm、厚度为 2mm,曲面蜂窝结构成形温度为 990℃,应变速率为 $0.001s^{-1}$。

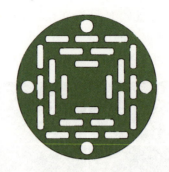

图 6-46　Ti-43Al-9V-1Y 合金曲面板料空位设计

图 6-47 为用凸模下压深度为 13mm 时 Ti-43Al-9V-1Y(原子分数)合金曲面蜂窝结构板料应变分布。由图 6-47 可知,变形后的板料主要呈现三种颜色:板料中心位置,对角线方向最外侧空位连接处为深绿色,可知变形过程中变形量比较小。在对角线方向第二排空位连接处呈现红色,应变量比较大,变形主要集中在这个位置,与 5083 铝合金模拟结果相同,比较容易发生断裂。板料的其他位置为浅绿色,整个变形过程中发生微小的变形。板料变形后空位形状不均,越靠近中心位置,空位形变量越大。第二排空位形状发生畸变,第三排空位形状变化量很小。

(a)　　　　　　　　　　　　　　(b)

图 6-47　Ti-43Al-9V-1Y 合金曲面蜂窝结构板料应变分布
(a)俯视图;(b)正视图。

图 6-48 为曲面蜂窝结构成形模具,模具材料为 321 不锈钢,模具凸模和凹模下端带有螺纹,与拉伸机连接。图 6-48(a)Ti-43Al-9V-1Y 合金板料通过销

钉固定在凹模。板料成形温度为990℃,拉制应变速率为0.001s^{-1},凸模下压深度为13mm。如图6-48(b)Ti-43Al-9V-1Y合金板料通过销钉固定在凹模。板料成形温度990℃,拉制应变速率为0.001s^{-1},凸模下压深度13mm。图6-48(c)为曲面预置空位板料成形后的降温过程。

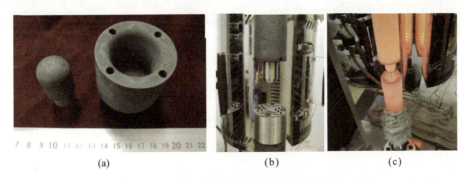

图6-48 曲面预置空位板料模具图
(a)曲面蜂窝结构成形模具;(b)模具连接;(c)高温成形后。

图6-49所示为成形曲面蜂窝结构预置空位板料,原始板料直径为55mm、厚度为2mm,图6-50所示为成形后的板料,成形深度为13mm。图6-50(a)由于板料四周有销钉固定,限制成形过程中板料的移动。

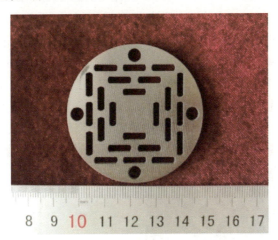

图6-49 成形曲面蜂窝结构预置空位板料

板料成形过程为胀形,变形过程中板料形状变化主要由空位形状变化完成。图6-50(b)可以看出,越接近板料中心位置空位形状变化越明显,整体形状变化与模拟结果相同。模拟结果显示在对角线方向第二排空位连接处应变量最大,实际成形过程中此处略微发生减薄,没有断裂。

图 6-50 曲面蜂窝结构预置空位板料成形图
(a)曲面蜂窝结构俯视图;(b)曲面蜂窝结构正视图。

6.5.3 平面网格结构板料钎焊

图 6-51(a)将采用拉制成形方法得到的 Ti-43Al-9V-1Y 合金曲面蜂窝结构板料变形区切下,蜂窝结构板料要钎焊的上下表面为同材料的合金板,厚度为 1mm,如图 6-51(b)所示。钎焊前将蜂窝结构板料和 Ti-43Al-9V-1Y 合金板料表面经砂纸打磨并抛光。然后与 TiCuNi 钎料一起放入丙酮中超声清洗 15min,按照 Ti-43Al-9V-1Y 合金板/钎料/蜂窝结构板料/钎料/Ti-43Al-9V-1Y 合金的顺序装配好,放入真空度约 5×10^{-3} Pa 的真空钎焊炉中进行钎焊。钎焊时初始升温速度为 30℃/min,当温度升高到 970℃时,保温 10min,之后以升温速度 10℃/min 升高到 1000℃,保温 60min。为了降低接头残余应力,保温结束后以 10℃/min 的冷却速度至缓慢冷却至室温后出炉。图 6-52 所示为钎焊后的 Ti-43Al-9V-1Y 合金蜂窝结构,将板料左上角切下用于对钎焊接头组织观察。

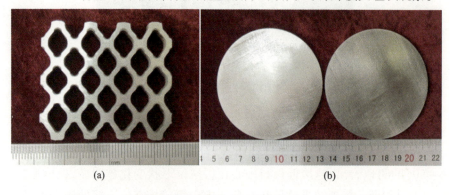

图 6-51 平面预置空位板料和 Ti-43Al-9V-1Y 合金板料
(a)平面蜂窝结构;(b)Ti-43Al-9V-1Y 合金板料。

第 6 章　Ti-43Al-9V-1Y 合金中空结构预置空位拉制成形

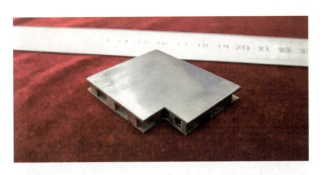

图 6-52　钎焊后的 Ti-43Al-9V-1Y 合金蜂窝结构

图 6-53 为钎焊温度 1000℃，保温时间 60min 条件下，采用厚度为 100μm 的 TiCuNi 钎料钎焊 Ti-43Al-9V-1Y 合金得到的钎焊接头，采用背散射拍摄的组织图片。可以看出，钎焊接头良好，没有明显的缺陷。钎焊过程熔化的钎料与母材剧烈反应，导致钎焊焊缝宽度增加至 200μm 左右。为了方便叙述，将靠近 TiAl 合金的一侧定义为 I 区，中间位置定义为 II 区。为了方便研究合金元素在钎焊焊缝中的分布，采用线扫描横跨钎焊焊缝进行了分析，如图 6-54 所示。结果表明，由于在钎焊过程中 Ti-43Al-9V-1Y 合金向熔化的钎料中溶解扩散，导致钎焊焊缝中出现了一定量的 Al 元素，在 I 区向 II 区过渡位置含量逐渐减少，在 II 区分布比较均匀。第二条线为 Ti 元素分布，可以发现 Ti 元素在合金基体分布比较均匀，在 I 区呈上升趋势，在 II 区波动比较严重，把第二条和第四、第五条线一起比较分析可以看出，Ti 元素较多的位置，Ni 和 Cu 比较少，而 Ti 元素较少的位置 Ni 和 Cu 含量比较多。

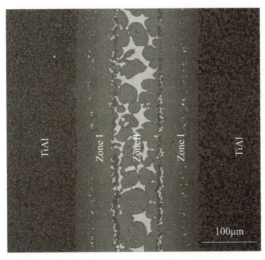

图 6-53　钎焊界面微观组织图

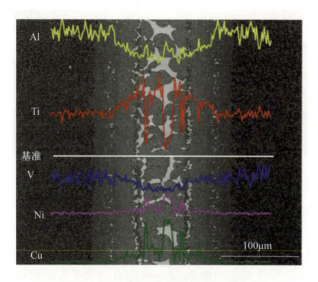

图6-54 钎焊界面线扫微观组织图

通过对 Ti-43Al-9V-1Y 合金进行平面、曲面蜂窝结构拉制成形试验,对平面拉制成形板料拉制到不同长度,并对模拟过程中应变较大的位置组织进行观察,是否存在于原始粉末边界缺陷导致的裂纹。对曲面结构进行模拟分析并进行成形试验,最后对平面拉制成形的蜂窝结构进行钎焊,并对钎焊界面的显微组织进行了观察。

对 Ti-43Al-9V-1Y 合金进行平面蜂窝结构拉制成形试验,温度为990℃,应变速率为 $0.001s^{-1}$,当变形区的长度为80mm和89mm时停止拉制成形。拉制成形力与位移曲线主要分为三个阶段,结合变形后空位形状可以发现,空位形状从矩形变成纵向菱形以及由纵向菱形变成正方形过程变形力是先增加后降低,当形状由正方形变成横向菱形时,变形力是增加的,所以可以根据力与位移曲线判断空位变形形状。对变形后平面蜂窝结构应变量较大的1号、2号、3号、4号位置组织进行观察,没有发现原始粉末边界缺陷导致的裂纹。板料上端空位圆角处即2号和4号位置。对于曲面蜂窝结构成形,当成形深度为13mm时,发现在对角线方向第二排空位连接处应变量最大,实际成形过程中此处略微发生减薄,没有断裂。

采用 TiCuNi 钎料对 Ti-43Al-9V-1Y 合金平面拉制成形的蜂窝结构板料进行钎焊,采用线扫描对元素分布进行分析,由于钎料溶解扩散,在钎焊焊缝中发现了一定量的 Al 和 V 元素,Al 元素分布较均匀,而 V 分布波动较大,在Ⅰ区分布较多,Ⅱ区较少。

参考文献

[1] 刘咏,黄伯云,周科朝,等. 粉末冶金 γ-TiAl 基合金研究的最新进展[J]. 航空材料学报,2001,21(4):50-55.

[2] 江垚. Ti-Al 金属间化合物多孔材料的研究[D]. 长沙:中南大学,2008.

[3] 王尔德,李小强,胡连喜. 粉末冶金法制备 TiAl 基合金[J]. 粉末冶金技术,2002(05):287-293.

[4] 罗江山. 粉末冶金 TiAl 基合金的晶粒细化及其效应研究[D]. 绵阳:中国工程物理研究院,2014.

[5] Takeyama M, Kobayashi S. Physical metallurgy for wrought gamma titanium aluminides: Microstructure control through phase transformations[J]. Intermetallics, 2005, 13(9):0-999.

第7章

5A90 铝锂合金双层中空结构超塑成形/扩散连接工艺

近年来,在航空航天、轨道交通、汽车产品、船舶等工业领域中对轻质结构元件的需求呈现出逐渐增加的趋势,使铝合金成为使用较为广泛的一类有色金属,由于铝锂合金具有特殊的物理特性和化学特性,使其成为铝合金一族中极具发展潜力的一员。锂是最轻的金属元素,铝合金中存在1%的Li元素可以降低材料3%的密度,同时提高6%的弹性模量,同时可以提高拉伸性能、疲劳性能和低温断裂韧性等[1]。使铝锂合金成为航天轻质结构件中重要的材料。

铝锂合金超轻中空结构一体化成形技术是将最轻的结构材料与可大幅减重的中空结构结合,利用超塑成形与反应扩散连接可在同一工艺流程中依次进行的特点,开发出超塑成形/反应扩散连接(SPF/RDB)一体化成形技术,制造出铝锂合金整体中空超轻结构,从而解决传统难扩散材料制造轻量化中空结构的瓶颈问题。

本章主要针对5A90铝锂合金进行高温变形性能研究;通过不同的表面处理方法,控制不同的参数进行扩散连接工艺研究;最后在超塑性和扩散连接性研究的基础上进行中空双层结构SPF/DB复合工艺的研究[2]。

7.1　5A90 铝锂合金材料介绍

5A90铝锂合金母材板厚为1.30mm,使用状态为热轧制状态,材料的原始组织如图7-1所示,5A90铝锂合金化学成分和主要性能见表7-1、表7-2。

第7章 5A90 铝锂合金双层中空结构超塑成形/扩散连接工艺

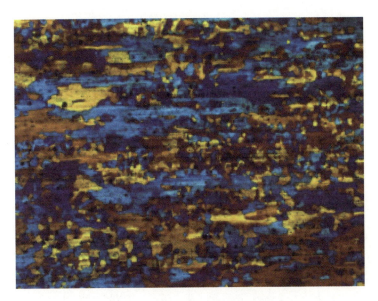

图 7-1 5A90 铝锂合金母材组织

表 7-1 5A90 铝锂合金主要化学成分

元素	Li	Zr	Ti	Si	Na	Fe	Mg	Cu	Al
质量分数	2.13	0.12	0.10	0.3~1.0	0.0005	0.075	5.34	0.051	Balance

表 7-2 5A90 铝锂合金力学性能

拉伸强度/MPa	屈服强度/MPa	延伸率/%
323.55	210	21.25

铝锂合金的二元相图如图 7-2 所示,在 600℃ 左右富铝区发生共晶反应,导致形成富铝 α 固溶体和 δ 相(铝锂,立方结构,空间结构为 Fd3m,晶格参数 a 为 50.637nm),固溶体中的锂元素含量从该温度下的 4.0% 变化为 100℃ 的 1.0%。平衡 δ 相是由前面亚稳 δ′ 相(Al_3Li,L12 结构,晶格参数 a 为 50.401nm)转化的,合金的亚稳相的固熔线的温度区间为 150~250℃[3]。

通过小角度 X 射线衍射试验观察,热分析仪、电阻率测量仪和高分辨电子显微等设备研究铝锂合金二元相图,Osamura and Okuda(1993) 已经证明在 533K 可以形核与生长铝合金中含有 11.8% Li 元素的 δ′ 相,通过调幅分解在 413K 时可以生成有序的相。通过高分辨电子显微镜对欠时效和过时效的试样进行研究,表明有序 δ′(Al_3Li)沉淀相可以通过富集锂的有序区域和锂耗竭无序区域在淬火状态失稳分解转变得到。

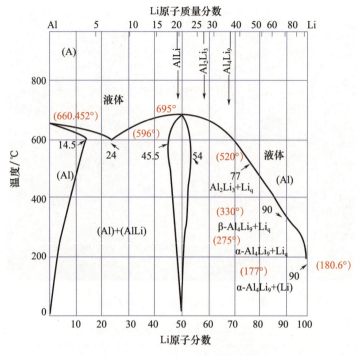

图 7-2　铝锂合金二元相图

7.2　5A90 铝锂合金超塑性变形行为

7.2.1　变形温度对 5A90 铝锂合金超塑变形性能的影响

在电子万能试验机上进行单向高温拉伸试验,使用经过线切割工艺直接获得的 5A90 铝锂合金板材,尺寸为 1.3mm×51mm×20mm,如图 7-3 所示。高温拉伸

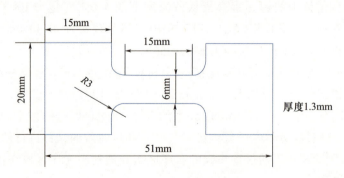

图 7-3　高温拉伸试样

第7章 5A90铝锂合金双层中空结构超塑成形/扩散连接工艺

试验采取正交设计的试验方法,控制试验温度和应变速率,这样有利于试验数据的分析与处理,试验参数见表7-3。

表7-3 5A90铝锂合金高温拉伸试验参数

试验温度/℃	340	370	400	430	460	490
应变速率/s^{-1}	0.001		0.0005		0.0001	

试验时,温度通过热电偶进行实时监测,应变速率通过上拉伸夹具控制,试验中的拉伸速率通过应变速率进行相应的转化,转化公式如下:

$$V = \dot{\varepsilon} \times l \times 60 \qquad (7-1)$$

式中:V 为拉伸夹具的移动速度(mm/min);$\dot{\varepsilon}$ 为应变速率(s^{-1});l 为试样的标准标距(mm)。

相同温度、不同应变速率($0.001s^{-1}$、$0.0005s^{-1}$、$0.0001s^{-1}$)的高温拉伸试验试样如图7-4所示。

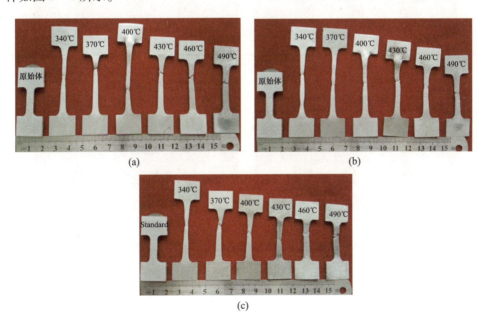

图7-4 相同温度、不同应变速率时高温拉伸试样
(a)$0.001s^{-1}$时高温拉伸试样;(b)$0.0005s^{-1}$时高温拉伸试样;
(c)$0.0001s^{-1}$时高温拉伸试样。

不同变形温度(340~490℃)、相同应变速率的高温拉伸试样如图7-5所示。

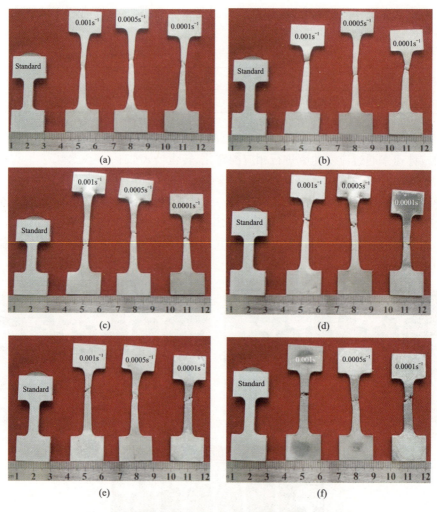

图7-5 不同变形温度、相同应变速率时高温拉伸试样

(a) 340℃时高温拉伸试样；(b) 370℃时高温拉伸试样；(c) 400℃时高温拉伸试样；
(d) 430℃时高温拉伸试样；(e) 460℃时高温拉伸试样；(f) 490℃时高温拉伸试样。

在试验数据处理时，需要注意通过拉伸试验测得的为载荷—位移关系，为了准确的分析试验结果需要将试验数据转化为真应力—真应变之间的关系，转化公式为

$$\sigma = \frac{F}{A} = \frac{F}{A_0}\left(1 + \frac{\Delta l}{l_0}\right) \tag{7-2}$$

式中：σ 为真应力（MPa）；F 为载荷（N）；A_0 为原始截面积（mm²）；Δl 为拉伸变形量（mm）；l_0 为试样标距（mm）。ε 为真应变（mm）为

$$\varepsilon = \ln\frac{l}{l_0} = \ln\left(1 + \frac{\Delta l}{l_0}\right) \tag{7-3}$$

7.2.2 应变速率对 5A90 铝锂合金应力—应变曲线的影响

5A90 铝锂合金高温拉伸应力—应变曲线如图 7-6 ~ 图 7-11 所示。

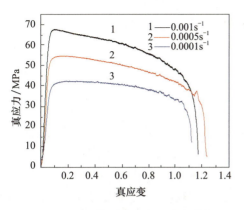

图 7-6　340℃时真应力—应变曲线

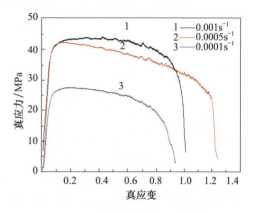

图 7-7　370℃时真应力—应变曲线

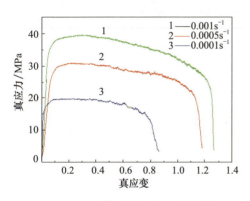

图 7-8　400℃时真应力—应变曲线

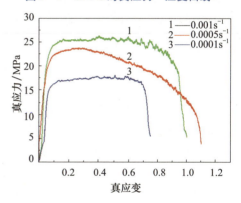

图 7-9　430℃时真应力—应变曲线

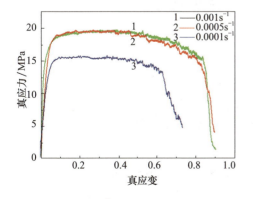

图 7-10　460℃时真应力—应变曲线

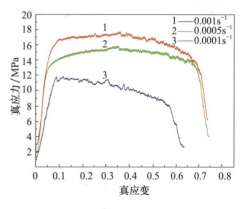

图 7-11　490℃时真应力—应变曲线

通过曲线可以发现,流动应力受应变速率的影响比较明显,在相同变形温度的时候,5A90 铝锂合金的流动应力与应变速率成正比,在变形过程中应变速率的减小会促使流动应力也相应降低;在高温变形时,伴随着应变速率的变大,伸长比率会相应变大;当 0.0001s^{-1} 时,合金的流动应力减小比较明显。

通过对图 7-6~图 7-11 中的曲线进行分析可以发现,高温变形时的动态回复比较明显,当应变速率逐渐变小时,材料的延伸率也随之逐渐变小,可能是时间延长之后造成了出现二次再结晶,个别晶粒尺寸粗大,促使性能下降。另外,通过观察塑性变形阶段较高温条件下的应力—应变曲线可以发现,在较高应变速率变形时,塑性变形阶段的应力—应变曲线斜率下降后趋近水平。较低应变速率变形时,变形阶段的应力—应变曲线伴随变形速率的减小呈下降趋势,由于在较高温度发生变形时会出现动态再结晶过程,当流变应力达到最大值 σ_{max} 时,储存的能量达到最大,其进程也会加快,当加工硬化与再结晶达到动态平衡时,应力—应变曲线的斜率逐渐出现下降后趋近水平,形成较稳定的变形过程。当应变速率较小时,材料的热变形时间增加,塑性变形阶段的加工硬化被再结晶的软化取代,变形储存能在再结晶过程中逐渐释放,流变应力的下降速度随之变慢。

7.2.3 变形条件对 5A90 铝锂合金高温抗拉强度的影响规律

图 7-12 为不同变形条件下 5A90 铝锂合金的高温抗拉强度。当保持应变速率为不变的时候,逐渐提高变形温度,5A90 铝锂合金的抗拉强度明显减小;保持变形温度不变时,伴随应变速率的变大,5A90 铝锂抗拉强度也随之提高。这说明 5A90 铝锂合金的抗拉强度受上述参数的影响比较明显,可以看出,在热成形中采取较高的温度与较低的应变速率能有效地降低材料的高温抗拉强度。

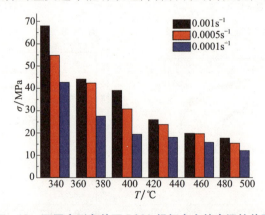

图 7-12 不同变形条件下 5A90 铝锂合金的高温拉伸强度

7.2.4　变形条件对 5A90 铝锂合金延伸率的影响

5A90 铝锂合金的延伸率会随着变形温度和应变速率的变化出现不同的变化规律,如图 7-13 和图 7-14 所示。可以发现,当应变速率为 $0.0005s^{-1}$ 和 $0.0001s^{-1}$ 时,5A90 铝锂合金的延伸率与温度成反比例关系,也就是伴随温度的升高延伸率逐渐减小。在高温变形过程中,应变速率减小会导致高温变形时间的延长,可能会导致发生二次再结晶,出现个别晶粒出大现象,致使性能下降,因此导致了延伸率的下降。由图 7-15 可知,不同参数时 5A90 铝锂合金延伸率的变化。

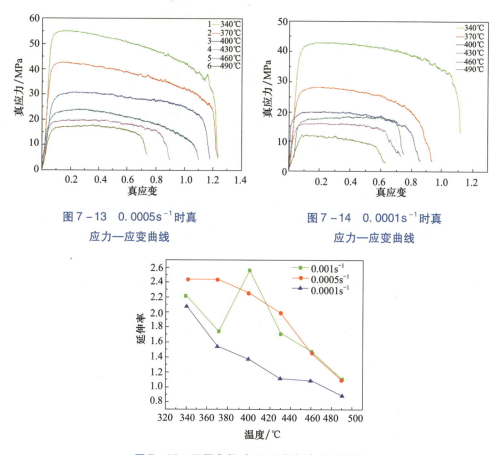

图 7-13　$0.0005s^{-1}$ 时真应力—应变曲线

图 7-14　$0.0001s^{-1}$ 时真应力—应变曲线

图 7-15　不同参数时 5A90 铝锂合金延伸率

当应变速率为 $0.001s^{-1}$ 时,随着变形温度的变化,合金的延伸率出现了峰值。当温度为 340~400℃时,高温变形晶界发生滑动,晶粒沿着变形方向被拉长,同时伴随着晶粒内部位错运动,可以有效地消除晶界滑动或转动在晶界处引起的应力集中,晶界不间断地发生滑动迹象。另外,高温还会发生动态再结晶,可以缓解晶界滑动引起晶界附近的应力集中,同时还会消耗晶界运动引发的位错,有利于塑性变形的进行。

7.3 5A90 铝锂合金超塑变形参数对显微组织影响规律

工业生产的 5A90 铝锂合金超塑性板材具有扁平状晶粒组织,主要为形变组织。在超塑拉伸变形前对合金板材进行高温再结晶处理,其晶粒大小和形貌基本保持不变,但是伸长率得到显著提高。具有这样组织特点的合金超塑性变形行为及机理鲜有报道。因此,研究 5A90 铝锂合金超塑性板材这种变形组织的材料的超塑性变形行为及组织演变,分析超塑性伸长率大幅提高的变形参数及显微组织影响对 5A90 铝锂合金多层中空结构的成形有重大意义。

7.3.1 应变速率对 5A90 铝锂合金显微组织的影响

5A90 铝锂合金在高温变形时金相组织随变形速率的改变而变化,图 7-16 为

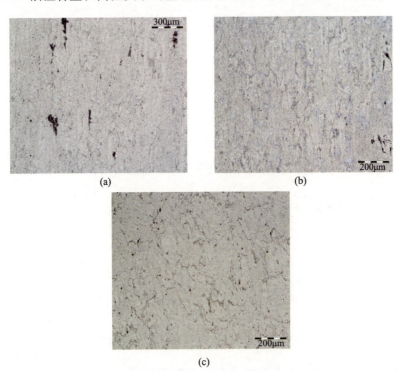

图 7-16 400℃时不同应变速率条件下 5A90 铝锂合金高温拉伸组织变化
(a) $0.001s^{-1}$ 拉伸试验组织;(b) $0.0005s^{-1}$ 拉伸试验组织;(c) $0.0001s^{-1}$ 拉伸试验组织。

400℃时不同应变速率条件下 5A90 铝锂合金高温拉伸组织变化。通过对 5A90 铝锂合金拉伸试验的金相组织分析可以发现,在相同的变形温度的条件下,通过改变应变速率可以使拉伸试样的金相组织发生比较明显的变化。随着应变速率的降低,高温拉伸时间延长,试样保温的时间变长,其回复再结晶的过程也相应变长,导致晶粒明显长大,从高应变速率到低应变速率,金相组织由不完全的等轴晶变为几乎完全的等轴晶。结合高温拉伸曲线可发现,高温拉伸的稳态流变阶段,回复与再结晶过程进行得比较充分。

7.3.2 高温拉伸断口分析

5A90 铝锂合金高温拉伸断口如图 7 – 17 所示。对扫描结果的观察分析可以得知,在断口上存在较多的空洞,这些空洞就是高温拉伸断裂的起源,超塑性材料进行单向高温拉伸试验时,断裂的主要形式为微孔聚集型。通过图 7 – 17(b)可以发现,5A90 铝锂合金高温拉伸断口的主要断裂是因为空洞的聚集,其中包含了解理断裂和韧窝断裂。

(a)　　　　　　　　　　　　　　(b)

图 7 – 17　高温拉伸断口形貌

(a)×200;(b)×1000。

在较高的温度进行变形时,5A90 铝锂合金的微观组织会伴随温度的变化而相应变化,图 7 – 18 为相同应变速率 $0.0005s^{-1}$ 时改变变形温度 5A90 铝锂合金高温拉伸试样的微观组织。由图 7 – 18 可以发现,5A90 铝锂合金的金相组织在高温塑性变形时,晶粒组织很明显地沿着单向拉伸的方向有拉长和长大的倾向,并且伴随温度的升高晶粒组织被拉长和长大比较明显。

图7-18 不同温度且应变速率均为 0.0005s^{-1} 时
5A90 铝锂合金高温拉伸试样的微观组织
(a)340℃5A90 铝锂合金拉伸试验组织;(b)400℃ 5A90 铝锂合金拉伸试验组织;
(c)460℃ 5A90 铝锂合金拉伸试验组织;(d)490℃5A90 铝锂合金拉伸试验组织。

7.4 5A90 铝锂合金扩散连接性能

扩散连接法可以用于生产整体性的零件,并且连接接头具有较高的质量。被连接材料厚为 1.3mm 的 5A90 铝锂合金,为同种材料的扩散连接,可以采用固相连接,使其在原子的层面上形成具有一定结合强度的连接接头。试验中主要依据连接界面的局部相互接近,局部发生塑性变形,局部先发生扩散连接,持续作用一段时间之后,从而使整体充分接触,达到比较好的焊合率,使试件整体达到可靠的结合。

7.4.1 5A90 铝锂合金扩散连接

扩散连接使用的材料 5A90 铝锂合金板材是经过线切割工艺获得的,试验中所采用的扩散试样是基于剪切原理与剪切模具设计的。进行扩散连接的试件是由 1.3mm×45mm×8mm 和 1.3mm×45mm×4mm 两种规格的材料扩散连接形成的，如图 7-19 所示。

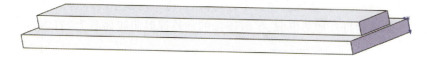

图 7-19　扩散连接试样

试验采用控制变量的研究方法，通过对试件表面粗糙度、保温时间、保温温度及加载压力的控制，保持其余工艺因素不变，研究不同试验参数对扩散接头组织性能的影响，从整体上制定 5A90 铝锂合金板材 SPF/DB 的复合工艺。

由于试样表面的清洁情况对试验结果有明显的影响，因此在试验之前需要对试样进行一定的预处理工艺。首先使用超声清洗设备将试样表面处由于线切割留下的油污清洗掉；其次使用预磨机将试样表面的线切割痕迹磨削掉；再次利用 600#、800#、1000# 砂纸进行试样表面处理，设计表面不同的粗糙度，来研究粗糙度对 5A90 铝锂合金扩散连接接头性能的影响；最后利用超声清洗设备清洗试样，并用电吹风的冷风模式吹干试样表面残留的酒精。

将表面处理过的 5A90 铝锂合金原材料装入模具中进行扩散连接试验，试验采用石墨模具，模具和压头采用抗压强度分别 σ 为 70MPa = 110MPa 的高强度石墨材料制作，图 7-20 所示为扩散连接装配示意图。模具由上下压头、外膜套、分瓣模、

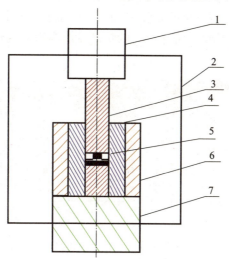

图 7-20　扩散连接装配示意图
1—上压头；2—真空炉；3—垫块；4—分瓣模；5—试样；6—外膜套；7—下压头。

垫块等组成,要进行试验的试样被压在分瓣模内,在试验中保证试样被充分均匀地加载,在实验结束的时候可以容易取出。

将真空热压烧结炉进行常规的试验前检查,并进行预热,预热至规定时间。将装配好的试验模具放置在试验设备中进行试验,待炉内真空度降到 $2\times10^{-2}\mathrm{MPa}$ 以下,可以开始试验打开加热电源,扩散连接的加热保温曲线如图 7-21 所示。

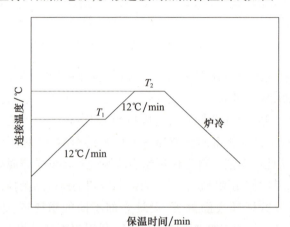

图 7-21 扩散连接加热保温曲线

首先手动加热将设备加热到 120℃ 左右,再将设备调到自动加热挡,并以升温速率 12℃/min 加热至 T_1,使炉内温度均匀,打开压力机,加压至 p_1 使试样表面充分接触并出现微量的小塑性变形,随后进行保压,而后继续以 12℃/min 的加热速率将炉内温度加热到扩散连接的温度 T_2,控制 T_1 的长短进行保温,通过控制不同的扩散连接温度、保温时间来研究不同的扩散试验参数对其组织性能的影响。扩散连接试验得到的试样如图 7-22 所示。

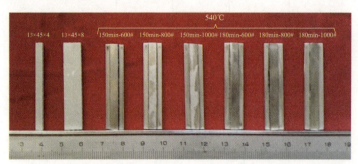

图 7-22 不同工艺参数下获得的扩散试样

5A90 铝锂合金的扩散连接受多种因素限制,本部分是在参见大量文献的基础上进行 5A90 铝锂合金扩散连接工艺参数的基本探索研究,旨在获得有效的接头工

第7章 5A90铝锂合金双层中空结构超塑成形/扩散连接工艺

艺参数,因此设计了表7-4所列的试验数据。

通过表7-4中试验参数进行扩散试验,得到扩散连接界面的微观金相如图7-23所示。通过观察可以发现,采用机械和化学的表面处理方法很难将5A90铝锂合金进行有效的扩散连接,在480℃的时候采用抛光和碱洗的处理方式,在连接的界面处存在明显的未连接的界面,具体的成分猜测是碱洗之后残留在表面的不可清除的物质,在扩散连接的过程中阻止了连接界面的充分接触,因此导致扩散连接效果不好。为了证明连接温度的影响,在表7-4中1-1、1-2的基础上进一步升高扩散连接的温度,对表7-4中的1-3、1-4进行试验,发现在连接的界面处仍然存在明显的未连接部分,并且比较明显,为了证明扩散连接接头已失效,使用机械设备将扩散连接试样进行撕裂试验,可以看见表面存在明显的杂质污染物;而表7-4中1-5采取更高的试验温度并去掉了碱洗的操作,通过金相试验可以看到表面出现了微连接的部分,证明此方案有一定的成效,扩散连接温度和表面的粗糙程度对扩散连接的界面质量有比较明显的影响。对于扩散连接界面处的物质还需要后期的能谱分析,并进行后期试验,因此通过析因法设计下面的工艺试验。

表7-4 5A90铝锂合金研究扩散连接试验参数

编号	表面粗糙度	保温温度 $T/℃$	保温时间 $t/\min$
1-1	2000# + 碱洗	480	90
1-2	2000# + 碱洗	480	60
1-3	2000# + 碱洗	500	90
1-4	2000# + 碱洗	500	60
1-5	2000#	540	90
1-6	1000# + 点连接	540	150

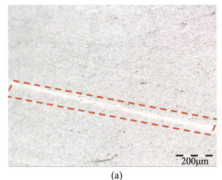

(a)

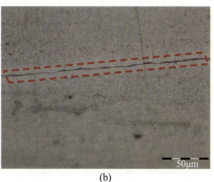

(b)

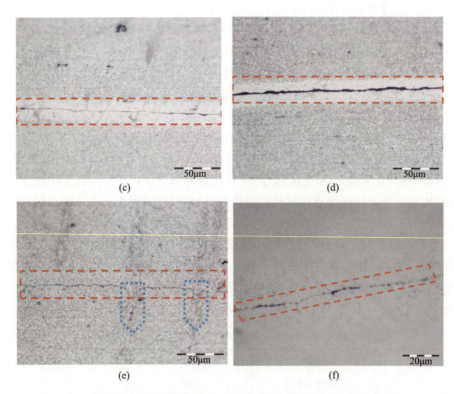

图7-23 5A90铝锂合金扩散连接界面的微观金相

(a)480℃,1.5h,2000#+碱洗;(b)480℃,1.5h,2000#+碱洗;(c)500℃,1.5h,2000#+碱洗;
(d)500℃,1.5h,2000#+碱洗;(e)540℃,1.5h,2000#;(f)540℃,2.5h,1000#+点连接。

5A90铝锂合金的扩散连接受多种因素的限制,本部分主要介绍表面粗糙度、保温时间、保温温度等对其扩散连接的影响,扩散连接温度过低,会导致原子扩散困难,得不到连接质量优良的连接接头。温度过高会导致材料和扩散界面处的晶粒长大,影响接头性能;表面粗糙度影响连接界面的局部接触,从而影响界面的局部塑性变形,也不利于界面处微薄的氧化薄膜的破碎;保温时间短扩散不充分,连接界面质量较差,晶粒长大程度与保温时间成正比例关系。因此,采用控制控制变量的研究方法进行研究表面粗糙度、保温温度对于铝合金扩散连接接头质量的影响,同时保证其余的参数不变,如表7-5、表7-6所列。

表7-5 5A90铝锂合金扩散连接固定参数

母材厚度/mm	变形量/%	表面处理
1.3	10	砂纸打磨

表 7-6 5A90 铝锂合金扩散连接试验参数

编号	表面粗糙度/#	保温温度 T/℃	保温时间 t/min
2-1	600	520	120
2-3	1000	520	120
2-5	800	520	150
2-7	600	540	150
2-9	1000	540	150
2-11	800	540	180
2-13	1000	500	180

利用 EDS 技术对阻碍接触表面两侧阻碍原子运动的物质进行分析,结果如表 7-7 和图 7-24 所示。

表 7-7 EDS 分析元素含量

元素	质量分数/%	原子分数/%
O-K	7.38	11.75
Mg-K	8.18	8.56
Al-K	84.44	79.69
总计	100	100

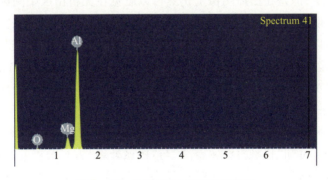

图 7-24 频谱点 41 能谱分析结果

为了进一步研究扩散连接的关键参数,现需要对扩散连接各参数进行系统的分析,首先分析采用"机械打磨+碱洗"表面处理工艺对扩散连接界面与连接接头的影响;其次对扩散连接各工艺参数是如何对连接接头质量进行影响的做具体的分析,并总结各因素之间的关系;最后采取 SEM 等分析手段对扩散接头的组织等进行观察和分析。

综上可以发现通过"机械处理+化学处理"的表面处理方法不能得到有效的

扩散连接接头,所以采取单一的控制表面粗糙度的方式进行扩散连接,工艺参数为540℃、2.5h、240#,扩散连接界面的扫描结果如图7-25所示。

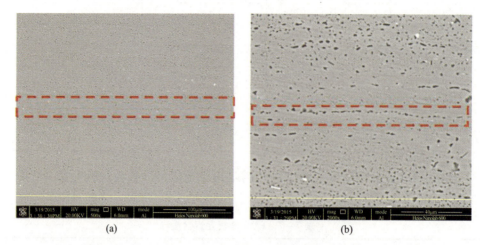

图7-25　540℃、2.5h、240#的扩散连接接头
(a)540℃,2.5h,240#(500×);(b)540℃,2.5h,240#(2000×)。

通过观察图7-25可以发现,采用纯机械处理的方法,可以有效地提高扩散连接接头的质量,连接接头的焊合率明显提高,由完全连续的未连接接头逐渐转化为断续的连接接头,但是在扫描图像上仍然可以看见在无析出区中间区域存在一条比较明显的扩散连接界面,连接界面处基本已经开始形成连接接头。通过对比分析两组试验可以发现,采用机械处理的方式,可以有效地提高扩散连接接头的成形质量,有利于接头的形成,所以采用机械的处理方式进行扩散连接工艺。然而,表面粗糙度对接头的成形有比较明显的影响,因此在试验中需要严格地控制接触表面的粗糙度,采取比较适合的粗糙度进行工艺研究。

对两种不同处理方法的连接界面进行微观观察,扫描结果如图7-26所示。对连接界面分析可知"机械打磨+碱洗"与"机械处理"方式对扩散连接的影响,先采用"机械打磨+碱洗"的方法处理表面,使连接界面较为光滑,表面凹凸不平整性明显降低,采用"机械打磨"的方法,表面明显存在较多的波峰和波谷形貌,有利于连接界面在加载压力时出现局部的接触,局部首先塑性变形,导致局部的氧化层破裂,形成局部的原子扩散通道,界面两侧的原子首先在此进行扩散运动,并逐渐形成接头,随着保温时间的延长在加载压力的条件下可以慢慢形成有效的扩散连接接头。通过图7-26可以发现,机械处理之后的表面再进行碱洗,首先会导致表面的光滑度提高,其次是可以使表面的强化相脱落,在之后的处理过程中脱落的强化相的位置会有纯净的铝裸露出来,此处更容易被氧化,形成较厚且稳固的氧化层,对后面的扩散连接造成不可避免的影响,会直接导致扩散连接通道被阻隔,接头的形成质量被影响,所以在扩散连接工艺中采用机械的处理方法获得扩散连接界面。

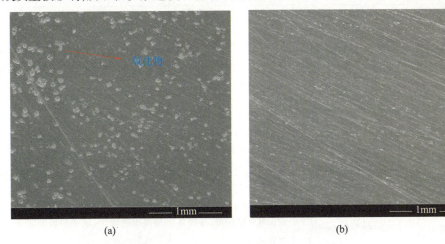

图 7-26 不同表面处理方法时界面形貌

(a)机械打磨+碱洗(100×);(b)机械打磨(100×)。

综上可以发现影响连接接头的因素,通过控制各工艺参数,可以得到性能优越的扩散连接接头,针对不同工艺参数的扩散连接接头进行扫描观察与焊合率等的计算,分析与总结各因素对连接质量的影响。连接温度和表面粗糙度对接头的影响见表 7-8 和表 7-9,保温时间对界面的影响见表 7-10。

通过研究各参数对扩散接头的影响,可以得到比较优异的工艺参数为 540℃、3h、800#,由此工艺参数进行扩散连接试验,所获得的连接界面具有比较好的连接情况,焊接率为 99% 左右,不存在无析出区,具体的力学性能与使用性能需要后面分析。在扩散连接工艺研究中发现,在接头区域附近存在明显的白色析出相,通过能谱分析其元素含量,结果如图 7-27、表 7-11 所示。

表 7-8 连接温度对接头的影响

温度	优点	缺点
偏低	晶粒长大不明显	材料中原子的激活能低,原子不能有效地扩散,不利于接触表面的塑性变形
适中	原子具有所需要的激活能,接头的晶粒组织适中,不影响使用性能	—
偏高	原子的激活能高,扩散运动剧烈,回复再结晶过程明显	晶粒过度长大

表 7-9 表面粗糙度对接头的影响

粗糙度	示意图	优点	缺点
粗糙度大	氧化层	可以出现足够的塑性变形	氧化层较厚,很容易残留在连接界面处,阻碍原子的扩散运动,影响扩散连接的质量
粗糙度适中	局部接触	可以局部塑性变形,氧化层较薄弱可以有效地破裂,进而进行原子的自由扩散	
粗糙度小	平面接触	表面氧化层较薄,连接界面较纯净	局部接触较少,氧化层破裂较难,形成阻碍通道

表 7-10 保温时间对界面的影响

时间	优点	缺点
较短	晶粒的长大被抑制,晶粒细小	接头的焊接率较低,力学性能不好
适中	可以保证形成连接界面质量优良的接头,晶粒尺寸符合使用要求,性能优越	
较长	可以保证界面的充分接合	晶粒长大明显

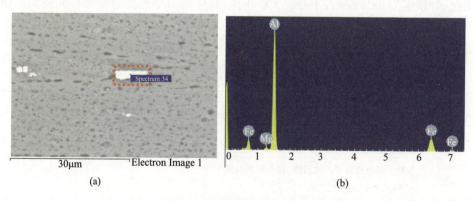

图 7-27 白色相能谱分析
(a)接头微观组织;(b)能谱分析。

表 7-11 白色相 EDS 分析结果

元素	质量分数/%	原子分数/%
Mg-K	1.43	1.92
Al-K	65.34	78.73
Fe-K	33.23	19.35
总计	100	100

通过能谱分析可以发现,白色析出相中存在较多 Fe 元素,因为 Fe 元素的原子序数比较大,所以在扫描图像中呈白色,强化相可能是由于在扩散连接温度下,保温一定时间后,沿着晶界或在晶内由于原子的运动聚集而析出的。

在对扩散连接接头微观组织观察中发现,存在比较多而细小的黑色强化相沿着晶界均匀地分布,此强化相不仅仅在母材基体中均匀地分布,在新形成的连接接头中也是均匀地分布。为了研究其具体的组成成分与元素含量对其进行能谱分析,图 7-28 和表 7-12 为 EDS 分析的结果。通过对黑色强化相进行能谱分析,发现析出相为 Mg-Al 相,材料中的强化相可能是在原材料的制备过程中就生成的,在接头区域后期出现的强化相,是通过 Mg 与 Al 原子剧烈的扩散运动在相互接触的界面处形成的,在本试验的条件下当两原子在界面处相遇时,将会形成强化相。

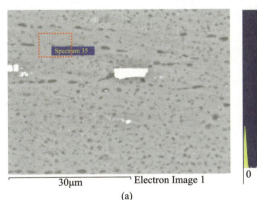
(a)

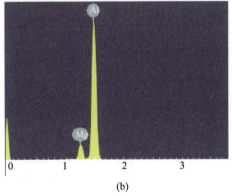
(b)

图 7-28 黑色强化相能谱分析
(a)接头组织;(b)EDS 分析。

表 7-12 黑色强化相 EDS 分析结果

元素	质量分数/%	原子分数/%
Mg-K	8.36	9.19
Al-K	91.64	90.81
总计	100.00	

通过前面对扩散连接试验结果的分析可以发现，连接界面的清理情况与洁净情况对扩散连接质量有比较明显的影响，在实际的扩散连接工艺中，不仅仅是 O 元素对连接界面会造成影响，处理工艺中混进的其他元素也会对连接质量造成影响，图 7-29 为扩散连接接头区域中出现的问题，结果如图 7-29 和表 7-13 所示。

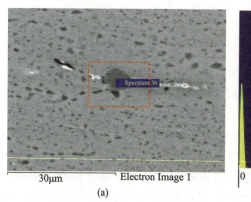
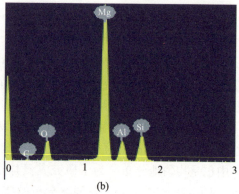

图 7-29 杂质相能谱分析

(a) 接头微观组织；(b) 能谱分析。

表 7-13 杂质相 EDS 分析结果

元素	质量分数/%	原子分数/%
C-K	7.74	13.22
O-K	25.43	32.64
Mg-K	44.15	37.28
Al-K	9.60	7.30
Si-K	13.08	9.56
总计	100	100

通过分析可知，连接接头处存在的杂质成分为含有 C、O、Si 等元素的 Al-Mg 合金析出相，其对连接接头的组织性能有比较明显的影响。有害元素的引入可能是在试样表面清理过程中引入的，因为扩散连接试样的表面是采用机械抛光处理得到的，抛光的材料为 C-Si 砂纸，接头处的析出化合物中含有一定量的该元素。通常在机械处理之后需要对扩散连接试样进行 15min 左右的超声清洗，去除前面表面处理之后残留的污染物，保证扩散连接的界面足够的洁净，确保扩散连接接头的质量。

7.4.2 工艺参数对 5A90 铝锂合金扩散连接接头组织的影响

温度对扩散接头的影响具体有四个方面：①可以影响原子的激活能；②可以影响连接界面处原子的运动能力；③可以影响接触界面的微变形能力；④可以影响

接头组织的相变和再结晶过程等。图 7-30(a)、(b) 为相同保温时间 2.5h,相同表面粗糙度 600#,不同扩散连接温度 520℃、540℃时扩散连接接头的扫描图像;图 7-30(c)、(d) 为相同保温时间 2.5h,相同表面粗糙度 800#,不同扩散连接温度 520℃、540℃时扩散连接接头的扫描图像。

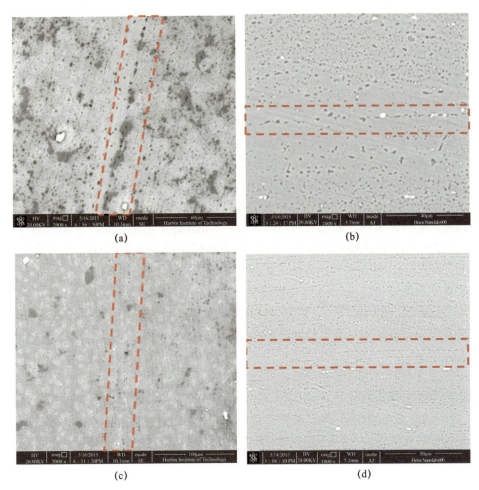

图 7-30 不同扩散连接温度对 5A90 铝锂合金接头组织的影响
(a)520℃,2.5h,600#(2000×);(b)540℃,2.5h,600#(2000×);
(c)520℃,2.5h,800#(1000×);(d)540℃,2.5h,800#(1000×)。

通过接头的扫描形貌可以发现,随着扩散连接温度的提高,扩散连接接头的连接合率可以从 70% 提高到 90% 以上,在 520℃时扩散连接界面处有明显的未连接的部位,为断续的氧化铝薄层,可能是扩散连接温度较低导致原子的扩散能力相对较弱,或者是扩散连接界面处温度较低没有完全进行再结晶等过程,或者是在表面处理时导致此处残留较多的氧化铝层,在扩散连接的温度下没有充分融合氧化层;然而随着扩散连接温度的提高,扩散连接的界面完全融合,基本看不见连接界面,连接合率基本达到99%,仅仅可以再连接的界面可以看见较为明显的无析出区。随着扩散连接温度的升高,析出相的数量明显提高,通过扫描图像可以明显看出540℃时明显存在白色的析出强化相。

保温时间对扩散连接接头的影响主要是建立在扩散连接温度,通过加载压力使连接界面处充分结合并且已经开始了在原子基础上的扩散运动,如果连接界面处没有原子的接触并出现相互扩散,保温时间是没有实际意义的。图7-31所示为分析不同保温时间对扩散接头的影响的扫描图像。

通过对比相同扩散温度,相同表面粗糙度、不同保温时间的扫描图像能发现,由于扩散连接保温时间的延长,界面处的连接合率明显提高,尤其是在520℃,2.5h,800#的参数下,延长保温时间可以使界面处的连接合率从0%提高到50%左右;延长保温时间可以使连接界面处的无析出区逐渐消失,开始出现析出的强化相,在图7-31(c)、(d)中可以较明显的发现;通过图7-31(e)可以发现,在连接界面处较容易析出白色强化相,在连接界面处析出的强化相可能会对其力学特征有一定的影响。在扩散连接较好的参数下,基本看不出连接界面的位置,焊合率基本为100%左右,且连接界面处的组织与原材料的组织基本一样,这是同种材料进行扩散连接最好的结果。5A90铝锂合金在540℃与520℃的条件下晶粒的长大倾向不是很明显,在保温时间为2.5h和3h的条件下,晶粒的变化不明显,应用中需要着重考虑保温时间对晶粒长大的影响,随着晶粒的长大,连接接头的组织性能会有较大的变化。

扩散连接界面的粗糙度对连接界面的微观接触有比较明显的影响,扩散连接采用的主要机理为氧化铝薄层,其与铝锂合金的延伸率不同,在相同的变形条件下,由于凹凸表面的局部接触,氧化铝薄层会首先的破裂,原始材料在破裂的位置开始局部的先基础,在保温和加压的条件下,在破裂的位置进一步破裂,通过原子的扩散运动开始形成共晶的界面,随着保温时间的延长氧化膜全部破裂且在连接接头的部位逐渐消失,最终形成均匀稳定的连接接头。图7-32为相同连接温度和保温时间、不同表面粗糙度的条件下,扩散接头组织扫描图像。由图可以发现,5A90铝锂合金的扩散连接性和表面粗糙度有比较明显的关系,当表面粗糙度从600#到800#逐渐减小时,在扩散温度和保温时间等参数相同的条件下,连接接头的连接合率明显提高,从80%左右提高到90%以上,在540℃,3h,600#时,可以在接头处看见未连接的部位,而在540℃,3h,800#时,扩散连接界面处不存在未连接的区域,且得到的接头组织与母材处比较相像;当扩散连接界面处表面粗糙度进一步减小时,会在连接接头处出现较为明显的无析出区,且界面处会出现很微小的未连接区。

第 7 章 5A90 铝锂合金双层中空结构超塑成形/扩散连接工艺

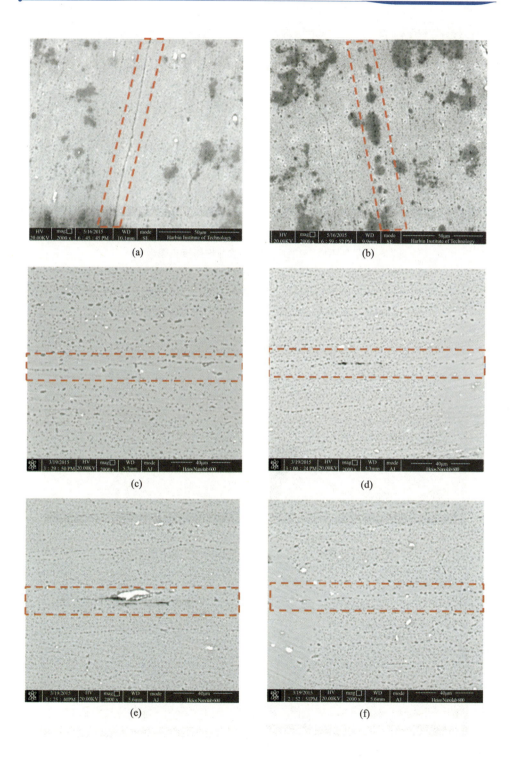

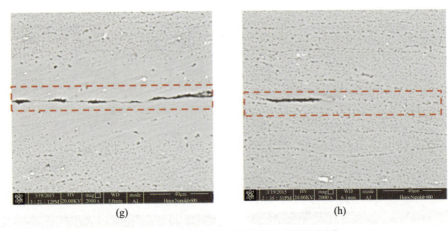

图 7-31 不同保温时间扩散连接接头图像

(a)520℃,2h,800#(2000×);(b)520℃,2.5h,800#(2000×);(c)540℃,2.5h,600#(2000×);
(d)540℃,3h,600#(2000×);(e)540℃,2.5h,800#(2000×);(f)540℃,3h,800#(2000×);
(g)540℃,2.5h,1000#(2000×);(h)540℃,3h,1000#(2000×)。

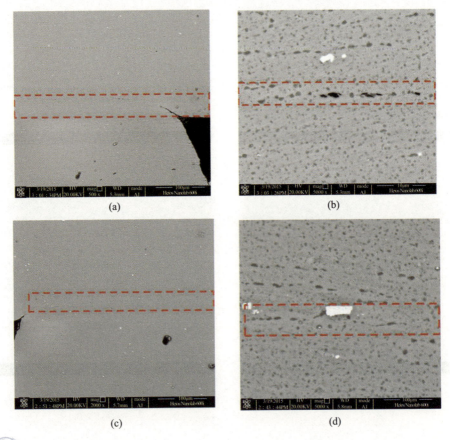

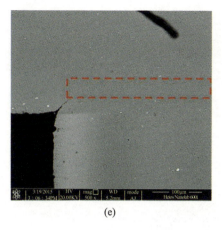
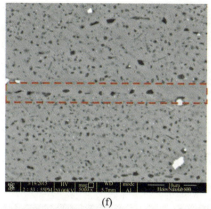

(e)　　　　　　　　　　　　　　(f)

图 7 – 32　不同表面粗糙度对连接接头的影响

(a)540℃,3h,600#(500×);(b)540℃,3h,600#(5000×);(c)540℃,3h,800#(500×);
(d)540℃,3h,800#(5000×);(e)540℃,3h,1000#(500×);(f)540℃,3h,1000#(5000×)。

分析可知,在表面粗糙度较大(600#)时,表面处存在较厚的氧化铝薄层,在扩散连接的过程中很难完全破裂进而融合进母材的基体中,导致连接界面处原子的扩散通道受阻,不可正常地进行扩散运动,从而不能形成高质量的接头;当表面粗糙度较小(1000#)时,连接界面过于光滑,当两界面相互接触时,不能出现有效的局部接触,不会出现足以导致氧化膜破裂的局部塑性变形,氧化膜会存在扩散连接界面,阻碍连接界面两侧原子的扩散,在扫描图像上存在无析出区是比较明显的证明;在表面粗糙度为 800# 时,在加载压力的时候连接界面处刚好可以出现所需要的塑性变形,从而可以进行有效的扩散连接。

现选取比较有代表性的 520℃、1.5h、"机械打磨 + 碱洗"的扩散连接接头进行扫描观察,扫描结果如图 7 – 33 所示。由图可以发现,在连接界面处存在明显的未连接区,在两相互接触的界面处明显存在一层黑色的薄层阻碍两侧材料中原子的运动,成为接头区域原子运动的屏障;此试样的表面处理方式为"机械打磨 + 碱洗",所以连接界面的表面光滑度比较高,局部塑性变形比较小,氧化层破裂不明显,形成连续的氧化层,在连接接头界面附近的区域明显存在无析出区,此区域中很少有强化相的析出,可能是与保温时间比较短有关系,保温时间不够长会导致没有足够的时间用于强化相的析出。

综上可以发现,通过"机械处理 + 化学处理"的表面处理方法不能得到有效的扩散连接接头,所以采取单一的控制表面粗糙度的方式进行扩散连接,工艺参数为 540℃、2.5h、240#,扩散连接界面的扫描结果如图 7 – 34 所示,表 7 – 14 为白色相 EDS 分析结果。

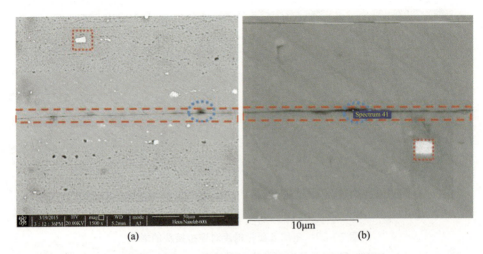

图7-33 520℃、1.5h、"机械打磨+碱洗"的扩散连接接头

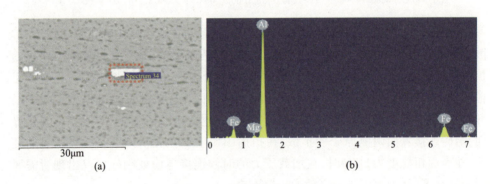

图7-34 白色相能谱分析

(a)接头微观组织;(b)能谱分析。

表7-14 白色相EDS分析结果

元素	质量分数/%	原子分数/%
Mg-K	1.43	1.92
Al-K	65.34	78.74
Fe-K	33.23	19.34
总计	100	100

通过有限元数值模拟可知,超塑成形过程中型腔的壁厚减薄是逐渐过渡的,圆角过渡区部位减薄比较明显,其中减薄最严重的部位为凹模圆角区,减薄到0.83mm左右,减薄率约为35%,且可以反求得到时间-压力加载曲线。

根据板材基本性能试验及有限元模拟结果,确定成形的工艺参数,利用SPF/

第7章 5A90铝锂合金双层中空结构超塑成形/扩散连接工艺

DB复合工艺成形得到外观质量良好的5A90铝锂合金中空双层结构件;在质量上壁厚分布和有限元数值模拟得到的壁厚分布规律基本相同,扩散连接区域壁厚基本没有变化,在圆角区域减薄比较明显,型腔侧壁壁厚逐渐变化,最薄的部位为凹模圆角过渡的位置,约为0.80mm。

在对扩散连接接头微观组织观察中发现,存在比较多而细小的黑色强化相沿着晶界均匀地分布,此强化相不仅仅在母材基体中均匀地分布,在新形成的连接接头中也是均匀地分布,为了研究其具体的组成成分与元素含量,对其进行能谱分析,图7-35和表7-15为EDS分析的结果。通过对黑色强化相进行能谱分析,发现析出相为Mg-Al相,材料中的强化相可能是在原材料的制备过程中就生成的,在接头区域后期出现的强化相,是通过Mg与Al原子剧烈的扩散运动在相互接触的界面处形成的,在本试验的条件下当两原子在界面处相遇,会形成强化相。

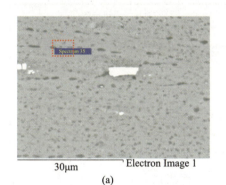
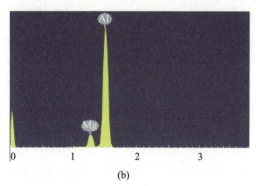

图7-35 黑色强化相能谱分析
(a)接头组织;(b)EDS分析。

表7-15 黑色强化相EDS分析结果

元素	质量分数/%	原子分数/%
Mg-K	8.36	9.19
Al-K	91.64	90.81
总计	100	100

通过前面对扩散连接试验结果的分析可以发现,连接界面的清理情况与洁净情况对扩散连接质量有比较明显的影响,在实际的扩散连接工艺中,不仅仅是O元素对连接界面会造成影响,处理工艺中混进的其他元素也会对连接质量造成影响,图7-36为扩散连接接头区域中出现的问题,结果如图7-36和表7-16所示。

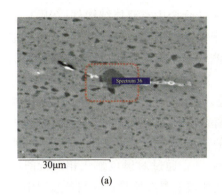 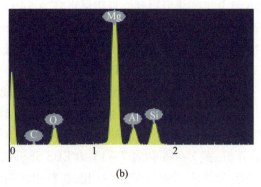

图 7-36 杂质相能谱分析

(a)接头微观组织;(b)能谱分析。

表 7-16 杂质相 EDS 分析结果

元素	质量分数/%	原子分数/%
C-K	7.74	13.22
O-K	25.43	32.64
Mg-K	44.16	37.28
Al-K	9.60	7.30
Si-K	13.07	9.56
总计	100	100

通过对图 7-36 和表 7-16 的能谱分析可知,连接接头处存在的杂质成分为含有 C、O、Si 等元素的 Al-Mg 合金析出相,其对连接接头的组织性能有比较明显的影响,有害元素可能是在试样表面清理过程中引入的。因为扩散连接试样的表面是采用机械抛光处理得到的,抛光的材料为 C-Si 砂纸,接头处的析出化合物中含有一定量的该元素,可能是由于清理过程之后,没有进行有效的后处理造成的。通常在机械处理之后需要对扩散连接试样进行 15min 左右的超声清洗,去除前面表面处理之后残留的污染物,保证扩散连接界面足够的洁净,确保扩散连接接头的质量。

7.4.3 工艺参数对 5A90 铝锂合金接头力学性能的影响

扩散连接接头需要在 Instron-5500R 万能试验机上进行剪切力学性能分析,剪切强度可表示如下:

$$\tau = P/S = P/(ab) \qquad (7-4)$$

式中:τ 为剪切强度(MPa);P 为最大剪切载荷(N);S 为扩散连接接头连接面积(mm^2);a 为扩散接头搭接长度(mm);b 为扩散接头搭接宽度(mm)。

强度测试所用的试样如图7-37所示,测试的试验模具如图7-38所示。剪切试样放置在剪切模具上固定,如图7-39所示。

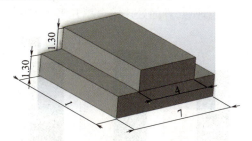

图7-37 性能测试试样示意图

图7-38 夹具

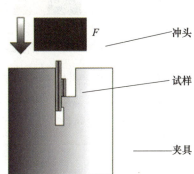

图7-39 装置示意图

冲头以一定速率压向试样较宽的部分,由于模具的固定和限制作用,试样较窄的部分无法移动,而试样较宽的部分在冲头的作用下向下运动,大、小两部分的接触部分因发生剪切运动逐渐脱离开直至两者彻底分离,此过程中所需的最大压强即为扩散连接试样的剪切强度。

通过扩散连接获得的5A90铝锂合金的接头,受连接温度的影响比较明显,所以需要对其连接温度进行分析。图7-40为不同扩散连接温度,相同保温时间2.5h,保持表面粗糙度相同时接头的剪切强度。由图可知,在一定的温度范围内伴随扩散温度的提高,剪切强度在逐渐降低。当温度为520℃时,剪切试样有部分在母材与连接缝的连接处断裂,但是剪切强度仍然比较高,可以达93MPa;当温度提高到540℃时,剪切试样都在母材处断裂,最高剪切强度可以达到143MPa,最低剪切强度也可以达到125MPa左右,这说明提高扩散连接温度可以有效地保证连接界面的连接。在低温时,扩散连接界面处的原子激化能较低,运动能力较差,扩散连接困难,因此在扩散连接的界面处会出现一些未连接的部位,导致连接缺陷的出现,影响扩散连接的接头质量;随着温度的提高,原子的激化能提高,运动能力与扩散能力相应的增加,可以使连接界面处充分而紧密地结合,与扩散连接的 SEM 图相对应可以发现界面的连接情况比较理想,界面处连接合率几乎为 100%,空洞基本上消失。

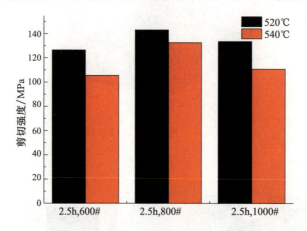

图 7-40 不同扩散温度条件下扩散接头剪切强度

保温时间的长短会明显的影响扩散连接接头的剪切性能,图 7-41 所示为相同扩散连接温度 520℃、540℃和相同表面粗糙度 600#、800#、1000#,不同保温时间 2.0~3.0h 时剪切强度对比。

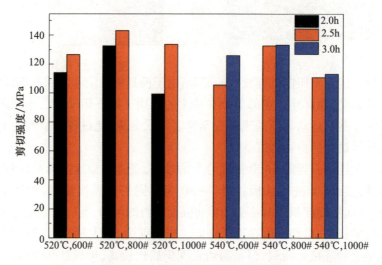

图 7-41 不同保温时间时剪切强度

由图 7-41 可知,控制保温时间使其延长,剪切强度从 90MPa 开始出现增加的趋势,在低温时,连接界面两侧的原子扩散不充分,并且在界面处存在空洞,导致剪切强度比较低;接头的剪切强度会由于温度提高出现明显提高的趋势,这可能是因保温时间的增加,促使界面处原子扩散得比较充分,接头处的焊合率比较高,扩散连接质量变得比较优异。但是,与第3章综合起来分析可知,在一定的时间范围内,若要持续地延长保温时间,剪切强度可能会不增反降,这是由于保温时间延长,晶粒受热长大明显,在一定程度上影响扩散连接的质量。

扩散连接是在表面有微小塑性变形的理论基础上进行的,因此表面粗糙度对其有很重要的影响,表面粗糙度会使扩散连接界面的微连接区域不同,也会进一步影响其扩散连接效果。图7-42为相同扩散连接温度分别为520℃、540℃,相同保温时间分别为2.0h、2.5h、3.0h时,控制表面粗糙度的扩散接头试验的剪切强度。由图7-42可知表面粗糙度为800#时的扩散连接接头相比较1000#、600#的接头有较好的扩散连接质量,可以达到的最大剪切强度为143MPa,而其余两种情况条件下,连接接头的剪切强度规律不是很明显。由于氧化层和基体材料的延伸率不同,表面的微塑性变形导致氧化层破裂,在复合其他工艺参数共同的作用下,由部分扩散连接,变成完全的扩散连接。在其他试验参数相同的条件下,当表面粗糙度为800#时,扩散连接的质量更优异,因此在SPF/DB工艺中采取材料表面的粗糙度为800#。

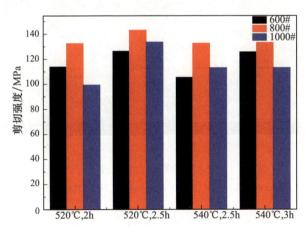

图7-42 不同表面粗糙度条件下扩散接头剪切强度

图7-43为典型的不同扩散连接工艺参数的接头剪切断口,通过扫描电镜对其局部放大观察,可以发现扩散连接接头剪切断裂的部位基本上都在母材处。在接头的母材区域可以看见明显的撕裂痕迹,主要都是沿着晶面的穿晶断裂,也就是所谓的解理断裂形式,其中还有少量的韧窝断裂,在接头断裂面上存在明显的凸起的黏结物,主要是从微小孔洞中剥离下来的,断口呈现一定的蜂窝状,这些空洞核是在一定的剪切力作用下产生的。从断口扫描图上可以发现,接头连接强度远远超过母材的强度,扩散连接接头具有一定的使用性能。

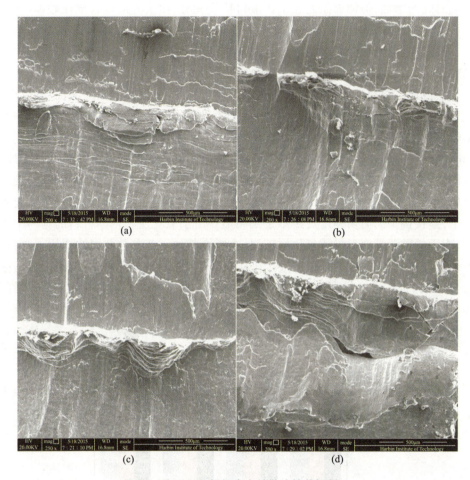

图 7-43　5A90 铝锂合金扩散连接剪切断口

(a)540℃,3h,1000#；(b)520℃,2h,600#；(c)540℃,3h,800#；(d)540℃,2.5h,600#。

图 7-44 为连接温度 540℃、保温时间 2.5h、表面粗糙度 800#的条件下,扩散连接接头显微硬度曲线。通过图可以发现,接头区域的硬度与母材的硬度比较接近,不存在明显的软化或者硬化的区域,硬度曲线的波动幅度不是很明显。这可能是由于同种材料具有无中间层扩散连接的影响,在连接区域只发生原材料中原子的扩散,并在接头区域形成统一的组织,基本保持了与母材的性能,因此连接界面附近的硬度与母材十分接近。

采用控制变量的研究法进行了 5A90 铝锂合金扩散连接性能的研究与分析。通过控制不同的试验参数进行试验,再采用扫描电镜、力学性能测试机等对接头进行组织与性能分析,主要研究扩散连接温度、保温时间、表面粗糙度对 5A90 铝锂合金扩散接头性能的影响,寻找比较优异的扩散连接的工艺参数。

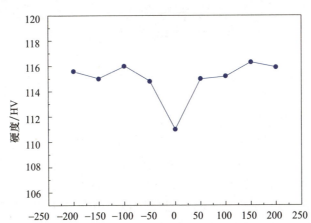

图 7-44　硬度分布曲线

通过对扩散接头的微观组织研究可以发现,当连接温度升高时,连接接头的焊合率也会相应增加,与此同时在界面区域会生成较多的强化相,且强化相的含量与温度有一定的关系;在540℃时生成大量明显的白色析出相,延长保温时间可以使界面处的焊合率提高到90%以上,可以使连接界面处的无析出区逐渐消失,开始出现析出的强化相;在表面粗糙度较大(600#)时,扩散通道受阻,不能有效地进行扩散运动,在表面粗糙度较小(1000#)时,连接界面过于光滑,因为没有有效的局部接触,所以不会出现足以导致氧化膜破裂的局部塑性变形;当表面粗糙度为800#时,在加载压力的时候连接界面处刚好可以产生足够的塑性变形,从而可以进行有效的扩散连接。

通过对接头区能谱分析可知,界面处阻碍材料原子扩散的主要为三氧化二铝薄层;黑色析出相为 Mg-AlLi 相,白色强化相中存在较多 Fe 元素。

对连接接头进行力学性能分析可以发现:在一定的温度范围内随着扩散温度的提高,剪切强度逐渐降低;随着时间的增加剪切强度增大;当表面粗糙度为800#时可以获得较好的接头剪切性能,扩散连接接头剪切断裂的部位基本上发生在母材,断裂形式主要是混合型的,由图 7-44 可知,接头连接强度远远超过母材强度。

因此,5A90 铝锂合金扩散连接比较优异工艺参数为连接温度540℃左右、保温时间2.5h、表面粗糙度为800#,此时接头的组织性能比较优异,剪切强度达到最大为143MPa。

7.5 5A90 铝锂合金双层中空结构有限元模拟及超塑成形/扩散连接工艺

由于 5A90 铝锂合金在常温进行冷成形时具有比较差的延展性,在冷冲压等工艺中易于破裂,加工成形难度比较大,所以本节主要针对其热成形工艺进行研究,与有限元数值模拟技术相配合进行中空双层结构 SPF/DB 复合工艺的研究。

首先采用 MARC 软件对 5A90 铝锂合金中空双层结构件进行超塑成形过程有限元模拟,对结构件进行质量优化和预测壁厚分布情况,利用有限元软件的自动加载功能模块,得到时间—压力加载曲线。根据板材基本性能试验及有限元模拟结果,确定成形工艺参数,制定工艺流程,利用 SPF/DB 复合工艺成形得到外观质量良好的 5A90 铝锂合金中空双层结构件。

7.5.1 铝锂合金双层中空结构有限元模拟

5A90 铝锂合金中空双层结构超塑成形过程进行模拟的模具设计尺寸为 82mm × 82mm × 25mm,最佳的超塑成形温度为 400℃,由于在此温度下 5A90 铝锂合金具有较低的流动应力,具有较大的延伸率,即具有较好的超塑性能,超塑成形设备所施加的压力都由成形模具承受。试验中的模具选材为 1Cr18Ni9Ti 常规的高温不锈钢,此种材料可以承受较大的变形抗力,试验中压力设备所施加在成形模具上面的力不会使模具变形,可以认为成形模具为刚性体,也就是非变形体,板料为变形体。导入模型几何体,进行建模模具几何体在下面,板料几何体在上面,利用软件中 CONVERT 功能对板材进行网格划分,共划分 6400 个单元,修整划分的网格,初始模型如图 7 – 45 所示。

图 7 – 45　有限元几何模型

首先是有限元边界条件设定:模型需要满足左右中心对称的边界条件为 $X = 0$,前后中心对称的边界条件为 $Z = 0$;在模拟过程中板料要保证压边的部分不出现位移,位移固定的边界条件为 $X = Y = Z = 0$,中空双层结构件中间位置存在十字交叉的扩散连接区域,扩散连接区域在成形前后的位置不发生变化。因此,在有限元数值模拟过程中需要对扩散连接区域进行一定的处理,对扩散连接区域进行边界条件的设定,扩散区域位移限定为0。板料边界条件如图7-46所示。

图7-46 边界条件

本次模拟由变形体板料和刚体模具两个接触体(CONTACT BODY)构成,超塑成形中板料和模具之间存在摩擦作用,摩擦系数设定为0.2,摩擦力的计算选取双线性摩擦模型(BILINEAR),该模型是建立在接触体之间的相对运动的基础上。

图7-47为中空双层结构件壁厚随时间变化的有限元数值模拟图。从图中可

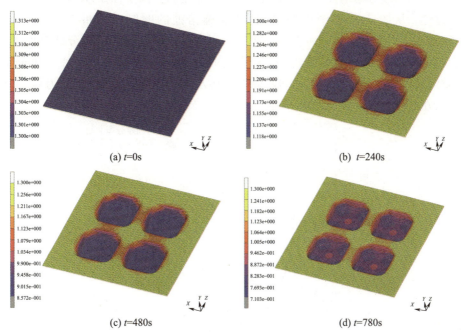

图7-47 双层结构件有限元数值模拟结果
(a)$t=0$s;(b)$t=240$s;(c)$t=480$s;(d)$t=780$s。

以看出,不同时刻板料厚度的变化,由于在模拟之前已经在板料扩散连接部位施加了一定的边界条件,确保扩散连接部位不会产生位移变化,没有施加边界条件的部位为变形的部分,为网格划分较密集的区域。超塑变形时,首先是各型腔的中间部分变形与模具进行贴合,最后是圆角处的成形与贴合,此处也是板料变形后厚度方向减薄最严重的部分,在圆角处需要较大的成形作用力才能保证圆角的成形。直立筋部分的厚度变化也是比较大的,此处是由扩散连接部分两侧弯曲变形之后形成的。此时,板料要受到一定的拉应力作用,导致壁厚减薄。此作用力也会作用在扩散连接区域,会使扩散连接的区域发生变窄。同时这也是壁厚减薄较为严重的区域。从有限元数值模拟结果可以看出,板料整体的厚度没有明显的变化,成形之后在凹槽圆角处减薄最严重为 0.84mm 左右,其余的部分壁厚在 0.9mm 左右,整体结构件的厚度差异不大,减薄不是很严重。

使用 MSC. MARC 软件得到了超塑成形结构件的最终的壁厚分布图,如图 7-48 所示。模拟中不同的成形时刻壁厚分布的不同是通过不同壁厚颜色呈现出来的,分析壁厚分布,能够更为直观地了解到板材的成形性能,对厚度变化部分相应的变化情况有一个更为良好的把握;同时还能够对各部位的变薄程度,以及对 SPF/DB 复合工艺在一定程度上起到指导作用。

由于超塑成形结构件具有对称结构,所以在相同方向上面壁厚的分布图也具有对称性。从图 7-48 中可以看出,凹模圆角处的壁厚减薄最严重,减薄了 0.45mm 左右,减薄率为 35% 左右。由于边界条件的限制压边的部分减薄程度很小,在直立筋部分减薄速率最快,方格型腔内板材贴模后整体的厚度在 0.9mm 左右,整体结构件各部分减薄不均匀的原因是到方格形结构件变形过程较为复杂,导致板料在贴模时各部位变形量不同。

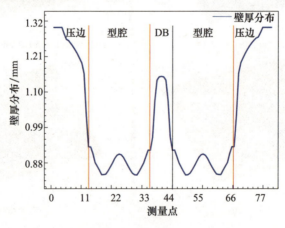

图 7-48 壁厚分布

对于超塑性的材料来说，m 是较为重要的参数，材料的均匀变形能力随着 m 的增大逐渐而变好，然而 m 是由多种因素控制的，如变形温度、应变速率等。通常情况下，对于超塑成形来说，超塑性变形的温度保持不变，改变的是材料的应变速率，试验中应变速率的施加方式主要是通过加载的压力控制的，加载方式选取的合适，可以使材料在变形过程中保持较大的 m 值，能够阻碍材料的局部变形，防止颈缩问题，使材料变形有效进行，也就是板料的厚度变化比较小。

在超塑成形过程中，材料变形的应变速率是影响结构件成形的重要因素，应变速率直接对板料壁厚有重要的影响，所以在成形中控制应变速率在最佳的范围是成形优良结构的关键问题。因此在超塑成形之前需要知道压力加载—时间曲线，才可以控制每一步的应变速率。在 MARC 软件中，可以采用等应变速率 $0.001s^{-1}$ 加载的方式，计算每一步步长时所施加的加载压力，最后整合出整个超塑成形过程中的时间—压力加载曲线，如图 7-49 所示。

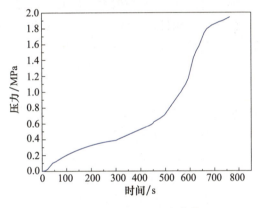

图 7-49　时间—压力曲线

通过图 7-49 能够得出，在中空双层结构件超塑成形过程时，对于压力的需要不是很大，成形时间也不是很长，板料初始成形过程中，需要较小的加载压力，压力没有超过 0.3MPa，保温继续成形到大约 7min 时，压力开始逐渐地增加大约达到 0.9MPa，随后压力突然明显增加，时间—压力加载曲线出现陡坡的现象（这主要是成形板料贴模时需要较大的压力，对于变形量越大的部分，所需要的压力也越大，在曲线中压力加载后期需要较大的压力是用于凹模圆角处的部位的成形）。

7.5.2　铝锂合金双层中空结构超塑成形/扩散连接工艺

5A90 铝锂合金 SPF/DB 复合工艺整体试验方案如图 7-50 所示。

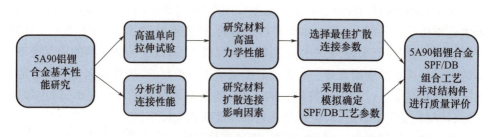

图7-50 5A90铝锂合金超塑成形/扩散连接复合工艺流程图

由此可知：在不同变形温度（340℃、370℃、400℃、430℃、460℃、490℃）和不同应变速率（$1\times10^{-3}s^{-1}$、$5\times10^{-4}s^{-1}$、$1\times10^{-4}s^{-1}$）下，进行高温单向拉伸试验，分析应力—应变曲线的特点，得到其力学性能具体数值，如屈服强度、拉伸强度和延伸率，从而得到5A90铝锂合金最佳的超塑成形试验的参数。用SEM观察微观组织结构、拉伸断口分析变形断裂理论，为以后的相关研究工作起指导作用。

5A90铝锂合金中空双层结构件的SPF/DB复合工艺包括超塑成形和扩散连接两个工序，需要确保扩散连接区域的有效接合，型腔成形区域不允许参与扩散连接，需要通过涂抹氮化硼作为保护介质防止其被连接在一起，保证型腔的成形质量。本成形件超塑成形的压力主要来源于氩气的压力，一般为2MPa左右，中空双层结构件的成形质量与气路和成形模具的排气孔位置都有重要的关系，所以需要合理的设计气路，保证在成形过程中每一部分受力均匀，保证结构件的外形尺寸。

图7-51为采用SPF/DB复合工艺成形的中空双层结构件。从图中可以了解到，结构件外形质量比较规整，表面比较光滑，不存在外形缺陷，成形质量较好。图7-51（d）为成形结构件的剖面分解图。由图可以看出，扩散连接部分无明显的未连接部位，在型腔部分的成形中成形质量比较良好，可以证明在超塑成形过程中板材在凹模中贴模比较完好，且成形过程所加载压力比较适合5A90铝锂合金的超塑成形工艺。

图7-52为5A90铝锂合金中空双层结构件扩散区域的扫描图像，图7-51（a）为放大倍数为500时的连接接头情况，图7-51（b）为放大倍数为2000时的连接接头情况。由图可以看出：扩散连接界面的连接情况良好，在连接界面处存在无析出区，在高倍数下可以看见接头区域的存在一定的空洞，导致连接界面没有完全的闭合，界面呈现出断续的状态；但是从整个连接接头的情况来看，扩散连接接头的质量还是比较好的。5A90铝锂合金中空双层结构件SPF/DB复合工艺在370～490℃温度范围内，随着试验温度的提高，合金流动应力在逐渐地降低，且材料的显微组织逐渐向完全的等轴晶转变；随着应变速率的减小，合金流动应力也相应减小；当变形温度为400℃、应变速率为$0.001s^{-1}$时，材料延伸率可以达到最大值，在

230%左右;材料在高温变形时的断裂主要是微孔聚集导致的。5A90 铝锂合金的高温本构方程为

$$\dot{\varepsilon} = 3.25123 \times 10^7 [\sinh(0.04648\sigma)]^{3.65802} \exp\left(-\frac{147374.7249}{RT}\right) \quad (7-5)$$

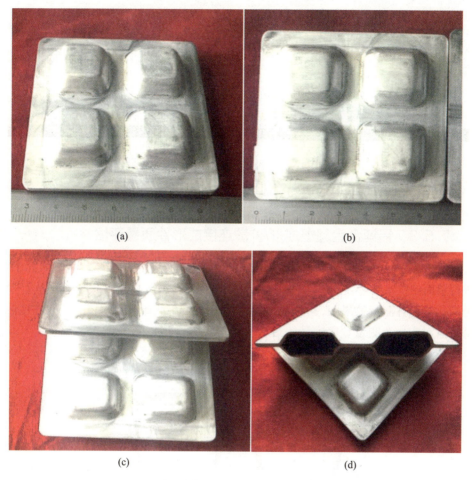

图 7-51　5A90 铝锂合金 SPF/DB 中空双层结构件
(a)正面1;(b)正面2;(c)侧面;(d)截面。

随着扩散连接温度的提高,5A90 铝锂合金接头的焊合率、新界面的形成质量都明显提高。随着保温时间的增加,界面处孔洞逐渐消失。温度过高和保温时间过长都会导致晶粒长大现象严重,并使得强化相少量析出,会降低接头的使用性能。表面粗糙度过大或过小都会使得扩散连接接头性能降低。对于剪切试验,扩散连接接头均断裂于母材处。综合分析组织与性能的内部关系可以得到较为优异的扩散连接工艺参数:连接温度为 540℃、保温时间为 2.5h、表面粗糙度为 800#。

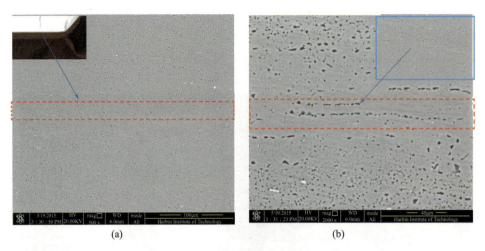

图 7-52 双层结构扩散连接界面

(a)500 倍;(b)2000 倍。

7.5.3 铝锂合金超塑成形/扩散连接成形件质量评估

5A90 铝锂合金 SPF/DB 双层结构件具有对称特性,对于其壁厚分布的研究主要进行单面的壁厚测量,通过线切割将结构件进行剖解,测量其截面的厚度。图 7-53 为简化结构件测量效果图,共测量 22 个点,包括压边部分、型腔部分、扩散连接区,每个点对应一个测量顺序标号。测量结果如表 7-17 所列。

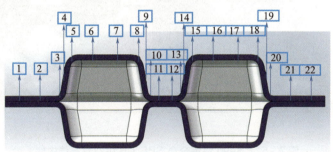

图 7-53 壁厚测量效果图

表 7-17 壁厚分布

标号	1	2	3	4	5	6	8	9	10	11
壁厚/mm	1.28	1.26	1.10	1.20	0.82	1.16	0.78	1.10	1.08	1.24
标号	12	13	14	15	16	17	19	20	21	22
壁厚/mm	1.26	1.06	1.10	0.84	1.12	1.14	1.10	1.06	1.26	1.26

绘制中空双层结构件实际的壁厚随测量点变化的曲线并与有限元模拟结果相对比,实际壁厚分布曲线如图7-54所示。

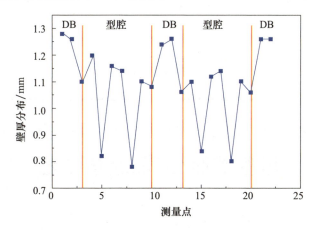

图7-54 中空双层结构件壁厚分布曲线

由图7-54可知,中空双层结构件整体壁厚分布波动较大,扩散连接区域厚度变化不明显,壁厚减薄的区域基本上主要集中在型腔部位,在型腔部位的凹模圆角过渡区域减薄最明显,而与扩散连接部位相接处的圆角区的变薄都比较接近,壁厚在1.10mm附近波动,减薄率约为15%,在凹模圆角处壁厚减薄比较严重,壁厚约为0.80mm,减薄率约为38%,与两圆角接触的侧壁的壁厚呈逐渐过渡的趋势,从1.10mm逐渐的变化到0.83mm左右。由于结构件具有对称的特点,从壁厚分布曲线中也可以看到壁厚部分的对称趋势。对比分析实际中空双层结构成形件的壁厚与有限元数值模拟的壁厚分布曲线,可以发现壁厚变化的规律比较吻合,在相应位置基本上都是比较接近的,壁厚减薄最明显的区域为凹模圆角过渡区,此处在成形过程中极容易破裂。

参考文献

[1] 李劲风,郑子樵,陈永来,等. 铝锂合金及其在航天工业上的应用[J]. 宇航材料工艺,2012,42(01):13-19.

[2] 杜志豪. TA15钛合金多层结构SPF/DB工艺与评价[D]. 哈尔滨:哈尔滨工业大学,2012.

[3] A. Deschamps, C. Sigli, T. Mourey. Experimental and modelling assessment of precipitation kinetics in an Al-Li-Mg alloy[J]. Acta Mater., 2012 (60):1917-1928.

第8章

Mg–Gd–Y–Zn–Zr 稀土镁合金中空结构超塑成形/扩散连接工艺

8.1 Mg–Gd–Y–Zn–Zr 稀土镁合金材料介绍

稀土镁合金是近年来材料领域的研究热点之一[1],在镁合金中添加稀土元素能提高合金的室温强度、高温强度、高温蠕变抗力,改善合金的耐蚀性和铸造性,使稀土镁合金(Mg–RE)系合金具有较高的高温强度、优良的抗蠕变性能、良好的耐热性和耐腐蚀性[2]。稀土镁合金使用常规的方法加工困难,常温下难以成形。不过,某些稀土镁合金在高温下展现出良好的超塑性,超塑成形及 SPF/DB 复合工艺就成了高塑性镁合金的重要加工成形技术。目前,超塑成形及 SPF/DB 复合工艺在钛合金及铝合金材料中应用最多,且技术也比较成熟,但在镁合金方面的应用很少。

目前,稀土镁合金 SPF/DB 构件逐渐发展到复杂的多层构件,采用 SPF/DB 构件与采用传统的钢结构相比可以减重 20%~40%,降低制造成本 20%~50%[3]。这无疑对于航空航天及汽车领域轻量化的发展具有现实意义。从非承载零部件逐渐发展到承载零部件,开发高强韧、耐疲劳零部件将是未来稀土镁合金材料在轨道交通中应用的发展趋势[4-5]。

8.2 Mg–Gd–Y–Zn–Zr 合金板材超塑性能研究

提高镁合金力学性能最常用的方法是合金化,而在所有能够提高镁合金性能的合金元素中,稀土元素(rare earth element)的作用最为显著[6-7]。目前研究最多的合金系是 Mg–Gd 系和 Mg–Y 系合金。

Mg–Gd–Y–Zn–Zr 合金是一种典型的高性能轻金属材料,关于 Mg–Gd–Y–

Zn-Zr 合金的高温力学性能研究较少。国内已进行的研究多集中在室温力学性能及熔铸方面。因此,采用 Mg-Gd-Y-Zn-Zr 合金单向高温拉伸试验来研究母材的力学性能,根据试验结果分析拉伸变形参数对其性能的影响,为 SPF/RDB 复合工艺制定提供依据。因为镁合金极为活泼,暴露在空气中极易生成致密的氧化膜,极大地影响了镁合金的扩散连接。引入铜为中间层与镁合金发生固相反应,生成新相从而完成固相连接(RDB)。此种方法解决了氧化膜的问题,且反应扩散连接可以在较小的压力下进行(2~4MPa),减小了对成形设备的需求和对模具的损坏,大大节约了成本。

8.2.1 Mg-Gd-Y-Zn-Zr 合金板材超塑性

Mg-8.3Gd-2.9Y-0.8Zn-0.2Zr 是稀土镁合金的名义成分。图 8-1 所示为锻态合金的显微组织。

图 8-1 锻态合金显微组织

锻态镁合金晶粒尺寸为 20~50μm,主要是由 α-Mg 基体和长周期相组成,这些长周期相呈大块层片状起始于晶界,向基体内部延伸。表 8-1 列出锻态的稀土镁合金室温力学性能。

表 8-1 锻态稀土镁合金室温力学性能

抗拉强度 σ_b/MPa	屈服强度 $\sigma_{0.2}$/MPa	延伸率 δ/%
307.24	170.27	4.39

为后续多层结构的制备,对该镁合金进行了热轧,将锻饼切成 100mm×100mm×10mm 和 30mm×30mm×10mm 的小块,轧前将锻态块料进行 440℃、10h 的退火处理。

热轧前,将板料在 450℃ 电阻炉中保温 30min。因为镁合金在低温下变形是很困难的,如果使用常温轧辊,轧制过程中板材的温度会急剧下降,板材很容易出现裂纹,故轧前需将轧辊加热到450℃以减少轧制过程中的热量损失;此外,每轧一道次,将板料放回炉中保温20min。镁合金热轧工艺如表8-2所列。

表8-2 镁合金热轧工艺

轧制道次	轧制温度/℃	轧辊速度/(m/min)	道次变形量/%	扎前板厚/mm	扎后板厚/mm
1	450	2	15	10	8.50
2	450	2	30	8.5	5.95
3	450	2	30	5.95	4.17
4	450	2	20	4.17	3.33
5	450	2	20	3.33	2.67
6	450	2	20	2.67	2.13

图8-2和图8-3所示分别为热轧后的板材和热轧后板材微观组织。锻态镁合金中含有较多的长周期相和经过锻压破碎再结晶细化的小晶粒(尺寸介于20~50μm),热轧后的镁合金晶粒和锻态晶粒相差不大,但多为等轴晶且分布均匀,应该具有比锻态合金更好的超塑性能。表8-3列出热轧态的稀土镁合金室温力学性能。

图8-2 热轧后板材　　图8-3 热轧后板材微观组织

表8-3 热轧态稀土镁合金室温力学性能

抗拉强度 σ_b/MPa	屈服强度 $\sigma_{0.2}$/MPa	延伸率 δ/%
340.57	202.36	11.10

组织的明显差异,导致板材的力学性能差异较大,图8-4为挤压变形后的Mg-Gd-Y-Zr镁合金组织铸态合金的屈服强度为144MPa,抗拉强度为230MPa,延伸率为10.71%。经过热挤压变形处理后,屈服强度和抗拉强度有明显的提升。通过挤压温度为400℃,挤压速度为0.5mm/s挤压工艺得到的稀土镁板材合金,其屈服强度提高到211MPa,抗拉强度提高到306MPa,延伸率提高到28.66%。

第8章　Mg–Gd–Y–Zn–Zr 稀土镁合金中空结构超塑成形/扩散连接工艺

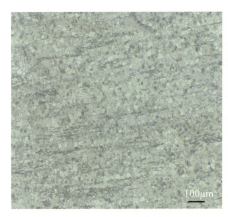
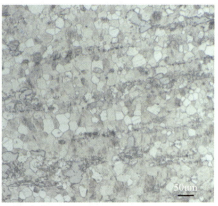

图8–4　挤压变形后的 Mg–Gd–Y–Zr 镁合金组织

可见，由于镁合金属于密排六方结构室温下滑移面和滑移系都比较少，故延伸率较差；但试验需在高温下成形，因此需要对其高温性能进行研究。

高温拉伸试验是在 AG–Xplus100KN 电子万能材料试验机上完成，如图 8–5 所示。试验机通过移动下横梁进行拉伸试验，通过力和位移传感器及数/模转换器，用计算机记录载荷(P)—位移(L)曲线。试验高温炉为垂直对开型，由电阻丝加热，最高使用温度可达1000℃。在拉伸机移动横梁处安装循环冷却水，保护拉伸臂不受损坏。试验机采用计算机编程控制，可以精确地控制加热温度、加热速度、变形速度和变形量等，试验数据可进行实时跟踪和记录。

图8–5　电子万能材料试验机

试样是通过线切割的方法得到的，试验开始前需要对拉伸试样进行处理，用 SiC 砂纸将试样表面、侧面及圆角处逐级打磨到800#，以防止线切割缺陷造成试样过早断裂。试验参数如表 8–4 所列，采用20℃/min的升温速率达到目标温度后，将拉伸试样放入拉伸夹具中,保温 5min,以保证试样温度达到设定温度。试样尺寸如图 8-6 所示。

表 8-4　高温拉伸试验参数

试验温度/℃	425	450	475
应变速率/s^{-1}	0.005	0.001	0.0005

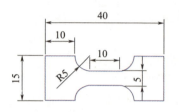
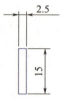

图 8-6　高温拉伸试样(单位:mm)

不同变形条件下的高温拉伸试样如图 8-7 所示。

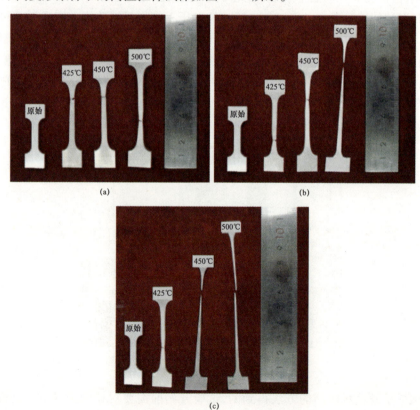

图 8-7　不同变形温度及速率下的高温拉伸试样

(a)0.005s^{-1} 时高温拉伸试样;(b)0.001s^{-1} 时高温拉伸试样;(c)0.0005s^{-1} 时高温拉伸试样。

第8章　Mg-Gd-Y-Zn-Zr 稀土镁合金中空结构超塑成形/扩散连接工艺

一般情况下,材料韧性断裂后,可以清晰地在韧窝底部观察到夹杂物或第二相质点,因为这类质点与基体之间的结合力较弱,在外力作用下很容易在界面发生破裂而形成微孔,断口呈现微孔聚集型。但材料超塑性断裂后,在韧窝底部观察不到第二相质点。超塑性断裂机制为空洞聚集与空洞连接,它包括:空洞的形核,孤立空洞的长大,孤立空洞连接成"横向裂纹段","横向裂纹段"通过倾斜晶界连接成"曲折裂纹","曲折裂纹"互相连接而导致断裂这几个阶段。在超塑性变形初期,空位优先流向垂直于拉伸应力的横向晶界,由于晶界滑动,空位在晶粒交合处或晶界张坎上聚集,形成晶界空洞的核心。借助应力和空位流的聚集作用(这种聚集作用来自空洞核心对空位的吸引力,从而可以降低整个体系的自由能),单个空位核心长大成为可见的 V 形或 O 形空洞,它们也优先沿横向晶界长大。孤立分散的空洞优先沿着横向晶界连接起来,形成"横向裂纹段"。这时裂纹段的发展虽然由于三晶粒交合点的阻碍而暂缓,但在外应力和空位流的联合作用下这类"曲折裂纹"增多。相邻的"曲折裂纹"通过倾斜的晶界扩散或与其上的空洞联合而相互连接成"曲折裂纹",裂纹尺寸迅速扩大,这时已进入裂纹失稳扩展阶段。"曲折裂纹"进一步连接,当裂纹达到一定尺寸后,试样断裂。图 8-8 为 450℃时 Mg-Gd-Y-Zr 镁合金拉伸试样断口形貌。

图 8-9 为应变速率 $5.0 \times 10^{-3} s^{-1}$ 时不同温度 Mg-Gd-Y-Zr 合金拉伸后试样表面。通过观察试样断口附近的尖部和远离断口于试样夹持端中间的中部可以发现,相同应变速率下,在 475℃试样表面的中部出现了许多空洞,而在 450℃试样则没有发现这种现象。

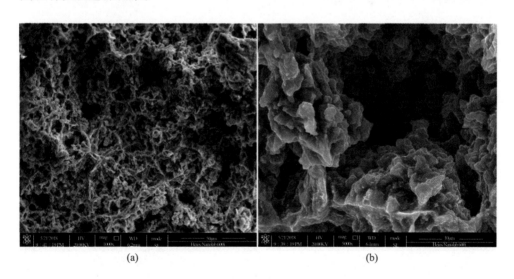

(a)　　　　　　　　　　(b)

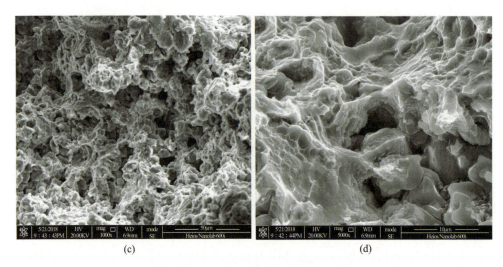

图 8-8　450℃合金拉伸试样断口形貌

(a)、(b)应变速率为 $1.0\times10^{-2}s^{-1}$；(c)、(d)应变速率为 $1.0\times10^{-3}s^{-1}$。

二者在近邻断口的尖部都出现了大量的空洞,试样在断口附近都遭受到了严重的破坏。断口附近的有些空洞尺寸甚至很大。这表明二者在试样断裂瞬间破坏的程度基本相近,但是在高温拉伸过程中,相对于450℃时,在475℃试样不仅在断裂瞬间出现了空洞,而且在拉伸过程中也出现空洞。这也许是变形条件所造成的差异,因而使得应变有所不同。图 8-10 所示为在应变速率为 $5.0\times10^{-3}s^{-1}$ 下不同温度镁合金拉伸后试样表面。

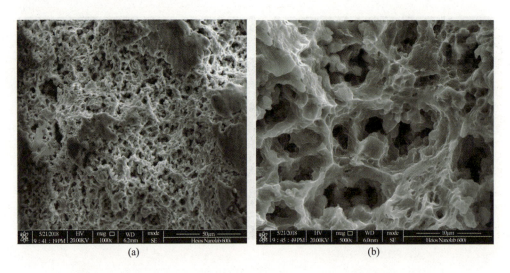

第 8 章　Mg‑Gd‑Y‑Zn‑Zr 稀土镁合金中空结构超塑成形/扩散连接工艺

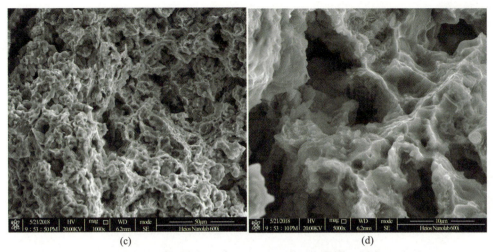

图 8‑9　应变速率为 $5.0 \times 10^{-3} s^{-1}$ 镁合金拉伸试样断口形貌

(a)、(b)变形温度为 450℃；(c)、(d)变形温度为 475℃。

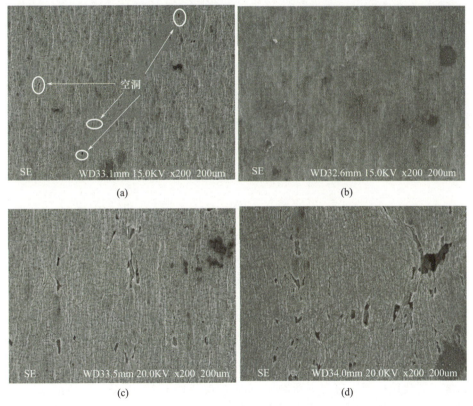

图 8‑10　应变速率 $5.0 \times 10^{-3} s^{-1}$ 下不同温度合金拉伸后试样表面

(a)变形温度 475℃,中部；(b)变形温度 450℃,中部；(c)475℃,尖部；(d)450℃,尖部。

8.2.2 Mg-Gd-Y-Zn-Zr 合金超塑性变形行为

图 8-11 为不同温度和不同应变速率下的 Mg-Gd-Y-Zn-Zr 合金的真实应力—应变曲线。从图中可以看出：在相同应变速率条件下，随着温度的升高，流动应力降低，延伸率提高；在相同温度条件下，随着应变速率的提高，流动应力提高，延伸率减小。图中所有的曲线都呈现出相似的结构，大致可以分为三个阶段：第一阶段是在峰值应变之前的变形开始阶段，流动应力急剧增加，直至增加到最大值，表现为曲线呈现很陡的斜率；第二阶段从峰值应变开始直到颈缩出现，该阶段流动应力降低速率越来越慢，逐渐趋于线性，该阶段的变形相对比较稳定；第三阶段从局部颈缩开始直至试样断裂，此阶段在图 8-11 中表现得并不明显，试样在断裂时，流动应力很小，因此并不能看到明显的流动应力下降趋势。

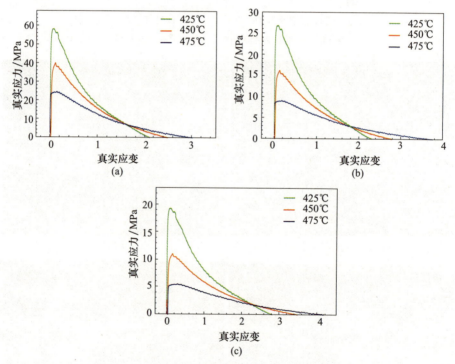

图 8-11 不同拉伸速率下的真实应力—应变曲线

(a)应变速率为 $0.005s^{-1}$；(b)应变速率为 $0.001s^{-1}$；(c)应变速率为 $0.0005s^{-1}$。

加工硬化、动态软化和裂纹扩展分别为三个阶段的主要变形机制。在第一阶段，加工硬化使得流动应力不断增加，而在高温条件下 Mg-Gd-Y-Zn-Zr 合金会发生明显的材料软化，随着温度的逐渐提高，合金的流动应力不断减小，可能是因为材料在高温变形时，第二相粒子对位错运动的钉扎作用减弱，温度越高，钉扎作用越小,派纳力越小,所需的外力克服障碍就越容易、越小,流变应力越小;材料在较高温度条件下变形,基体内部的刃型位错的攀移能够得到充分进行,与螺型位错的交滑移造成大量位错的相互抵消,大大减小了位错密度,消除了部分加工硬化。因此,合金达到峰值应力和第一阶段的应变值也相应减小,当加工硬化和动态软化达到平衡时,流动应力达到峰值。第二阶段同样存在加工硬化,但动态软化的效果更大一些,流动应力呈现出下降的趋势,当流动应力在该阶段逐渐达到稳态时,说明加工硬化导致的位错密度增加和高温动态回复造成的位错密度减小相互抵消,材料内部位错密度达到了动态平衡,应力—应变曲线逐渐趋于水平。第三阶段主要是裂纹扩展阶段,造成试样的最终断裂。

图 8-12 和图 8-13 分别为不同应变速率下抗拉强度和延伸率随温度变化的趋势。从图 8-12 可以看出,随着变形温度的升高或应变速率的降低,材料的峰值应力都出现了减小的现象,主要原因:材料在高温条件下,热激活得到了增强,位错密度减小,以及在低应变速率下,材料热变形时间增加,积累的能量增加了动态软化作用,变形储存能在再结晶过程中逐渐释放。

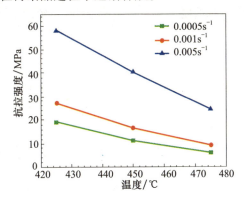

图 8-12 不同变形条件下 Mg-Gd-Y-Zn-Zr 合金的延伸率

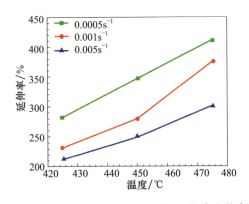

图 8-13 不同变形条件下 Mg-Gd-Y-Zn-Zr 合金的高温抗拉强度

从图 8-13 中可以看出:在相同的应变速率下,温度对延伸率的影响大致相同,随着温度的升高,延伸率提高比较明显;在不同温度下,延伸率随应变速率的增加趋势各不相同。在较高温度和较低应变速率条件下(475℃,0.0005s^{-1}),材料的延伸率最大达到 420% 左右。

m 为应变速率敏感指数,它表示应变速率对流动应力的影响。应变速率敏感指数可以通过特定应变和温度条件下的应变速率和流动应力求解:

$$m = \frac{\partial \ln\sigma}{\partial \ln\dot{\varepsilon}} \qquad (8-1)$$

应变速率敏感指数的物理意义是组织颈缩的扩展及维持变形的均匀性,因此它也可以看作应变速率硬化系数。m 值的大小表示了在给定应变速率和温度的条件下流动应力对应变速率的依赖性。

图 8-14 为 Mg-Gd-Y-Zn-Zr 合金在达到抗拉强度时的应变下,不同变形温度下根据式(8-1)通过线性拟合得到的 m 值。随着变形温度的提高,m 值增加,颈缩的转移和扩散能力更强,变形更加均匀稳定。在高温下,动态软化机制增强了变形的稳定性和均匀性,随着温度的升高,m 值和延伸率增加。

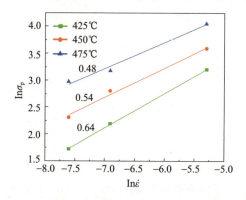

图 8-14 不同变形温度下的应变速率敏感指数

K 值可以通过 Backofen 经验方程求解,K 为常数,它与 Mg-Gd-Y-Zn-Zr 合金自身成分及变形温度有关。Backofen 经验方程为

$$\sigma = K\dot{\varepsilon}^m \qquad (8-2)$$

Mg-Gd-Y-Zn-Zr 合金在变形温度 475℃、应变速率 0.0005s^{-1} 下延伸率最大,此条件下求得的 $m=0.64$,$K=618$MPa。超塑成形仿真中可以用 m 值和 K 值来代表 Mg-Gd-Y-Zn-Zr 合金的材料属性。

通过单向高温拉伸试验对 Mg-Gd-Y-Zn-Zr 合金的高温性能进行了研究,分析了变形温度及应变速率对其应力—应变的影响,并通过数值方法计算拟合得到了 Mg-Gd-Y-Zn-Zr 合金的 m 值和 K 值。为后续的 SPF/RDB 工艺的制定提供了依据。

Mg‑Gd‑Y‑Zn‑Zr 合金在变形开始阶段流动应力急剧增大,在 $\varepsilon=0.2$ 附近达到峰值,随着变形的继续,流动应力不断减小,曲线趋于水平。Mg‑Gd‑Y‑Zn‑Zr 合金的最佳变形条件是变形温度 475℃、应变速率 $0.0005\mathrm{s}^{-1}$,延伸率可以达到 420% 左右。在变形温度一定的条件下,Mg‑Gd‑Y‑Zn‑Zr 合金的流动应力随应变速率的增大而增大,延伸率随变形速率增大而减小;在变形速率一定的条件下,Mg‑Gd‑Y‑Zn‑Zr 合金的流动应力随温度升高而减小,延伸率随温度升高而减小,在最佳变形条件下 $m=0.64$,$K=618\mathrm{MPa}$。

8.3　Mg‑Gd‑Y‑Zn‑Zr 合金扩散连接性能研究

异种材料进行扩散连接时,界面将发生化学反应,形成各种界面化合物。化学反应首先在相互接触的局部形成反应源,而后接触面积变大,反应面积也增大,反应生成的化合物也逐渐变大。当整个界面都发生化学反应时,生成相也由不连续的粒状或块状生长成层状,形成良好的扩散连接接头。

8.3.1　双层中空结构超塑成形/扩散连接工艺

本次使用的材料为锻态的 Mg‑Gd‑Y‑Zn‑Zr 合金,采用铜作为中间层,为异种材料扩散连接。为便于进行剪切测试,扩散连接使用的材料为 Mg‑Gd‑Y‑Zn‑Zr 合金锻饼由线切割工艺直接获得,分别采用尺寸为 10mm×70mm×6mm 和 30mm×70mm×6mm 的板料进行扩散连接。试验过程中为确保两块板料之间重合部位都有铜箔覆盖,铜箔应比小块板料大一些,尺寸为 15mm×70mm。板料叠放示意图如图 8‑15 所示。

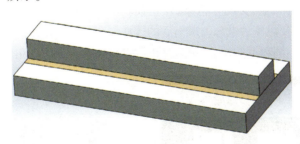

图 8‑15　板料叠放示意图

采用控制变量法,通过对试样表面粗糙度、扩散温度、加载压力进行控制,保持其他工艺因素不变,研究不同试验参数对扩散连接接头组织性能的影响,从而制定 Mg‑Gd‑Y‑Zn‑Zr 合金多层结构 SPF/RDB 的复合工艺。表 8‑5 为扩散连接试验参数。

表 8-5 扩散连接试验参数

试样编号	温度/℃	压力/MPa	保温时间/min	扩散界面粗糙度
1	440	2	30	SiC180#
2	440			SiC800#
3	440			金相砂纸 800#
4	460			SiC180#
5	460			SiC800#
6	460			金相砂纸 800#
7	480			SiC180#
8	480			SiC800#
9	480			金相砂纸 800#

模具采用两个大小相同的石墨压头即可。将处理好的板料从密封袋中取出,将大小不同的两块板料不与铜箔接触的表面喷涂氮化硼隔离剂,防止高温下镁合金与真空热压烧结炉的石墨压头发生反应。将板料按顺序叠放好后与上下压头一起装入真空炉中即可准备扩散连接试验。

具体步骤:首先打开冷却水循环系统,然后开启机械泵粗抽炉体,之后进行 30min 左右的扩散泵加热,打开真空指示计,当炉内气压至 10^0 MPa 以后,开启扩散泵进一步抽真空,当真空度达到 3×10^{-2} MPa 以下即可进行加热。先以 10℃/min 的升温速率加热至 280℃,打开压力机,对试样施加 1MPa 的压力,使镁合金表面与铜箔充分接触,再以 5℃/min 的升温速率缓慢加热到指定扩散连接温度,保温 15min,待炉内温度均匀后,将压力加到指定数值保温 30min 即可完成扩散连接。卸载压力,停止加热,待温度降至 150℃后,关闭扩散泵,停止抽真空,温度降至 80℃后,打开炉门取出试样,关闭冷却水及热压炉电源。取出后的试样如图 8-16 所示。从图中可以看出,连接界面发生了不同程度的熔化,可能是扩散过程中生成低熔点相导致。

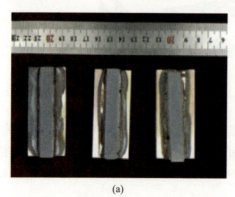

(a)

(b)

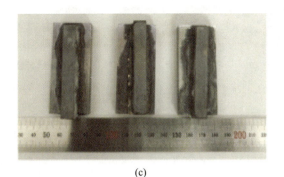

(c)

图 8-16　不同参数扩散连接后试样

注:图(a)、图(b)、图(c)试验温度分别为 440℃、460℃、480℃,从左到右连接
表面粗糙度依次增加,分别为 SiC180#,SiC800#,金相砂纸 800#。

8.3.2　Mg-Gd-Y-Zn-Zr 合金连接机理分析

图 8-17 为 Mg/Cu 二元相图。从图中可知,Cu 的熔点为 1084.57℃,Mg 的熔点为 650℃。Mg-Cu 之间可以形成 Mg_2Cu,Cu_2Mg 金属间化合物以及 Mg、Cu 固溶体组织。室温下,镁在铜中的溶解度在 4%(原子分数)左右,铜在固态镁中几乎不溶[9]。

图 8-18、图 8-19 所示为扩散温度 440℃、扩散界面粗糙度为金相砂纸 800# 的界面反应层微观组织。从图中可以看出,整个扩散区域内组织致密,无裂缝、气孔、未焊合等焊接缺陷。界面反应区主要分为镁基体区、扩散过渡区及焊缝区三个部分。

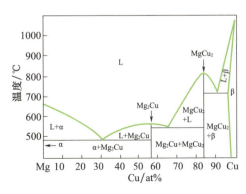

图 8-17　Mg-Cu 二元相图

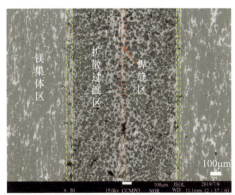

图 8-18　440℃、界面粗糙度为金相砂纸 800#下 50 倍微观组织图

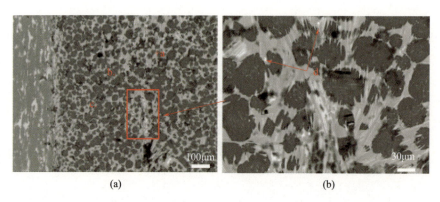

图 8-19　440℃、界面粗糙度为 800#下 100 倍和 400 倍微观组织图

为了准确分析界面反应层的微观组织，采用 SEM 自带的能谱分析对图 8-19 中的特征点进行元素分析，所得各个点的成分数据见表 8-6。a 点位于焊缝附近，Cu 原子分数为 96.79%，Mg 原子分数为 3.21%，可推断 a 点及与 a 点类似的组织主要为 Cu(Mg)固溶体；b 点位于扩散过渡区中的晶粒位置，该处 μg 原子分数为 95.62%，Cu 原子分数为 4.38%，可推断该处为 α-Mg 固溶体组织；c 点位于扩散过渡区的晶界附近，该处 Mg 原子分数为 32.18%，Cu 原子分数为 67.82%，Cu 与 Mg 原子分数大约为 2∶1，可初步判定该区域组织为 Cu_2Mg 金属间化合物；d 点为扩散过渡区中晶界附近的白色颗粒状物质，该处 Cu 原子分数为 68.47%，Mg 原子分数为 31.53%，根据原子分数可知白色颗粒状物质为 Mg_2Cu 相。

表 8-6　界面反应层不同区域元素能谱分析（原子分数%）

元素	a	b	c	d
Mg	3.21	95.62	32.18	68.47
Cu	96.79	4.38	67.82	31.53

有研究表明[10]，对紧密接触的二元金属进行加热，原子会被激活，由于异种原子之间存在浓度梯度，二元金属将发生相互扩散形成固溶体，当超过其固溶度时，达到过饱和状态，组织失去稳定性从而形成新的晶核，晶核不断长大形成新相，即金属间化合物层。由镁铜熔点可知，镁元素在相同的温度下更容易分解出镁原子并发生扩散。扩散初始阶段，在浓度梯度作用下，镁铜原子间发生相互扩散。由于 Mg 在 Cu 中的固溶度较小，故在铜基体侧很快形成饱和态的 Cu(Mg)固溶体，随着保温时间的延长，固溶体失稳首先形成 Cu_2Mg 金属间化合物层。由于铜几乎在镁中不溶，所以在镁基体侧，原子在位错、空位等缺陷较多的晶界处扩散速率较快，被激活的铜原子优先选择延镁基体的晶界发生扩散。当镁铜原子分数达到 2∶1 时，

形成 Mg_2Cu 化合物相沉淀析出。

图 8-20 为 440℃、界面粗糙度为 SiC180#的试样焊缝处的线扫描分析。图 8-21 为 480℃、界面粗糙度为金相砂纸 800#的试样元素面分布。从图中可以看出,扩散过渡区中黑色晶粒处镁元素升高,晶界处镁元素质量分数下降,铜元素质量分数升高。在元素面分布中可以看到二次电子和背散射图中,亮的部分为稀土元素富集相和镁铜化合物,分布在晶界附近,暗的部分为镁或以镁为基的固溶体,分布在晶粒内部,Cu 元素分布得比较均匀,以图中圈中部分为例,Cu、Zn 以及稀土元素分布位置大致相同,大多分布在晶界附近,再次印证了 Cu 元素是沿着晶界进行扩散的。

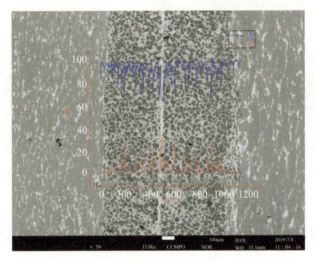

图 8-20　440℃、界面粗糙度为 SiC180#的试样焊缝处的线扫描

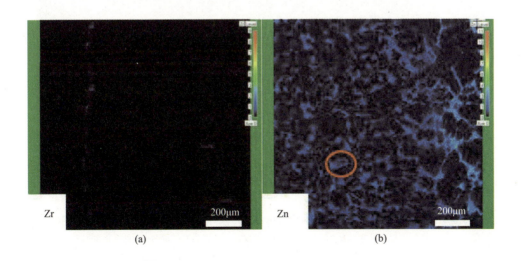

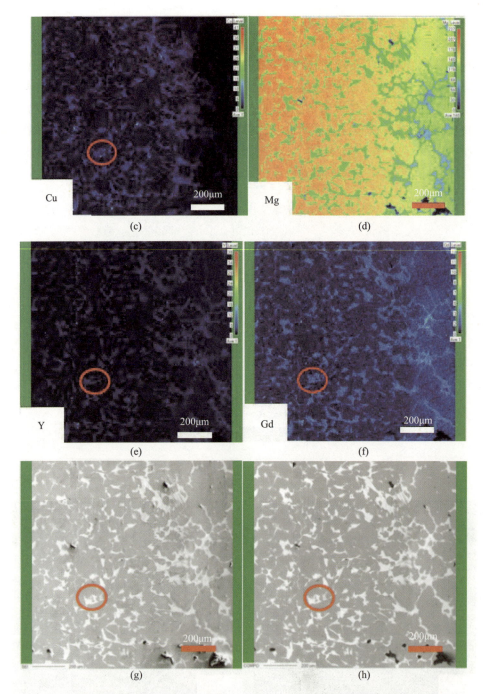

图 8-21 480℃、界面粗糙度为金相砂纸 800#的试样不同元素面分布及组织图
(a)Zr 元素面分布；(b)Zn 元素面分布；(c)Cu 元素面分布；(d)Mg 元素面分布；
(e)Y 元素面分布；(f)Gd 元素面分布；(g)二次电子图；(h)背散射图。

综上所述,界面反应层组织主要由焊缝区、扩散过渡区和镁基体区组成。其中焊缝区主要为铜基固溶体区,扩散过渡区由 Cu_2Mg 区、$\alpha-Mg$ 固溶体区以及沿其晶界分布的颗粒状 Mg_2Cu 相组成。

8.3.3　工艺参数对 Mg-Gd-Y-Zn-Zr 合金接头组织的影响

对于加入中间层的反应扩散连接来说,温度对扩散连接接头的影响可以概括为:①影响连接界面处原子的运动能力,即 Mg、Cu 元素的扩散能力;②影响接头组织的相变和再结晶过程。

扩散是原子或分子热运动在介质中发生迁移的现象,它是固体中质量传输的唯一途径。扩散的微观机理各式各样,但无论是哪种机理,都离不开扩散系数 D 与温度 T 之间的关系,其关系可以用阿仑尼乌斯(Arrhenius)公式表示:

$$D = D_0 \exp\left(-\frac{Q}{RT}\right) \tag{8-3}$$

式中:D 为扩散系数(m^2/s);Q 为扩散激活能(J/mol);R 为气体摩尔分数,R = 8.314J/(mol·K);D_0 为扩散因子(m^2/s);T 为温度(K)。

Mg、Cu 元素的扩散系数和扩散激活能如表 8-7 所列[11-12],可以根据阿仑尼乌斯方程求得任意温度下元素的扩散系数。经计算可知,在相同温度下,Cu 原子在 Mg 晶体中的扩散系数远大于 Mg 原子在 Cu 晶体中的扩散系数。以 440℃ 为例进行计算,Cu 原子在 Mg 晶体中的扩散系数为 $1.07 \times 10^{-12} m^2/s$,Mg 原子在 Cu 晶体中的扩散系数为 $0.83 \times 10^{-16} m^2/s$,二者之间相差 4 个数量级,这也是扩散界面反应层 Cu 基固溶区的面积远小于 Cu_2Mg 面积的主要原因。

表 8-7　Mg、Cu 元素的扩散因子和扩散激活能

参数	Mg	Cu	Mg 在 Cu 中	Cu 在 Mg 中
$D_0/(m^2/s)$	1.5×10^{-4}	0.2×10^{-4}	5.2×10^{-6}	1.1×10^{-3}
$Q/(J/mol)$	1.36×10^5	1.97×10^5	1.47×10^5	1.23×10^5

图 8-22 为相同扩散界面粗糙度下不同温度的焊缝处的组织。根据阿仑尼乌斯方程,可知镁、铜原子间的互扩散系数与温度之间呈现指数增长的关系,故镁基体扩散区中的 Cu_2Mg 相的面积随着温度升高也会不断地增大。扩散过渡区的宽度也随着温度的升高而变大,温度从 440℃ 升高到 460℃ 时,扩散过渡区内 $\alpha-Mg$ 固溶体区的晶粒并没有明显长大,平均尺寸约为 $30\mu m$,而在 480℃ 下,晶粒尺寸长大到 $70\mu m$ 左右,这可能对扩散连接接头的性能产生较大影响。

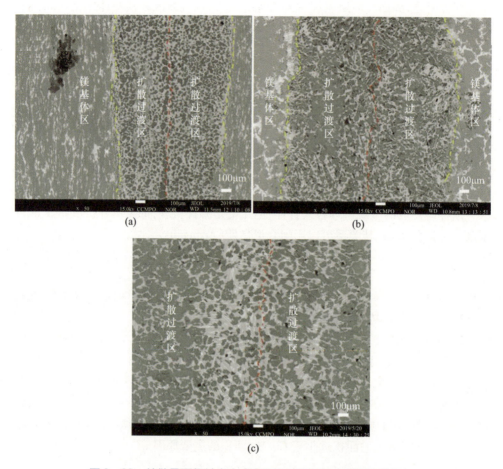

图 8-22 扩散界面粗糙度为 SiC800#时不同温度焊缝处的组织
(a)扩散温度为440℃;(b)扩散温度为460℃;(c)扩散温度为480℃。

图 8-23 所示为440℃界面粗糙度为 SiC180#的试样焊缝处微观组织图。对图中高亮部分的红点处进行能谱分析,得知 Cu 元素的原子分数高达 99.76%,有理由认为该温度下 Cu 元素并未完全扩散,有一部分 Cu 元素并未参与反应。

图 8-24 为在相同温度条件下,不同扩散界面粗糙度下的扩散连接界面反应层的组织图。可以看出,图 8-24(a)~(c)中扩散过渡区和焊缝区的宽度基本相同,晶粒大小相近,晶界处的金属间化合物层面积大小相差很小。对于反应扩散连接来说,扩散系数与表面粗糙度的关系并不大,因此扩散界面粗糙度对 Mg-Gd-Y-Zn-Zr 合金的扩散连接影响并不明显。

第 8 章　Mg–Gd–Y–Zn–Zr 稀土镁合金中空结构超塑成形/扩散连接工艺

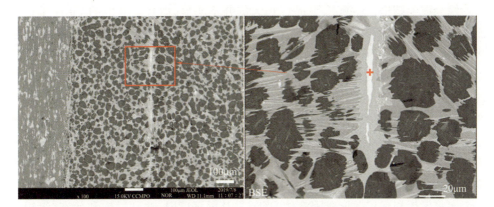

图 8–23　440℃、界面粗糙度为 SiC180#的试样焊缝处 100 倍和 500 倍微观组织图

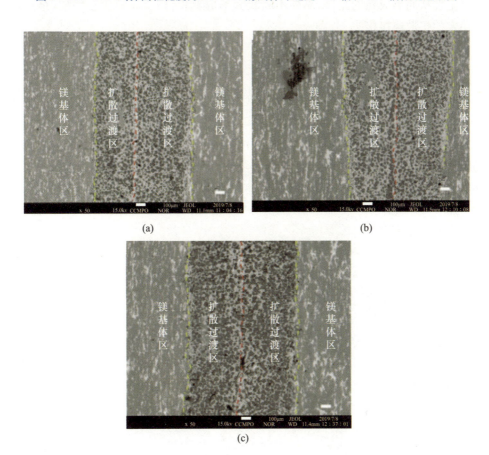

图 8–24　扩散温度为 440℃时不同扩散界面不同粗糙度焊缝处的组织
(a) SiC180#；(b) SiC800#；(c) 金相砂纸 800#。

综合以上结论,在460℃下晶粒长大的并不明显,而且焊缝区的Cu原子扩散比较完全,说明460℃是较理想的镁合金扩散连接温度。对于无中间层的扩散连接,扩散界面的粗糙程度会明显影响连接界面的微观接触。对于比较活泼的金属,以铝合金为例,同种铝合金扩散连接的主要机理:在相同温度下,铝合金和氧化铝薄膜的延伸率不同,在相同变形条件下,氧化铝薄膜首先发生破裂,在破裂的地方产生局部接触;在保温、保压的条件下,氧化膜进一步破裂,通过原子扩散的作用开始形成共晶面,随着保温保压时间的延长,氧化膜不断破裂,最终形成稳定的扩散连接接头。但是,对于采用中间层的扩散连接来说,连接的主要机理:在一定的温度和压力条件下,连接界面处的原子被激活,由于异种原子之间存在浓度梯度,二元金属将发生相互扩散形成固溶体,当超过其固溶度时,达到过饱和状态,组织失去稳定性从而形成新的晶核,晶核不断长大形成新相,即金属间化合物层,最后形成稳定的扩散连接接头。

8.3.4 扩散连接接头力学性能测试

Mg – Gd – Y – Zn – Zr 合金的扩散连接接头的剪切性能测试是在 AG – Xplus100KN 电子万能材料试验机上进行的,剪切强度可表达如下:

$$\tau = p/S = p/(a \cdot b) \tag{8-4}$$

式中:τ 为剪切强度(MPa);p 为最大剪切载荷(N);S 为扩散连接接头的连接面积(mm^2);a 为扩散连接接头的搭接长度(mm);b 为扩散连接接头的搭接宽度(mm)。

图 8 – 25 为剪切试验所用的模具及剪切示意图,强度测试所用试样为扩散连接。

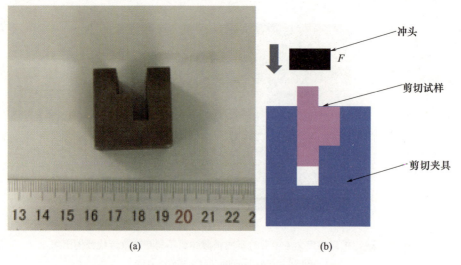

图 8 – 25 剪切模具及剪切示意图

第8章 Mg-Gd-Y-Zn-Zr 稀土镁合金中空结构超塑成形/扩散连接工艺

从试样长度方向上截取10mm,进行测试时,将 Mg-Gd-Y-Zn-Zr 合金剪切试样放置在剪切模具中,设置好万能试验机冲头的下降速率后,开始剪切,当超过试样的剪切强度时,试样分离为大小不同的两块。

图8-26为不同扩散连接条件下的接头剪切强度。图8-27为460℃,SiC砂纸180#的界面连接粗糙度的试样剪切后与基体对比图。从剪切结果可以看出,剪切强度受温度的影响比较大,而界面连接粗糙度对剪切强度的影响很小,扩散连接接头的剪切强度为106~152MPa。480℃下的剪切强度普遍较低,强度在108MPa左右,可能是该温度下 Mg-Gd-Y-Zn-Zr 合金晶粒长大软化所致。由组织照片得出,440℃下的剪切强度可以达到130MPa左右,该温度下 Cu 元素并未完全扩散,均匀性一般,但晶粒长大并不明显,460℃下的剪切强度最高可以达到150MPa左右,该温度下扩散连接界面的晶粒尺寸没有明显长大且扩散比较均匀。为了验证扩散后的试样剪切性能,将母材切成与剪切试样相同的尺寸进行剪切试验,测得母材的剪切强度达到154MPa。取9组剪切试样中强度最高的进行对比,扩散后得到的试样剪切强度可以达到基体的98.7%,剪切试样断裂在母材处,焊接质量比较好。

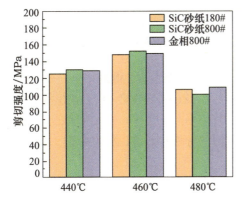

图8-26 不同扩散条件下的试样剪切强度

图8-27 460℃、SiC180#界面粗糙度的试样剪切后与基体对比

焊接温度的提高有利于提高原子的扩散能力,但并不是温度越高,力学性能就越好,同时要考虑晶粒长大对性能的影响,而扩散界面粗糙度对力学性能的影响并不大。因此,选用460℃,SiC砂纸180#的界面连接粗糙度作为 Mg-Gd-Y-Zn-Zr 合金 SPF/RDB 复合成形工艺的参考扩散连接参数。

扩散连接温度对扩散连接接头质量影响比较大。扩散温度为440℃时,焊缝区有并未完全扩散的 Cu 存在,该温度下扩散均匀性一般;扩散温度为460℃时,整个扩散过渡区扩散的比较均匀,晶粒大小与440℃时相近,为30μm;扩散温度为

480℃时,扩散均匀性提高,但是晶粒发生了明显的长大,约为70μm,可能影响其力学性能。

扩散连接界面粗糙度对连接接头的结合影响不大。为了减少工作量,扩散前用180#的SiC砂纸对试样表面进行打磨即可。

通过对连接接头进行力学性能分析可以发现,扩散连接界面粗糙度对接头力学性能影响不大,460℃下得到的扩散连接接头性能最好,剪切强度最高可达152MPa,480℃下接头性能最差,可能晶粒长大所致,力学性能的测试结果与组织分析结果基本一致。

Mg-Gd-Y-Zn-Zr合金扩散连接选用的理想工艺参数:扩散连接温度为460℃,扩散前对试样表面用180#的SiC砂纸进行打磨,扩散连接的压力为2MPa,保温时间30min,在这种条件下得到的接头组织优良,剪切强度最大为152MPa,达到母材性能的98%以上。

8.4 Mg-Gd-Y-Zn-Zr中空结构超塑成形/扩散连接模拟及芯层结构设计

8.4.1 双层中空结构超塑成形/扩散连接数值模拟

利用MSC.Marc超塑成形控制中的自动加载功能模块,得到时间—压力加载曲线。根据有限元分析结果,确定Mg-Gd-Y-Zn-Zr合金SPF/RDB复合成形工艺的超塑成形参数。

在建立有限元模型时,为了便于成形过程的分析和计算,必须对成形过程中的一些因素进行简化,在本节的有限元模拟中,对模型进行了以下简化。

(1)在成形前后,材料体积不变;
(2)板料与模具之间的采用库仑摩擦模型,摩擦系数设为0.3;
(3)板料在成形过程中和模具不产生侵入和贯穿现象。

超塑成形的模具使用Solidworks进行创建,模具圆角为2mm,拔模斜度为30°,由于模具体积大小对于仿真工作并无实际意义,因此只提取与稀土镁合金相接触的表面;同理,由于是薄板的成形,并且板料性能均匀。可以通过对镁合金板材的中性面进行提取,对板材赋予厚度的定义,从而使仿真工作更加快捷高效。由于模具是上下对称的,因此只对下模进行仿真即可。将模具和板料导入MSC.Marc中,由于成形过程中模具尺寸变化不大,因此定义模具为刚体,板料为变形体。模具与板料位置关系如图8-28所示,其中下部为成形模具的几何模型,上部为板材的几何模型,利用convert功能对板料进行网格划分。在本次模拟中,使用的单元是

Marc 单元库中的 139 号四节点薄壳单元。板料厚度为 2mm。

图 8-28 模具与板料位置关系

在整个板料上加载面载荷,方向与面板垂直,指向模具载荷施加方式选择超塑控制模块,在载荷工况中可以进行压力自动加载,从而保证了力的加载可以更好地满足设定的应变速率要求。加载的载荷定义为跟随力,保证在成形过程中施加的压力方向一直与选择的各个单元面垂直。面板位移边界条件如图 8-29 所示。面力边界条件如图 8-30 所示。

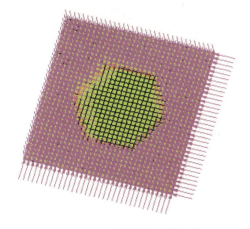 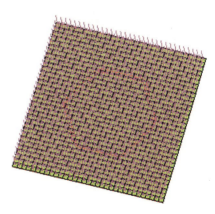

图 8-29 面板位移边界条件   图 8-30 面力边界条件

板料属性定义采用幂律模型,在系数 B 处输入 K 值,在指数 N 处输入 m 值,设置超塑性压力控制。超塑性压力范围为 0.001~10MPa,采用,目标应变速率设置为 $5 \times 10^{-4} s^{-1}$,以最大应变速率恒定法加载压力,设置总工况时间为 3000s,固定步长时间 15s,共 200 个增量步数。作业设置中分析方法选择大应变、非线性和跟随力分析,计算输出的结果选择单元厚度即可。

壁厚分布能够直观体现板材不同部位的减薄程度,通过观察不同时刻的板料厚度变化,可以对板材实际成形过程有一定间接性的理解,并对 SPF/RDB 复合成形工艺在一定程度上起到指导作用。模具高径比为 1:2、1:3、1:4 对最后成形零件板厚的影响:从不同高径比下模拟得到的成形件壁厚分布如图 8-31~图 8-33 所示。从图中可以看出,成形零件中,减薄程度最大的部位均在圆角处,最薄的厚度依次变大,对应的减薄率分别为变小。为了最后得到的成形件合适的减薄,确定最终模具高径比为1∶4。

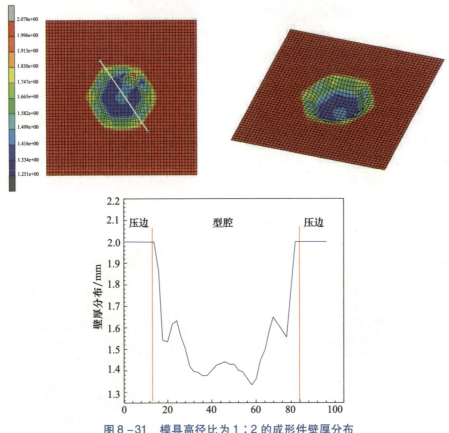

图8-31 模具高径比为1∶2的成形件壁厚分布

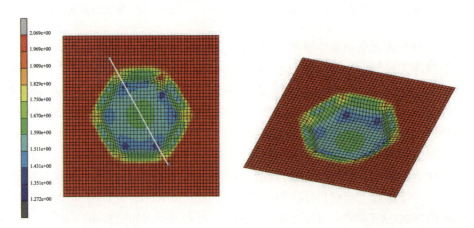

第 8 章　Mg–Gd–Y–Zn–Zr 稀土镁合金中空结构超塑成形/扩散连接工艺

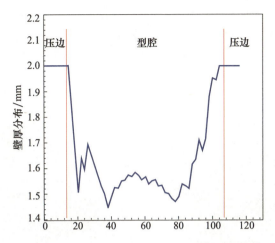

图 8-32　模具高径比为 1∶3 的成形件壁厚分布

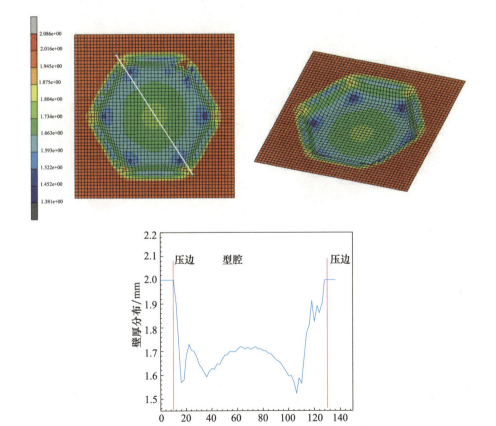

图 8-33　模具高径比为 1∶4 的成形件壁厚分布

图8-34所示为模具高径比为1∶4的双层结构件成形过程壁厚随时间变化的有限元数值模拟图。从图中可以看出,超塑成形时,首先是型腔中间部分开始变形,逐渐与模具贴合,圆角处最后成形,也是整个成形过程中减薄最严重的地方,要保证圆角处的成形,需要采用较大的成形作用力。

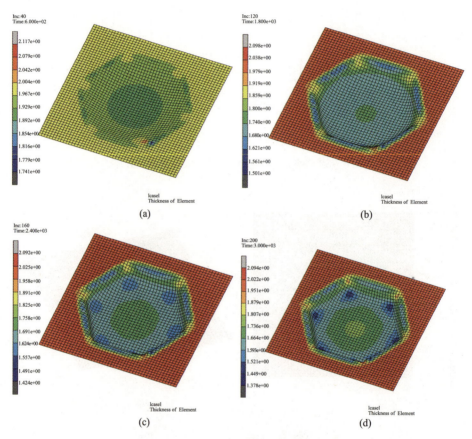

图8-34 双层结构件有限元模拟过程

(a)时间为600s;(b)时间为1800s;(c)时间为2400s;(d)时间为3000s。

对于同种塑性材料,它的 m 值由温度和应变速率共同决定,其 m 值越大,材料的均匀变形能力就越好。在超塑成形过程中,成形的温度是确定的,那么应变速率就成为影响成形过程的关键因素,而应变速率在成形过程中由气压的加载控制。因此,选择合适的压力加载方式,使板料的应变速率始终保证其 m 值在一个较高的范围内,进而保证板料成形过程中厚度均匀。

图8-35为采用0.0005s^{-1}目标应变速率加载,模具高径比为1∶4的双层结构件,Marc求解器给出的时间—压力加载曲线以及修正后的曲线。由图可以看

出,初始阶段成形并不需要很大的压力,成形 4min 后气压才达到 0.1MPa,2000s 之后压力增加速度加快(这是因为成形到圆角区域,贴模需要的超塑成形压力增大)。由于实际成形过程中使用气瓶进行气压控制,并不能达到与模拟的加载曲线相重合,因此对求解器给出的曲线进行了修正,以保证其可实施性。

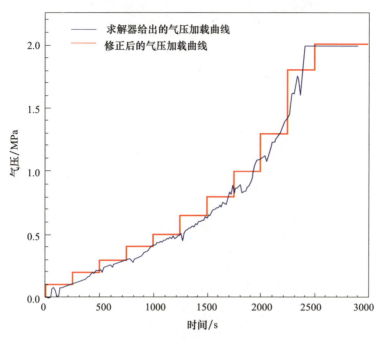

图 8-35　求解器给出的模具高径比为 1∶4 的双层结构件的
时间—压力曲线以及修正曲线

8.4.2　三层中空结构超塑成形/扩散连接数值模拟

超塑成形模具使用 Solidworks 进行创建,由于模具体积大小对仿真工作并无实际意义,所以只提取与稀土镁合金相接触的表面;同理,由于是薄板的成形,并且板料性能均匀。可以通过对镁合金板材的中间面进行提取,对板材赋予厚度的定义,从而使仿真工作更加快捷高效。将模具和板料导入 Msc.Marc 中,由于成形过程中模具尺寸变化不大,因此定义模具为刚体,板料为变形体。模具与板料位置关系如图 8-36 所示,其中上下部为成形模具的几何模型,中间为板材的几何模型,利用 convert 功能对板料进行网格划分。在本次模拟中,使用的单元是 Marc 单元库中的 139 号四节点薄壳单元和 7 号六面体全积分单元。面板厚度为 2mm,芯板厚度为 1mm。

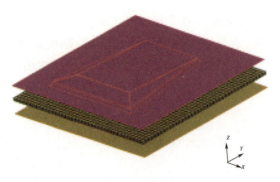

图 8-36　板料模具位置图

理想情况下,扩散连接的部位成形前后位置不发生变化,因此在数值模拟时对成形过程进行一定的处理,在设置边界条件时对板料四周扩散连接部位进行位移的限制,以保证在成形过程中不产生高度方向上的位移,即扩散连接部位的位移为 0,各个方向上的位移 $X = Y = Z = 0$。位移边界条件如图 8-37 所示。

图 8-37　位移边界条件

对三层板内部扩散连接部位需要进行特殊处理,将上下面板扩散处的单元分别向芯板方向扩展半个板厚,再将芯板与上下面板扩散处单元分别向上下面板扩散半个板厚,接着清除重复节点和面,扩展的单元便自动结合成为一体,最后将扩散部位定义为实体单元,其余部位定义为薄壳单元即可。处理后的模型各部分如图 8-38 所示。面力边界条件如图 8-39、图 8-40 所示。

在有限元模拟中采用库仑摩擦模型(COULOMB),摩擦力的计算选用的库仑模型也与之前相同。

材料属性设置与双层结构成形面板属性相同。设置超塑性压力控制。超塑性压力范围为 0.001~10MPa,采用目标应变速率设置为 $5 \times 10^{-4} s^{-1}$,以最大应变速率恒定法加载压力,设置总工况时间为 2000s,固定步长时间 10s,共 200 个增量步数。作业设置中分析方法选择大应变、非线性和跟随力分析,计算输出的结果选择单元厚度即可。

第8章 Mg-Gd-Y-Zn-Zr 稀土镁合金中空结构超塑成形/扩散连接工艺

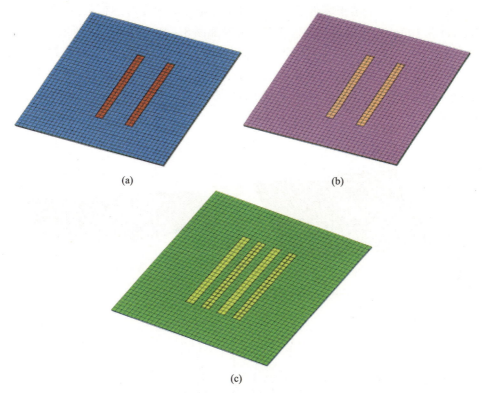

图8-38　各面板薄壳单元与各面板内部扩散实体单元

（a）蓝色区域为上面板薄壳单元，红色区域为上面板扩散实体单元；
（b）紫色区域为下面板薄壳单元，粉色区域为下面板扩散实体单元；
（c）绿色区域为芯板薄壳单元，黄色区域为芯板扩散实体单元。

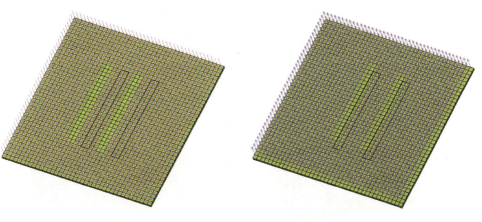

图8-39　上面板面力边界条件　　　　图8-40　下面板面力边界条件

模具深度对最后成形零件板厚的影响主要是模具深度对芯板减薄,模具深度为 5mm 和 10mm 时模拟得到的芯板壁厚分布如图 8-41 和图 8-42 所示。

从图 8-41、图 8-42 中可以得知,芯板减薄程度最大的是上下拉伸程度最大的扩散部位中心,最薄的厚度依次为 0.754mm、0.561mm,对应的减薄率分别为 24.6%、43.9%。为使最后得到的成形件减薄不过于严重,最终模具深度定为 5mm。

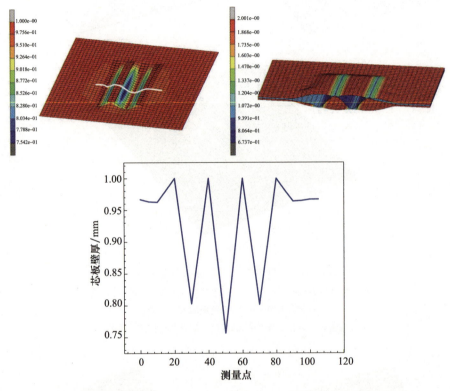

图 8-41 模具深度 5mm 芯板厚度分布

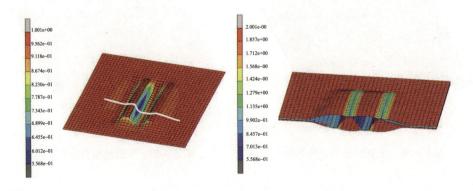

第8章　Mg–Gd–Y–Zn–Zr 稀土镁合金中空结构超塑成形/扩散连接工艺

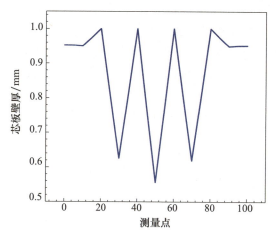

图 8–42　模具深度 10mm 芯板厚度分布

图 8–43 为模具深度 5mm 的三层结构成形过程的板厚分布。从图中可以看出，从最初的 0 步到最后的第 103 步，板材不断变形，上下面板不断向上下模具接

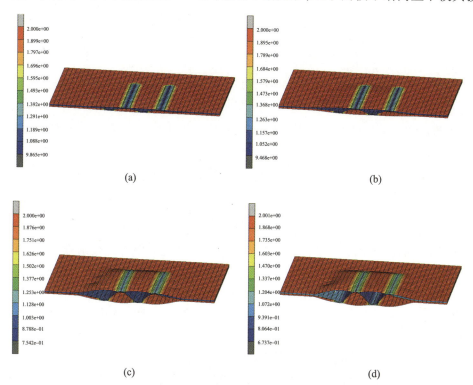

图 8–43　模具深度 5mm 的三层结构成形过程板厚分布
(a) 第 5 步; (b) 第 15 步; (c) 第 65 步; (d) 第 103 步。

触,由于芯板在扩散位置与上下面板连接,在上下面板逐渐贴模过程中,芯板受到上下面板的拉应力发生变形,形成波纹状。接着由于气压增大,变形增加,带动中间板的变形。当上下板接触到上下模后,与模具接触部分停止胀形,未接触部分继续向上下模靠近,直至上下板都贴模,在整个过程中,中间板随着上下板的变形而受到上下板施加的拉力,形成波纹状结构。

模拟器求解的气压加载曲线及修正后的气压加载曲线如图8-44所示。

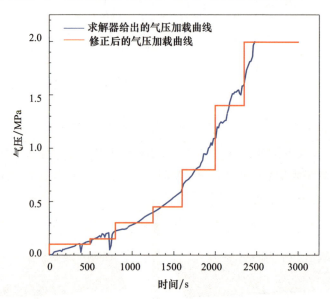

图8-44 求解器给出的模具深度5mm的三层结构时间-压力曲线及修正曲线

8.4.3 四层蜂窝结构超塑成形/扩散连接数值模拟

由于四层结构为曲面蜂窝结构,因此本次使用的板料为与模具曲率相同的弯板进行模拟。由于模具与零件上下对称,因此只提取模具和板料的单个方向进行模拟。鉴于曲面蜂窝结构在 Marc 中定义焊接部分的边界条件比较困难,因此创建了蜂窝结构的成形模具来代替蜂窝网状结构的焊接边界条件。面板与芯板的成形分开模拟。模具与板料位置关系如图8-45、图8-46所示,利用 convert 功能对板料进行网格划分。板料厚度为2mm,使用的单元是 Marc 单元库中的139号四节点薄壳单元。

由于芯板内部扩散连接部位有模具限制,因此边界条件与面板类似,限制板料四周位移即可。面板与芯板位移边界条件如图8-47、图8-48所示。面板与芯板面力边界条件分别如图8-49、图8-50所示。

第8章 Mg-Gd-Y-Zn-Zr 稀土镁合金中空结构超塑成形/扩散连接工艺

图8-45 面板与模具位置关系

图8-46 芯板与模具位置关系

图8-47 面板位移边界条件

图8-48 芯板位移边界条件

图8-49 面板面力边界条件

图8-50 芯板面力边界条件

在本次模拟模型由两个接触体构成:一个接触体为变形体(DEFORMABLE);另一接触体为刚体(RIGID),板料为变形体。由于在成形过程中模具变形不大,因此认为模具为刚体。板料与模具之间有摩擦作用,摩擦系数仍为0.3。摩擦模型仍采用库仑摩擦模型(COULOMB)。

材料属性设定与双层、三层板料相同。设置超塑性压力控制。超塑性压力范围为0.001~10MPa,目标应变速率设置为$5 \times 10^{-4} s^{-1}$,以最大应变速率恒定法加载压力。面板设置总工况时间为3000s,固定步长时间10s,共300个增量步数;芯板设置总工况时间为3000s,固定步长时间20s,共150个增量步数。作业设置中分析方法选择大应变、非线性和跟随力分析,计算输出的结果选择单元厚度即可。

图8-51为面板成形过程的板厚分布,其成形过程与双层中空结构件成形过程相类似,都相似于胀形过程,中间部分板料贴模后,由于板料与模具间摩擦的作用,中间部分贴模之后变形很小,厚度基本不变,圆角处最后贴模,厚度也最薄。

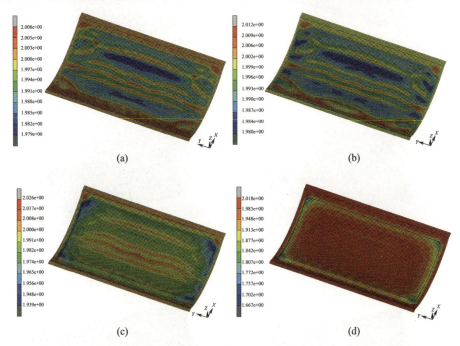

图8-51 面板成形模拟过程壁厚分布
(a)第5步;(b)第15步;(c)第65步;(d)第125步。

圆角处厚度分布如图8-52所示,最薄处为1.667mm,减薄率为16.65%。

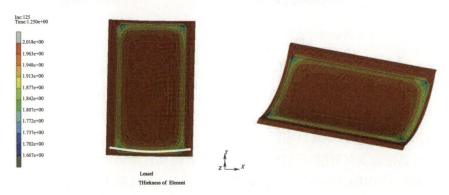

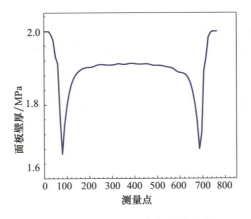

图8-52 面板宽度方向厚度分布

图8-53为芯板超塑成形厚度变化,在气压作用下最先成形与模具接触贴合,蜂窝圆角处与四边形圆角处最后成形板料减薄比较严重。

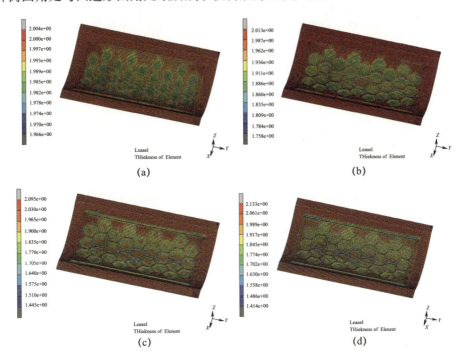

图8-53 芯板成形过程厚度分布变化
(a)第10步;(b)第40步;(c)第80步;(d)第85步。

图8-54为芯板宽度方向厚度分布。芯板宽度方向中间部分减薄最严重,最薄处为1.575mm,减薄率为21.25%。

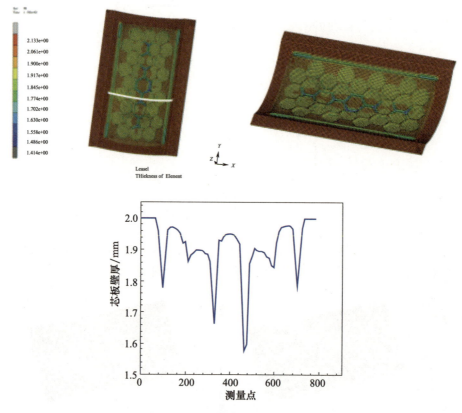

图 8-54 芯板宽度方向厚度分布

图 8-55(a)为求解器给出的面板成形气压加载曲线和修正后的气压加载曲线。图 8-55(b)为求解器给出的芯板成形气压加载曲线和修正后的气压加载曲线。

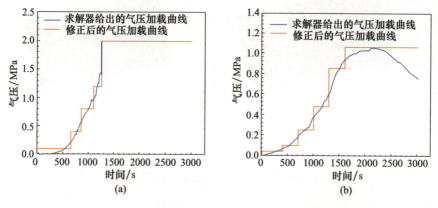

图 8-55 求解器给出的压力加载曲线及修正后曲线
(a)面板气压加载曲线;(b)芯板气压加载曲线。

8.4.4 四层中空结构优化设计

通过对不同模具高径比模具成形的中空双层结构件成形过程进行有限元模拟,观察到超塑成形时,都是型腔中间部分开始变形,逐渐与模具贴合,圆角处最后成形,成形零件减薄程度最大的地方均为圆角处。将三个模拟结果的板厚进行对比得知:模具高径比为 1∶4 时,成形件减薄最小,减薄率为 24.9%;最终双层结构成形模具高径比定为 1∶4。

对不同模具深度成形的三层结构件成形过程进行有限元模拟,获得不同时刻各个区域的厚度变化趋势。在整个成形过程中,板材不断变形,上下面板不断向上下模具接触,由于芯板在扩散位置与上下面板连接,在上下面板逐渐贴模过程中,芯板受到上下面板的拉应力发生变形,形成波纹状。整个变形过程从两个扩散连接区中间的板材的凸起开始,由于气压的作用,板材发生胀形,但没有补料,属超塑成形。接着由于气压增大,变形增加,带动中间板的变形。通过对芯板弧度分布进行观察得知,深度为 5mm 的模具得到的成形件减薄率为 24.6%(小于 25%),符合要求,最终成形模具深度定位 5mm。

对四层蜂窝结构件分别进行了面板与芯板成形的模拟,分别观察其成形过程的板厚变化。面板的成形类似于胀形过程,在成形过程中,面板中心受压边作用约束最小,在气体压力作用下首先与模具接触贴模。芯板成形过程与面板成形类似,但要比面板成形复杂,处于蜂窝结构中心部位的板料受到的约束最少,在气压作用下最先成形与模具接触贴合,蜂窝圆角处与四边形圆角处最后成形板料减薄比较严重,但都小于 25%,满足减薄率要求。

通过对中空双层结构件、三层结构件及四层蜂窝结构件进行了超塑成形有限元数值模拟,得到了中空双层结构件、三层结构件及四层蜂窝结构件成形的气压加载曲线,修正气压加载曲线,可以对超塑成形工艺的气压加载进行指导。

8.5 Mg-Gd-Y-Zn-Zr 合金超塑成形/扩散连接技术

8.5.1 Mg-Gd-Y-Zn-Zr 合金超塑成形/扩散连接技术

结构轻量化是节省材料、节约燃料、减少环境污染、提高机动性能非常重要的途径之一,尤其在航空航天领域,每减重 1kg 就能带来十分显著的经济效益[13]。因此有效地推进了具有典型的轻量化几何特征的多层结构的使用,而高性能稀土镁合金以其优良完善的综合性能成为多层结构的使用材料之一。

为了使不易发生扩散连接的 Mg–Gd–Y–Zn–Zr 合金更好地完成扩散连接,采用铜箔作为中间层,如图 8–56 所示,进行 Mg–Gd–Y–Zn–Zr 合金双层、四层结构的 SPF/RDB 工艺成形试验,获得了 Mg–Gd–Y–Zn–Zr 合金具有双层及四层的超塑成形中空结构件。

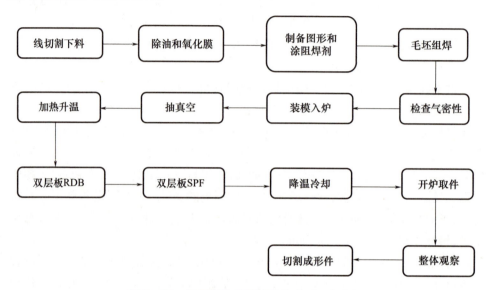

图 8–56　双层结构 SPF/RDB 成形工艺流程

如图 8–57 所示,模具中心蜂窝为边长为 35mm 的正六边形。脱模锥度为 30°,型腔深度为 9mm。为防止 SPF 过程中材料因模具棱角破裂,形腔内部所有边

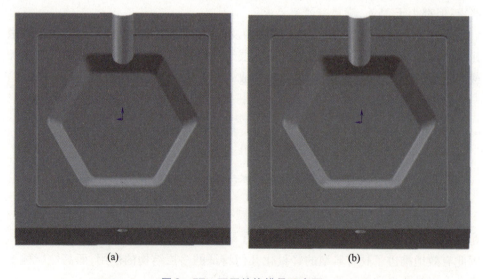

图 8–57　双层结构模具示意图

线采用 R3 的圆角。模具下方 φ6mm 的阶梯孔一方面为 Mg-Gd-Y-Zn-Zr 合金 RDB 过程提供气体压力,另一方面作为 SPF 过程的排气孔防止"憋气"使板料不能完全贴模。为防止 RDB 过程中"漏气",在蜂窝外围加工了 R1mm 的密封凸台。SPF 过程需要的气体压力通过焊在原始板材上的镁管实现。为此模具上方需要加工一个与镁管尺寸相同的 φ10mm 的孔。

根据之前扩散连接试验结果,本次试验采取的扩散连接表面应为 800#金相砂纸打磨后的表面。铜箔中心六边形尺寸略大于蜂窝尺寸,厚度为 50μm,如图 8-58 所示。此外,用线切割加工一个尺寸与铜箔相同的剥离刻板,用于涂覆阻焊剂。

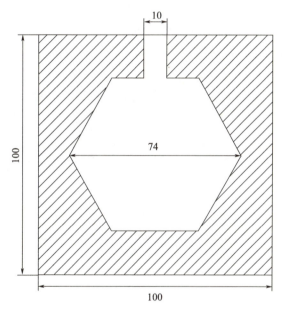

图 8-58 双层结构铜箔(单位:mm)

为保证试验过程中气体流通顺畅,需要在双层板上铣出 0.8mm 的气道,气道位置与铜箔上的位置相对,应试验开始前首先要对板料(锻态板料和扎板)表面进行清理,具体方法:依次使用 180#碳化硅砂纸、400#碳化硅砂纸、800#碳化硅砂纸、400#金相砂纸和 800#金相砂纸对镁板表面进行打磨,至镁板表面光亮,再将镁板和铜箔在丙酮中超声清理 5~10min。然后在清理后的镁板上涂覆阻焊剂,具体方法:在预处理的镁板的一个表面上喷涂可剥离胶,然后在镁板喷涂有可剥离胶的表面上固定剥离板,镁板喷涂有可剥离胶的表面上未覆盖剥离板处的区域为阻焊区(图 8-58 中空白部分),再将阻焊区外的可剥离胶清除,取下剥离板,再在阻焊区处喷涂隔离剂(BN)溶液,隔离剂溶液干燥后,清除镁板上剩余的可剥离胶。阻焊剂涂好后,将板材和铜箔按顺序叠放好在四周进行点焊,最后在板材留有的气道处

焊接 ϕ10mm 的镁合金管材,准备工作完成。

Mg-Gd-Y-Zn-Zr 合金双层结构 SPF/RDB 时,首先将组焊好的零件装入模具后,放入 300t 的热压机中,采用 PID 控温,待温度加热到 460℃时保温 30min,对模具(外腔)通入 2MPa 氮气,进行双层板的扩散连接,保压 30min,再按修正后的压力曲线对镁管(内腔)通气,进行双层板的超塑成形。这些过程合理的气压控制系统来实现,如图 8-59 所示。首先,零件装模后放入炉中加热,此时,氮气瓶 1、氮气瓶 2 不通气,控制阀 1、控制阀 2 开启,利用真空泵将两层镁板之间的空气抽出,加热到 460℃保温 30min。然后,进行双层板的扩散连接,此时,关闭控制阀 1,开启减压器 1,氮气瓶 1 开始通气,压力逐步加到 2MPa 后保压 30min。接着进行双层板的超塑成形,将炉温升至 475℃后,保温 10min。此时,关闭减压器 1,氮气瓶 1 停止通气,打开控制阀 1,关闭控制阀 2,打开减压器 2,氮气瓶 2 开始通气,按照图 8-37 中修改后的曲线进行气压加载,逐步加载至 1.5MPa 后保压,30min 后停止加热。待温度降至 80℃后,关闭减压器 2,氮气瓶 2 停止通气。最后,卸载气路,取出成形件。

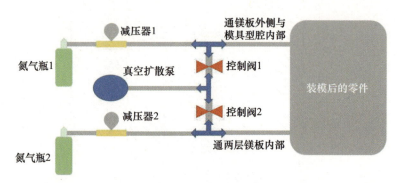

图 8-59 双层结构成形气压控制系统

图 8-60 为通过 SPF/RDB 工艺得到的 Mg-Gd-Y-Zn-Zr 合金双层结构件整体及其剖面图。由图可以看到,成形后的结构件整体效果比较好,表面光滑,外形质量规整,外形上无明显缺陷,质量较好,扩散连接区域无明显的未连接部分,型腔成形比较到位,板材贴膜效果比较好。由此说明通过模拟得到的修正气压加载曲线比较适合 Mg-Gd-Y-Zn-Zr 合金的超塑成形工艺。

图 8-61 为 Mg-Gd-Y-Zn-Zr 合金双层结构件扩散区域的扫描图像。图 8-61(a)为放大倍数为 50 时的连接接头组织情况,可以看到焊缝区基本消失,连接界面连续,无未焊合区域。图 8-61(b)为放大倍数为 500 下的扩散连接接头组织,可以看到在扩散过渡区的晶界区域分布着细小的白色 Mg_2Cu 强化相,能够起到强化接头性能的作用。

第8章 Mg–Gd–Y–Zn–Zr稀土镁合金中空结构超塑成形/扩散连接工艺

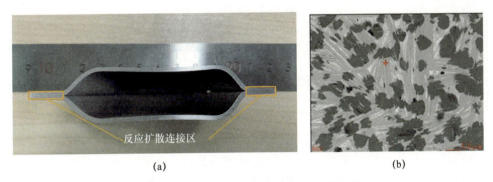

图8-60 稀土镁合金双层结构及连接界面

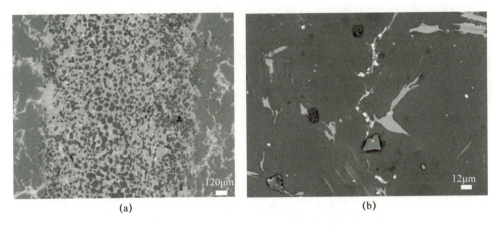

图8-61 双层结构件扩散区域的扫描图像
(a)50x；(b)500x。

图8-62为双层结构件壁厚测量位置图。由于结构件上下对称,因此只进行单面壁厚的测量,共测量了24个点。对结构件斜面进行加密测量,每个点对应一个测量顺序标号,测量结果如表8-8所列。

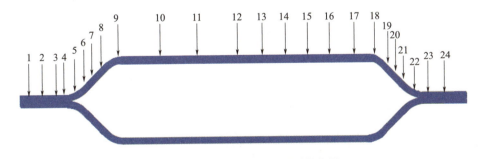

图8-62 双层结构件壁厚测量位置

表 8-8 壁厚分布

标号	1	2	3	4	5	6	8	9	10	11	12
壁厚/mm	2.00	2.01	1.57	1.70	1.68	1.62	1.65	1.57	1.68	1.70	1.72
标号	13	14	15	16	17	18	20	21	22	23	24
壁厚/mm	1.71	1.70	1.68	1.65	1.60	1.52	1.91	1.85	1.90	2.01	2.00

图 8-63 为中空双层结构件的壁厚分布曲线。从图中可以看出，整个中空双层结构件的扩散连接区域厚度基本不变，减薄主要集中在型腔位置，其中型腔中部区域板厚在 1.7mm 附近波动，减薄率约为 15%，减薄程度最严重的地方在凹模圆角处，壁厚为 1.52mm，减薄率为 24%。将实际壁厚结果与模拟结果对比，发现实际壁厚变化曲线与模拟结果比较吻合，在对应的位置处壁厚值相差不大，说明模拟结果比较准确。

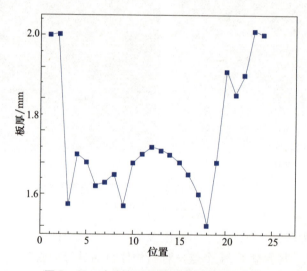

图 8-63 中空双层结构件的壁厚分布曲线

通过对中空双层结构件的壁厚进行测量分析，发现实际的结构件壁厚与数值模拟结构比较接近，成形件的减薄区域主要集中在型腔部分，其中板料侧壁随着贴模的进行逐渐减薄，结构件芯板由于模具型腔的摩擦左右减薄不是很严重，平均厚度为 1.7mm，在凹模圆角处板料减薄最严重，达到 24%~25%，能够满足使用要求。

8.5.2 四层结构 SPF/DB 工艺研究

四层蜂窝结构 SPF/RDB 成形工艺流程如图 8-64 所示。

第8章　Mg–Gd–Y–Zn–Zr 稀土镁合金中空结构超塑成形/扩散连接工艺

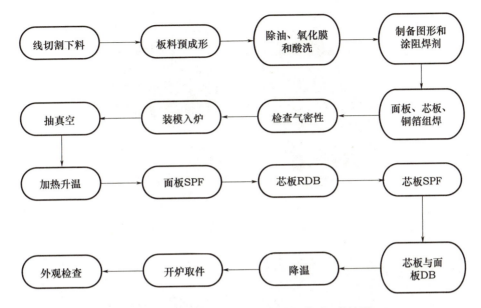

图8-64　四层蜂窝结构 SPF/RDB 成形工艺流程

四层曲面蜂窝结构总体外形图如图8-65所示,剖面图如图8-66所示。其外形尺寸定为 1250mm×800mm×25mm。内部芯板单元网格为六边形,承载能力强且变形减薄率低,六边形芯板与两侧面板连接,形成四层曲面蜂窝结构。

图8-65　四层曲面蜂窝结构总体外形图

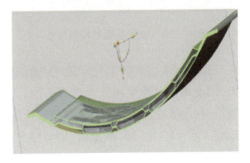

图8-66　四层曲面蜂窝结构剖面图

图8-67为镁合金四层结构超塑成形/反应扩散连接模具设计图。图8-68所示为芯板内侧扩散连接面图形设计图。为保证成形过程中氮气可以顺利地到达每个六边形区域内,需要将所有六边形打通,留有宽度为5mm的气道。由于决定最终成形结构件形状的是阻焊剂涂抹的位置,因此为了保证铜箔的一体性蜂窝之间不必留有气道,形状与图8-68相同即可。图8-69所示为阻焊剂涂抹位置。

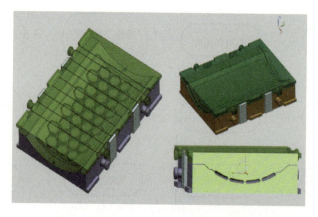

图 8-67 超塑成形/反应扩散连接模具设计图

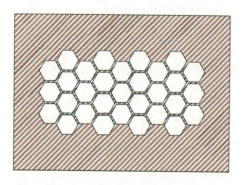

图 8-68 连接芯板的铜箔形状

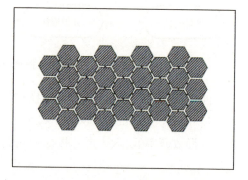

图 8-69 阻焊剂涂抹位置

由于本次成形件的尺寸较大,成形前对板材表面使用机械清理的方法费时费力,因此本次试验采用化学清理方法。具体的清理过程:使用酒精去除板料表面的油污,利用酸洗溶液对板料表面的氧化层进行化学腐蚀,酸洗溶液体积比为氢氟酸:硝酸:水 = 1:6:13,酸洗后,用酒精去除板料表面残余的酸洗溶液后用冷风吹干板料。

采用氮气压力作为 Mg-Gd-Y-Zn-Zr 合金板料的变形驱动力。对于四层结构件成形,任意两块相邻的镁合金板材之间都存在着气体压力。采用氩弧焊焊接两个型腔并与对应的通气管路连接,使四层板料之间存在两个封闭的独立型腔。结合模具形状,成形前板料外形如图 8-70 所示。

四层曲面蜂窝结构 SPF/RDB 成形过程主要分为两个阶段:第一阶段是上下面板的超塑成形和中间芯板的扩散连接,第二阶段是芯板的超塑成形及芯板与面板的扩散连接。

第8章 Mg-Gd-Y-Zn-Zr 稀土镁合金中空结构超塑成形/扩散连接工艺

图 8-70 四层板料封焊

具体步骤：待成形件装炉，打开真空扩散泵，打开控制阀 1 和控制阀 2，持续抽真空，加热升温到 475℃，保温 30min；然后进行面板的超塑成形及芯板的扩散连接。此时，开动压力机，对模具施加一定的压边力，关闭控制阀 1，打开减压阀 1，氮气瓶 1 开始通气，气压按照图 8-71(a)中修正后的曲线进行加载，进行外层面板的超塑成形，当气压达到 2MPa 时，保压 30min，完成中间两层芯板的扩散连接，小氮气瓶 1 的压力调到 0.5MPa，一方面防止面板内侧氧化，另一方面防止形状"塌陷"；接着进行芯板的超塑成形及芯板和面板、芯板直立筋间的扩散连接，关闭减压器 1，打开控制阀 1，关闭控制阀 2，打开减压器 2，氮气瓶 2 开始通气，对芯板间缓慢充气加压进行超塑成形，气压达到最大值后保压 30min，进行芯板与面板及芯板直立筋之间的扩散连接；停止加热。待温度降至 80℃后，关闭减压器 2，氮气瓶 2 停止通气。卸载气路。取出成形件。此次成形的气压控制系统如图 8-71 所示，成形示意图如图 8-72 所示（图中深色为镁板；浅色为铜箔）。

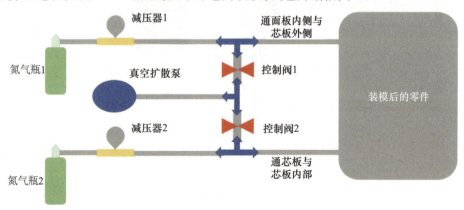

图 8-71 四层曲面蜂窝结构气压控制系统

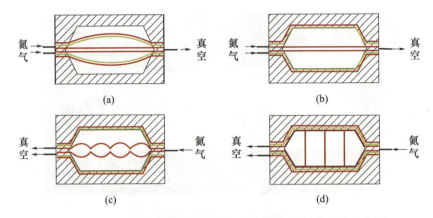

图 8-72 四层曲面蜂窝结构加中间层超塑成形/扩散连接示意图

(a)面板超塑成形;(b)芯板扩散连接;(c)芯板超塑成形;(d)面板与芯板扩散连接。

在四层结构超塑成形前,为了验证中间芯层网格单元的可成形性,对两层中间芯层单元进行了单独成形,成形后的两层网格单元结构如图 8-73 所示。四层结构如图 8-74 所示。从图中可以看出:得到的中间两层网格单元外表面光滑平整,无明显塌陷;得到的四层曲面蜂窝成形件外形规整,无明显缺陷。对于四层曲面蜂窝结构件和中间两层网络单元结构件,观察其成形结果,外表面光滑平整无塌陷,成形效果良好。

图 8-73 中间两层网格单元结构超塑成形

图 8-74 四层曲面蜂窝成形件

参考文献

[1] 董天宇. 高性能稀土镁合金研究与应用进展[J]. 世界有色金属,2018(19):156-157.

[2] 杨力祥,肖旅,周海涛,等. 高强耐热稀土镁合金研究进展[J]. 上海航天,2019,36(02): 38-44.
[3] 刘鹏程,陈建平,王斌. 超塑性成形/扩散连接空心结构设计和强度分析[J]. 河北科技大学学报,2011,32(05):435-440.
[4] 贺春. 镁合金材料在轨道交通行业中的应用前景[J]. 机车车辆工艺,2009(01):12-13.
[5] 李瑞淳. 镁合金在现代铁道车辆上的应用探讨[J]. 铁道车辆,2010,48(09):18-21.
[6] 李冠群,吴国华,樊昱,等. 主要合金元素对镁合金组织及耐蚀性能的影响[J]. 铸造技术,2006(01):79-83.
[7] 马刚,郭胜利. 稀土在镁合金中的应用[J]. 宁夏工程技术,2005(03):268-272.
[8] 方洪渊,冯吉才. 材料连接过程中的界面行为[M]. 哈尔滨:哈尔滨工业大学出版社,2005.
[9] 胡结. Mg/Cu扩散偶界面反应及AZ31B/CU扩散钎焊研究[D]. 西安:西安科技大学,2016.
[10] J. W. 马丁,李新立. 金属系中显微结构的稳定性[M]. 北京:科学出版社,1984.
[11] 冯瑞. 金属物理[M]. 北京:科学出版社,1999.
[12] 夏立芳,张振信. 金属中的扩散[M]. 哈尔滨:哈尔滨工业大学出版社,1989.
[13] 苑世剑. 轻量化成形技术[M]. 北京:国防工业出版社,2010.

展　　望

　　SPF 和 SPF/DB 技术虽然已进入工程应用阶段,并已展示出巨大的技术经济效益,但钛合金超塑性应用领域仍以航空航天等军工业为主,与其他新兴技术一样,仍然需要不断开发钛合金超塑性在其他工业领域中的应用。近年来,轻合金超塑性的发展方向主要有如下几个方面。

　　(1) 先进材料超塑性的研究。主要是指轻合金材料、金属基复合材料、金属间化合物、陶瓷、纳米材料、大块非晶等材料超塑性的开发,因为这些材料具有若干优异的性能,在高技术领域具有广泛的应用前景。然而这些材料一般常温加工性能较差,开发这些材料的超塑性对于其应用具有重要意义。

　　(2) 新型模具材料的研究。在较高温度超塑成形时,模具成本很高,采用陶瓷材料制造超塑成形模具已经受到重视。Boeing 公司的 Daniel Sanders 开发了硅石玻璃陶瓷模具,采用石英棒纤维增加耐火材料模具强度,避免脆性断裂。该模具的性能及成形复杂度接近耐热钢。Boeing 公司采用该陶瓷模具成功地超塑成形了喷气发动机宽弦风扇叶片,许多航空产品部件也采用该陶瓷模具来成形。法国的 Gérard Bernhart 等将体积分数较低的短金属纤(直径为 0.4mm、长度为 12.5mm 的冷拔 AISI310 不锈钢纤维)混合入耐火材料模具以增加其强度。对其进行了四点弯曲试验及拉伸性能,压缩性能试验,结果证明该陶瓷模具在室温和高温下均具有多重断裂特性,即使某一处已经发生断裂,模具整体仍然保持较高的强度。

　　(3) 高应变速率超塑性的研究。提高超塑应变速率,目的在于提高超塑成形的生产率。试验研究表明,晶粒尺寸的减小可以使超塑变形的温度降低,应变速率提高。种类繁多的纳米材料制备方法的出现和发展,使得制备适合试验需要的试样不再成为纳米材料超塑性研究的障碍,人们对纳米材料的低温、高应变速率超塑性兴趣很高,各种纳米材料的超塑性研究已经在试验阶段,而不再停留在猜测和讨论阶段。

　　(4) 非典型超塑材料(如供货态工业合金)的超塑变形规律研究。探讨降低对超塑变形材料的苛刻要求,降低成形工艺要求和生产成本,而提高生产效率和成形件的质量,目的在于扩大超塑性技术的应用范围,使其发挥更大的效益。已有报道,亚细晶组织钛合金气胀成形时的成形温度可以低于 700℃。

　　(5) 快速塑性成形技术研究。加强工艺过程控制,提高生产率。加强计算机模拟研究,实现工艺参数和工序过程的自动化控制,提高产品的快速设计制造能力、生产效率和设备利用率。日本 Nippon Yakin Kogyo 公司通过改进生产工艺,将越野车备胎箱的生产量提高到每月 4000 件。

(6)其他连接技术与 SPF 的复合工艺研究。例如,钛合金的超塑成形与缝焊组合工艺,铝锂合金超塑成形与搅拌摩擦焊的组合工艺等。张凯锋等研究了不同焊接工艺对钛合金焊缝超塑性能的影响,确定了最佳工艺参数,并采用超塑成形技术成形出侧壁带焊缝的筒形复杂形状零件。搅拌摩擦焊作为一种新颖的焊接方法,近年来得到普遍关注。Tsujikawa 等研究了三维搅拌摩擦焊技术,并对铝合金、镁合金搅拌摩擦焊后材料的超塑性能进行了研究,得到了良好的超塑性能,这对于解决带焊缝零件的超塑成形、铝锂合金等超塑性合金难以实现 SPF/DB 等问题具有重要意义。

(7)英国航空加工技术中心提出了激光诱发超塑性,不仅采用激光加热坯料实现超塑性,还将激光加工应用到其他工序,例如,激光切割来下料,激光清除板料表面的氧化物,激光打孔,超塑成形后激光切边等。该工艺不仅能提高效率、降低能耗、改善质量,而且有望降低成本 60% 以上。West of England 大学和 Central Florida 大学也参与到该项目的研究中,该项目的另一个重要研究内容是制造对激光"透明"的陶瓷模具。

(8)开发体积成形与扩散连接结合的新型 SPF/DB 构件。SPF/DB 工艺多用于多层板结构,但这种板结构的强度有时仍然达不到要求,开发新型 SPF/DB 工艺,即体积超塑成形方式与扩散连接相结合的工艺显得尤为重要;要研究上述成形过程的整体设计、界面结合、起皱/缺陷形成机制、加载路径、嵌体配合、精度控制及工艺过程优化控制技术,以及焊接区域无损检测方法,检测流程及质量控制方法等进行紧密配合。

(9)超塑成形与其他连接技术组合工艺研究。用于制造轻量化多层结构,可在单个工艺流程中一次完成连接与成形的钛合金超塑成形/扩散连接(SPF/DB)技术,及由超塑成形/扩散连接衍生出的金属间化合物超塑成形/电子束连接技术、铝合金超塑成形/搅拌摩擦焊技术、高温合金超塑成形/激光连接技术等成形—连接一体化成形技术。例如,钛合金的超塑成形与缝焊组合工艺,铝锂合金超塑成形与搅拌摩擦焊的组合工艺等。

(10)SPF/DB 专用设备的研究。研发专用设备是 SPF/DB 工艺应用的基础。国外有多个航空航天制造商具有了较强的 SPF/DB 生产能力,研发了各种型号的 SPF/DB 专用设备。有的公司专门成立了 SPF/DB 车间。国外的设备主要有改装的压力机、通用压力机和 SPF/DB 专用设备。从长远的发展来看,新型的专用设备是 SPF/DB 技术在航空航天制造领域进一步发展的必然趋势。

SPF/DB 专用设备在功能上可以实现气压、背压管理和成形控制的计算机程序管理,并可通过仪表显示观察和监控整个成形过程,同时具备位置控制和错误报警的功能。

在技术推动和需求牵引的双重作用下,SPF 和 SPF/DB 技术在航空航天结构领域将会占据更加重要的地位,随着航空技术不断发展轻合金用量的逐步增加,SPF/DB 技术也将更加广泛的应用。由于新型材料的不断出现,同时,该技术在各个领域应用过程中应用更加广泛,SPF 和 SPF/DB 技术在未来亟待进一步深入研究和应用拓宽,为航空航天领域做出更大的贡献。

内容简介

本书是关于轻合金中空结构超塑成形及超塑成形/扩散连接技术的学术著作,它在展现国内外其他学者研究成果的同时,以大量篇幅介绍了本书作者近几年来在这方面的研究成果。本书较为全面地叙述了轻合金及金属间化合物中空结构超塑成形/扩散连接技术的相关知识和工艺过程,重点介绍的轻合金材料有 TA15 钛合金、Ti-22Al-27Nb 合金、Ti-22Al-24.5Nb-0.5M 合金、TiAl 合金、Ti-43Al-9V-1Y 合金、2195 铝锂合金、Mg-Gd-Y-Zn-Zr 稀土镁合金等。本书详细阐述了轻合金中空结构的整体设计、成形过程及组织的演变,结合有限元数值仿真对实验进行了分析、优化和验证。书中既有对成熟基础理论和实践经验的描述,也有对轻质合金材料多层中空结构相关方面最新研究进展的介绍。

本书适合高等院校从事轻合金超塑成形的学生、教师、科研人员及工程技术人员阅读和参考。

This book is an academic work on superplastic forming and superplastic forming / diffusion bonding technology of light alloy hollow structure. While showing the research results of other scholars at home and abroad, it introduces the author's research results in this field in a large amount of space in recent years. This book comprehensively describes the relevant knowledge and process of superplastic forming / diffusion bonding technology of light alloy and intermetallic compound hollow structure. The light alloy materials mainly introduced include TA15 titanium alloy, Ti-22Al-27Nb alloy, Ti-22Al-24.5Nb-0.5M alloy, TiAl alloy, Ti-43Al-9V-1Y alloy, 2195 aluminum lithium alloy, Mg-Gd-Y-Zn-Zr rare earth magnesium alloy, etc. The overall design, forming process and microstructure evolution of light alloy hollow structure are described in detail. Combined with finite element numerical simulation, the experiment is analyzed, optimized and verified. The book not only describes the mature basic theory and practical experience, but also introduces the latest research progress of light alloy multi-layer hollow structure.

This book is suitable for students, teachers, scientific researchers and engineering technicians engaged in light alloy superplastic forming in colleges and universities.